KB182860

버스운전 자격시험

실전문제

교통안전시설 일람표

주의표지

번호	명칭
101	+자형교차로
102	T자형교차로
103	Y자형교차로
104	ㅏ자형교차로
105	ㅓ자형교차로
106	우선도로
107	우합류도로
108	좌합류도로
109	회전형교차로
110	철길건널목
111	우로굽은도로
112	좌로굽은도로
113	우좌로이중굽은도로
114	좌우로이중굽은도로
115	2방향통행
116	오르막경사
117	내리막경사
118	도로폭이좁아짐
119	우측차로없어짐
120	좌측차로없어짐
121	우측방통행
122	양측방통행
123	중앙분리대시작
124	중앙분리대끝남
125	신호기
126	미끄러운도로
127	강변도로
128	노면고르지못함
129	과속방지턱
130	낙석도로
131	횡단보도
132	어린이보호
133	자전거
134	자전거
135	도로공사중
136	비행기
137	횡풍
138	터널
138의2	교량
139	야생동물보호
140	위험
141	상습정체구간

규제표지

번호	명칭
201	통행금지
202	자동차통행금지
203	화물자동차통행금지
204	승합자동차통행금지
205	이륜자동차및원동기장치자전거통행금지
206	자동차·이륜자동차및원동기장치자전거통행금지
206의2	개인형이동장치통행금지
207	경운기·트랙터및손수레통행금지
210	자전거통행금지
211	진입금지
212	직진금지
213	우회전금지
214	좌회전금지
216	유턴금지
217	앞지르기금지
218	정차·주차금지
219	주차금지
220	차중량제한
221	차높이제한
222	차폭제한
223	차간거리확보
224	최고속도제한
225	최저속도제한
226	서행
227	일시정지
228	양보
230	보행자보행금지
231	위험물적재차량통행금지

지시표지

번호	명칭
301	자동차전용도로
302	자전거전용도로
303	자전거및보행자겸용도로
304	회전교차로
306	직진
307	우회전
308	좌회전
309	직진및우회전
309의2	좌회전및유턴
310	좌우회전
311	유턴
312	좌우회전
313	우좌회전
314	좌회전및유턴
315	진행방향별통행구분
316	우회도로
317	자전거및보행자통행구분
318	자전거전용차로
319	주차장
320	자전거주차장
320의2	개인형이동장치주차장
320의3	어린이통학버스승하차
320의4	어린이승하차
321	보행자전용도로
321의2	보행자우선도로
322	횡단보도
323	노인보호(노인보호구역)
324	어린이보호(어린이보호구역)
324의2	장애인보호(장애인보호구역)
325	자전거횡단도
326	일방통행
327	일방통행
328	일방통행
329	비보호좌회전
330	버스전용차로
331	다인승차량전용차로
331의2	노면전차전용차로
332	통행우선
333	자전거나란히통행허용
334	도시부

보조표지

번호	명칭
401	거리
402	거리
403	구역
404	일자
405	시간
406	시간
407	신호등화상태
407의2	우회전신호등
407의3	신호등방향
407의4	신호등보조장치
408	전방우선도로
409	안전속도
410	노면상태
411	노면상태
412	교통규제
413	통행규제
414	차량한정
415	통행주의
415의2	충돌주의
416	표지설명
417	구간시작
418	구간내
419	구간끝
420	우방향
421	좌방향
422	전방
423	중량
424	노폭
425	거리
427	해제
428	견인지역

표지판 종류

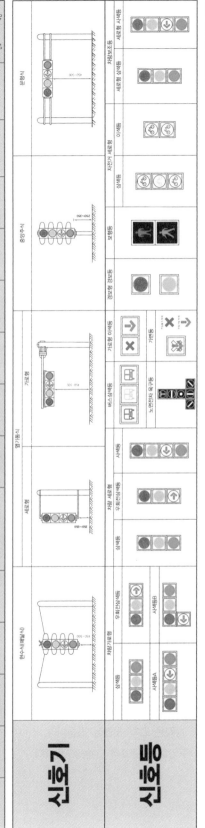

※ 시행 2023. 12.

경찰청 / 도로교통공단

버스운전 자격시험

개정 2판 발행	2024년 03월 15일
개정 3판 발행	2025년 01월 24일

편저자 자격시험연구소

발행처 (주)서원각

등록번호 1999-1A-107호

주소 경기도 고양시 일산서구 덕산로 88-45(가좌동)

대표번호 031-923-2051

교재문의 카카오톡 플러스 친구[서원각]

홈페이지 goseowon.com

버스운전 자격시험은 버스운전자의 전문성 확보를 통해 운송서비스 개선, 안전운행 및 버스운전의 건전한 육성을 도모하기 위해 시행되는 자격시험으로 교통 및 운수 관련 법규와 자동차관리요령, 안전운행요령, 운송서비스에 대한 내용 숙지가 매우 중요합니다. 버스운전 자격시험은 문제은행 방식으로 전체 문제가 정해져 있고 그 중에서 무작위로 출제가 됩니다. 그러므로 어떠한 문제를 공부하느냐가 관건이라고 볼 수 있습니다. 그래서 도서출판 서원각은 버스운전자격시험에 도전하려는 수험생 여러분을 위하여 버스운전 자격시험 실전 요약 및 문제를 발행하게 되었습니다.

본서는 최근 개정된 교통 및 운수 관련 법규와 버스운전 자격시험의 주관처인 한국교통안전공단이 개제한 수험용 참고자료인 기본학습교재를 완벽하게 반영하였습니다. 또한 최근 시행된 기출문제를 통하여 출제경향과 자주 출제되는 문제를 완벽하게 분석하여 출제기준과 시험의 경향에 맞춰 과목별 영역별 내용요약 및 실전 연습문제를 수록하였습니다.

마지막으로 실전 연습문제에는 명쾌하고 상세한 해설을 추가하여 다양하게 출제될 수 있는 동일 유형의 문제도 쉽게 풀 수 있도록 구성하였으며, 각 과목별 내용요약과 그에 따른 문항들을 풀어봄으로써 수험생 스스로 자신의 실력을 최종 점검할 수 있도록 하였습니다.

[본서의 구성]
• 최신 개정법령을 반영하여 한눈에 파악하기 쉬운 요약 이론
• 시험에 출제가 예상되는 연습문제
• 실력점검을 위한 모의고사

신념을 가지고 도전하는 사람은 반드시 그 꿈을 이룰 수 있습니다.
도서출판 서원각은 수험생 여러분의 그 꿈을 항상 응원합니다.

Structure

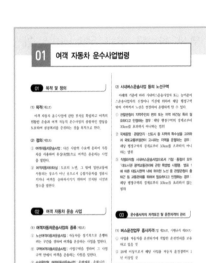

핵심이론 정리

방대한 양의 이론을 중요내용 중심으로 체계적으로 구성해 핵심파악이 쉽고 중요내용을 한 눈에 파악할 수 있도록 구성하여 학습의 집중도를 높일 수 있습니다.

실전 연습문제

최근 시행된 기출문제와 출제경향을 완벽 분석하여 과목별 영역별 실전 연습문제를 수록하였습니다.

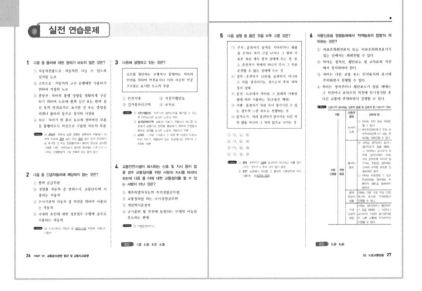

실전 모의고사

실전 연습문제를 통해 쌓은 자신의 실력을 스스로 최종 점검할 수 있도록 실전 모의고사를 2회 수록하였습니다.

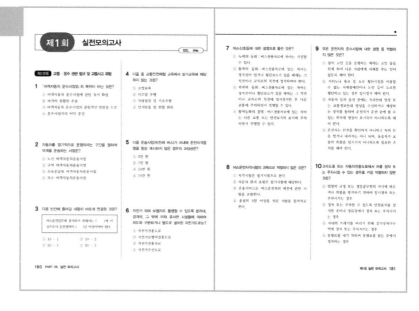

상세한 해설

실전 연습문제와 실전 모의고사의 모든 문제에 명쾌하고 상세한 해설을 수록하여 학습의 이해를 완벽히 돕도록 하였습니다.

Contents

버스운전이란?

버스운전 자격시험이란

※ 여객자동차 운수사업법령이 개정 · 공포('12년 2월 1일)됨에 따라 노선 여객자동차 운송사업 (시내 · 농어촌 · 마을 · 시외), 전세버스 운송사업 또는 특수여객자동차운송사업의 사업용 버스 운전업무에 종사하려는 운전자는 '12년 8월 2일부터 시행되는 버스운전 자격제도에 의해 자격시험에 합격 후 버스운전 자격증을 취득하여야 함

자격 취득 대상자

여객자동차운송사업의 운전업무에 종사하려는 자는 버스운전 자격을 취득한 후 운전하여야 함

시험과목 및 합격기준

교통 및 운수 관련 법규 및 교통사고 유형 25문항	자동차관리요령 15문항	안전운행요령 25문항	운송서비스 15문항
합격기준	총점 100점 중 60점 (총 80문제 중 48문제)이상 획득 시 합격		

시험 시간(회차별)

※ 지역별 수요에 따라 회차별 시험 종류(버스/화물) 변경될 수 있음

1회차	2회차	3회차	4회차
09:20 ~ 10:40	11:00 ~ 12:20	14:00 ~ 15:20	16:00 ~ 17:20

버스운전 자격시험 법적 근거

① 여객자동차운수사업법 제24조(여객자동차운송사업의 운전업무 종사자격)
버스운전 자격시험, 자격증의 취득 등 버스운전 자격요건 명시

② 여객자동차운수사업법 시행령 제38조(권한의 위탁)
버스운전자격시험의 실시 · 관리 및 자격증 교부에 관한 업무를 한국교통안전공단에 위탁

③ 여객자동차운수사업법 시행규칙 제49조(사업용 자동차 운전자의 자격요건 등) ~ 제56조(운전자격증 등의 정정 및 재발급)
버스운전 자격시험의 실시 · 관리 및 자격증 교부에 관한 사항을 구체적으로 명시

자격취득 절차안내

① 컴퓨터 시험(CBT)용 체계도

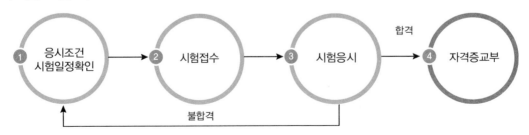

② 응시조건 및 시험일정 확인
  ㉠ 운전면허 : 사업용 자동차를 운전하기에 적합한 제1종 대형 또는 제1종 보통 운전면허 소지자
  ㉡ 연령 : 만 20세 이상
  ㉢ 운전경력 : 1종 보통 이상의 운전경력이 1년 이상 (운전 면허 보유기간 기준이며, 취소 및 정지 기간은 제외됨)
  ㉣ 여객자동차운수사업법 제24조 제3항의 결격사유에 해당되지 않는 사람
    * 연간시험일정 확인(접수시간 및 시험일)
③ 시험접수
  ㉠ 인터넷 접수(신청·조회 > 버스운전 > 예약접수 > 원서접수)
    * 사진은 그림파일 JPG로 스캔하여 등록
  ㉡ 방문접수 : 전국 19개 시험장
    (* 다만, 현장 방문접수 시에는 응시 인원마감 등으로 시험 접수가 불가할 수도 있사오니 가급적 인터넷으로 시험 접수현황을 확인하시고 방문해주시기 바랍니다.)
  ㉢ 시험응시 수수료 : 11,500원
  ㉣ 준비물 : 운전면허증, 6개월 이내 촬영한 3.5×4.5cm 컬러사진 (미제출자에 한함)
④ 시험응시
  ㉠ 각 지역본부 시험장(시험시작 20분 전까지 입실)
  ㉡ 시험과목(4과목, 회차별 80문제)
    • 1회차 : 09:20 ~ 10:40
    • 2회차 : 11:00 ~ 12:20
    • 3회차 : 14:00 ~ 15:20
    • 4회차 : 16:00 ~ 17:20
    * 지역본부에 따라 시험 횟수가 변경될 수 있음
⑤ 자격증 교부
  ㉠ 신청대상 및 기간 : (발표일로부터 30일 이내) 버스운전 자격시험 필기시험에 합격한 사람으로서 합격자(총점의 60%이상(총 80문항 중 48문항 이상)을 얻은 사람)
  ㉡ 자격증 신청 방법 : 인터넷·방문신청
  ㉢ 자격증 교부 수수료 : 10,000원(인터넷의 경우 우편료 포함하여 온라인 결제)
  ㉣ 신청서류 : 버스운전 자격증 발급신청서 1부(인터넷 신청의 경우 생략)
  ㉤ 자격증 인터넷 신청 : 신청일로부터 5~10일 이내 수령가능(토·일요일, 공휴일 제외)
  ㉥ 자격증 방문 발급 : 한국교통안전공단 전국 19개 시험장 및 7개 검사소 방문·교부장소
  ㉦ 준비물 : 운전면허증, 운전경력증명서(전체 기간), 수수료

PART

01

교통운수관련 법규 및 교통 사고요령

01 여객 자동차 운수사업법령

01 목적 및 정의

(1) 목적〈법 제1조〉

여객자동차 운수사업에 관한 질서를 확립하고 여객의 원활한 운송과 여객자동차 운수사업의 종합적인 발달을 도모하여 공공복리를 증진하는 것을 목적으로 한다.

(2) 정의〈법 제2조〉

① 여객자동차운송사업 : 다른 사람의 수요에 응하여 자동차를 사용하여 유상(有償)으로 여객을 운송하는 사업을 말한다.

② 여객자동차터미널 : 도로의 노면, 그 밖에 일반교통에 사용되는 장소가 아닌 곳으로서 승합자동차를 정류시키거나 여객을 승하차시키기 위하여 설치된 시설과 장소를 말한다.

02 여객 자동차 운송 사업

(1) 여객자동차운송사업의 종류〈법 제3조〉

① 노선여객자동차운송사업 : 자동차를 정기적으로 운행하려는 구간을 정하여 여객을 운송하는 사업을 말한다.

② 구역여객자동차운송사업 : 사업구역을 정하여 그 사업구역 안에서 여객을 운송하는 사업을 말한다.

③ 수요응답형 여객자동차운송사업 : 운행계통·운행시간·운행횟수를 여객의 요청에 따라 탄력적으로 운영하여 여객을 운송하는 사업을 말한다.

(2) 시내버스운송사업 등의 노선구역〈시행규칙 제8조 제4항〉

아래의 기준에 따라 시내버스운송사업자 또는 농어촌버스운송사업자의 신청이나 직권에 의하여 해당 행정구역 밖의 지역까지 노선을 연장하여 운행하게 할 수 있다.

① 관할관청이 지역주민의 편의 또는 지역 여건상 특히 필요하다고 인정하는 경우 : 해당 행정구역의 경계로부터 30km를 초과하지 아니하는 범위

② 국제공항·관광단지·신도시 등 지역의 특수성을 고려하여 국토교통부장관이 고시하는 지역을 운행하는 경우 : 해당 행정구역의 경계로부터 50km를 초과하지 아니하는 범위

③ 직행좌석형 시내버스운송사업으로서 기점·종점이 모두 「대도시권 광역교통관리에 관한 특별법 시행령」 별표 1에 따른 대도시권역 내에 위치한 노선 중 관할관청이 출퇴근 등 교통편의를 위하여 필요하다고 인정하는 경우 : 해당 행정구역의 경계로부터 50km를 초과하지 않는 범위

03 운수종사자의 자격요건 및 운전자격의 관리

(1) 버스운전업무 종사자격〈법 제24조, 시행규칙 제49조〉

① 사업용 자동차를 운전하기에 적합한 운전면허를 보유하고 있을 것

② 20세 이상으로서 해당 사업용 자동차 운전경력이 1년 이상일 것

③ 국토교통부 장관이 정하는 운전 적성에 대한 정밀검사 기준에 적합할 것

(2) 버스운전 자격의 취득〈시행규칙 제52조〉

① 자격시험은 필기시험으로 하되 총점의 6할 이상을 얻은 사람을 합격자로 한다.

② 버스운전 자격의 필기시험 과목은 다음과 같다.
- ㉠ 교통 및 운수관련 법규, 교통사고 유형
- ㉡ 자동차 관리 요령
- ㉢ 안전운행 요령
- ㉣ 운송서비스(버스운전자의 예절에 관한 사항을 포함한다)

(3) 운송사업자의 운전자격증명 관리〈시행규칙 제55조의2〉

운송사업자 또는 운수종사자로부터 운전업무 종사자격을 증명하는 증표의 발급 신청을 받은 한국교통안전공단 또는 운전자격증명 발급기관은 운전자격증명을 발급하여야 한다.

(4) 운수종사자의 교육〈법 제25조〉

① 교육의 종류〈시행규칙 별표 4의3〉

구분	교육대상자	교육시간	교육주기
신규교육	새로 채용한 운수종사자(사업용자동차를 운전하다가 퇴직한 후 2년 이내에 다시 채용된 사람은 제외한다.)	16	
보수교육	무사고·무벌점 기간이 5년 이상 10년 미만인 운수종사자	4	격년
	무사고·무벌점 기간이 5년 미만인 운수종사자		매년
	법령위반 운수종사자	8	수시
수시교육	국제행사 등에 대비한 서비스 및 교통안전 증진 등을 위하여 국토교통부장관 또는 시·도지사가 교육을 받을 필요가 있다고 인정하는 운수종사자	4	필요시

04 보칙 및 벌칙

(1) 과징금〈법 제88조〉

국토교통부장관 또는 시·도지사 또는 시장·군수·구청장은 여객자동차 운수사업자에게 사업정지 처분을 하여야 하는 경우에 그 사업정지 처분이 그 여객자동차 운수사업을 이용하는 사람들에게 심한 불편을 주거나 공익을 해칠 우려가 있는 때에는 그 사업정지 처분을 갈음하여 5천만원 이하의 과징금을 부과·징수할 수 있다.

(2) 과징금의 용도〈법 제88조〉

① 벽지노선이나 그 밖에 수익성이 없는 노선으로서 대통령령으로 정하는 노선을 운행하여서 생긴 손실의 보전

② 운수종사자의 양성, 교육훈련, 그 밖의 자질 향상을 위한 시설과 운수종사자에 대한 지도 업무를 수행하기 위한 시설의 건설 및 운영

③ 지방자치단체가 설치하는 터미널을 건설하는 데에 필요한 자금의 지원

④ 터미널 시설의 정비·확충

⑤ 여객자동차 운수사업의 경영 개선이나 그 밖에 여객자동차 운수사업의 발전을 위하여 필요한 사업

⑥ ①부터 ⑤까지의 규정 중 어느 하나의 목적을 위한 보조나 융자

⑦ 이 법을 위반하는 행위를 예방 또는 근절하기 위하여 지방자치단체가 추진하는 사업

실전 연습문제

1 「여객자동차 운수사업법」의 목적이 아닌 것은?

① 여객자동차 운수사업에 관한 질서 확립

② 여객의 원활한 운송

③ 여객자동차 운수사업의 단기적이고 즉각적인 발달 도모

④ 공공복리의 증진

●Advice 「여객자동차 운수사업법」의 목적〈법 제1조〉… 이 법은 여객자동차 운수사업에 관한 질서를 확립하고 여객의 원활한 운송과 여객자동차 운수사업의 종합적인 발달을 도모하여 공공복리를 증진하는 것을 목적으로 한다.

2 여객자동차운송사업, 자동차대여사업, 여객자동차 터미널사업 및 여객자동차운송플랫폼사업을 말하는 것은?

① 여객자동차 운송사업

② 여객자동차 터미널

③ 여객자동차 운수사업

④ 자동차 대여사업

●Advice 여객자동차 운수사업은 여객자동차운송사업, 자동차대여사업, 여객자동차터미널사업 및 여객자동차운송플랫폼사업을 말한다. (여객자동차 운수사업법 제2조)

3 다음 중 「여객자동차 운수사업법」에 규정된 여객자동차운송사업의 종류가 아닌 것은?

① 노선 여객자동차운송사업

② 구역 여객자동차운송사업

③ 수요응답형 여객자동차운송사업

④ 전국 여객자동차운송사업

●Advice 여객자동차운송사업의 종류〈법 제3조 제1항〉

㉠ **노선(路線) 여객자동차운송사업** : 자동차를 정기적으로 운행하려는 구간(노선)을 정하여 여객을 운송하는 사업

㉡ **구역(區域) 여객자동차운송사업** : 사업구역을 정하여 그 사업 구역 안에서 여객을 운송하는 사업

㉢ **수요응답형 여객자동차운송사업** : 「농업·농촌 및 식품산업 기본법」에 따른 농촌과 「수산업·어촌 발전 기본법」에 따른 어촌을 기점 또는 종점으로 하고, 운행계통·운행시간·운행횟수를 여객의 요청에 따라 탄력적으로 운영하여 여객을 운송하는 사업

정답 1.③ 2.③ 3.④

4 아래의 내용에 해당하는 여객자동차 운송 사업으로 옳은 것은?

> 주로 특별시 · 광역시 · 특별자치시 또는 시의 단일 행정구역에서 운행계통을 정하고 국토교통부령으로 정하는 자동차를 사용하여 여객을 운송하는 사업

① 농어촌버스 운송사업
② 마을버스 운송사업
③ 시외버스 운송사업
④ 시내버스 운송사업

●Advice ① 농어촌버스 운송사업 : 주로 군(광역시의 군은 제외)의 단일 행정구역에서 운행계통을 정하고 국토교통부령으로 정하는 자동차를 사용하여 여객을 운송하는 사업
② 마을버스 운송사업 : 주로 시 · 군 · 구의 단일 행정구역에서 기점 · 종점의 특수성이나 사용되는 자동차의 특수성 등으로 인하여 다른 노선 여객자동차운송사업자가 운행하기 어려운 구간을 대상으로 국토교통부령으로 정하는 자동차를 사용하여 여객을 운송하는 사업
③ 시외버스 운송사업 : 운행계통을 정하고 국토교통부령으로 정하는 자동차를 사용하여 여객을 운송하는 사업으로 운행형태에 따라 고속형, 직행형 및 일반형 등으로 구분

5 다음 중 노선 여객자동차운송사업이 아닌 것은?

① 시내버스운송사업
② 전세버스운송사업
③ 농어촌버스운송사업
④ 마을버스운송사업

●Advice ② 전세버스운송사업은 구역 여객자동차운송사업에 해당한다.
※ 노선 여객자동차운송사업의 종류〈시행령 제3조〉
ㄱ 시내버스운송사업
ㄴ 농어촌버스운송사업
ㄷ 마을버스운송사업
ㄹ 시외버스운송사업

6 다음은 시내좌석버스에 관한 내용이다. 괄호 안에 들어갈 말로 적절한 것을 고르면?

> 운행 형태에 따른 자동차를 구분할 시에 시내좌석버스는 (   ), 직행좌석형, 좌석형에 사용되는 것으로 좌석이 설치된 것을 말한다.

① 입석형
② 광역급행형
③ 특급좌석형
④ 일반형

●Advice ② 시내좌석버스는 광역급행형, 직행좌석형, 좌석형에 사용되는 것으로 좌석이 설치된 것을 말한다.

7 다음 중 사업구역을 정하여 그 사업 구역 안에서 여객을 운송하는 사업은?

① 수요응답형 여객자동차운송사업
② 노선 여객자동차운송사업
③ 공급응답형 여객자동차운송사업
④ 구역 여객자동차운송사업

●Advice 구역 여객자동차운송사업은 사업구역을 정하여 그 사업 구역 안에서 여객을 운송하는 사업을 말한다. (여객자동차 운수사업법 제3조)

정답 4.④ 5.② 6.② 7.④

8 다음 괄호 안에 들어갈 말로 가장 적절한 것은?

> 시외우등고속버스는 고속형에 사용되는 것으로써 원동기 출력이 자동차 총 중량 1톤 당 20마력 이상이고, 승차정원이 (   )인승 이하인 대형승합자동차이다.

① 43
② 39
③ 33
④ 29

● Advice ④ 시외우등고속버스는 고속형에 사용되는 것으로서 원동기 출력이 자동차 총 중량 1톤 당 20마력 이상이고, 승차정원이 29인승 이하인 대형승합자동차이다.

9 관할관청은 지역주민의 편의 또는 지역 여건상 필요하다고 인정되는 경우 시내버스운송사업자 또는 농어촌버스운송사업자에게 해당 행정구역의 경계로부터 몇 km를 초과하지 아니하는 범위에서 해당 행정구역 밖의 지역까지 노선을 연장하여 운행하게 할 수 있는가?

① 10km
② 20km
③ 30km
④ 40km

● Advice 관할관청은 지역주민의 편의 또는 지역 여건상 특히 필요하다고 인정되는 경우에는 시내버스운송사업자 또는 농어촌버스운송사업자의 신청이나 직권에 의하여 해당 행정구역의 경계로부터 30km를 초과하지 아니하는 범위에서 해당 행정구역 밖의 지역까지 노선을 연장하여 운행하게 할 수 있다〈시행규칙 제8조 제4항 제1호〉.

10 다음 중 노선 여객자동차운송사업의 한정면허를 받을 수 있는 경우가 아닌 것은?

① 관광지를 기점 또는 종점으로 하는 경우로서 관광의 편의를 제공하기 위하여 필요하다고 인정되는 경우
② 수익성이 없어 노선운송사업자가 운행을 기피하는 노선으로서 관할관청이 보조금을 지급하려는 경우
③ 버스전용차로의 설치 및 운행계통의 신설 등 버스교통체계 개선을 위하여 시 · 도의 조례로 정한 경우
④ 신규노선에 대하여 운행형태가 직행좌석형인 시내버스운송사업을 경영하려는 자의 경우

● Advice ④ 신규노선에 대하여 운행형태가 광역급행형인 시내버스운송사업을 경영하려는 자의 경우
※ 노선 여객자동차운송사업의 한정면허〈시행규칙 제17조〉
  ㉠ 여객의 특수성 또는 수요의 불규칙성 등으로 인하여 노선운송사업자가 노선버스를 운행하기 어려운 경우로서 다음의 어느 하나에 해당하는 경우
  • 공항, 도심공항터미널 또는 국제여객선터미널을 기점 또는 종점으로 하는 경우로서 공항, 도심공항터미널 또는 국제여객선터미널 이용자의 교통불편을 해소하기 위하여 필요하다고 인정되는 경우
  • 관광지를 기점 또는 종점으로 하는 경우로서 관광의 편의를 제공하기 위하여 필요하다고 인정되는 경우
  • 고속철도 정차역을 기점 또는 종점으로 하는 경우로서 고속철도 이용자의 교통편의를 위하여 필요하다고 인정되는 경우
  • 국토교통부장관이 정하여 고시하는 출퇴근 또는 심야 시간대에 대중교통 이용자의 교통불편을 해소하기 위하여 필요하다고 인정되는 경우
  • 「산업집적활성화 및 공장설립에 관한 법률」에 따른 산업단지 또는 관할관청이 정하는 공장밀집지역을 기점 또는 종점으로 하는 경우로서 산업단지 또는 공장밀집지역의 접근성 향상을 위하여 필요하다고 인정되는 경우

정답 ▶ 8.④ 9.③ 10.④

ⓒ 수익성이 없어 노선운송사업자가 운행을 기피하는 노선으로서 관할관청이 법에 따라 보조금을 지급하려는 경우

ⓒ 버스전용차로의 설치 및 운행계통의 신설 등 버스교통체계 개선을 위하여 시·도의 조례로 정한 경우

ⓔ 신규노선에 대하여 운행형태가 광역급행형인 시내버스운송사업을 경영하려는 자의 경우

11 아래의 글을 읽고 괄호 안에 들어갈 말로 가장 적절한 것을 고르면?

> 광역급행형은 시내좌석버스를 사용하고 주로 고속국도, 도시고속도로 또는 주간선도로를 이용하여 기점 및 종점으로부터 ( ) 이내의 지점에 위치한 각각 4개 이내의 정류소에서만 정차하면서 운행하는 형태이다.

① 5km

② 10km

③ 15km

④ 20km

● Advice ① 광역급행형은 시내좌석버스를 사용하고 주로 고속국도, 도시고속도로 또는 주간선도로를 이용하여 기점 및 종점으로부터 5km 이내의 지점에 위치한 각각 4개 이내의 정류소에서만 정차하면서 운행하는 형태이다. 다만, 관할관청이 도로상황 등 지역의 특수성과 주민편의를 고려하여 필요하다고 인정하는 경우에는 기점 및 종점으로부터 7.5km 이내에 위치한 각각 6개 이내의 정류소에 정차할 수 있다.〈시행규칙 제8조 제6항 제1호〉

12 다음은 시외버스운송사업의 운행형태 중 고속형에 대한 설명이다. 빈칸에 들어갈 내용이 바르게 연결된 것은?

> 시외고속버스 또는 시외우등고속버스를 사용하여 운행거리가 ( )km 이상이고, 운행구간의 ( )% 이상을 고속국도로 운행하며 기점과 종점의 중간에서 정차하지 아니하는 운행형태

① 100 − 60

② 100 − 50

③ 150 − 60

④ 150 − 50

● Advice 시외버스운송사업의 운행형태 중 고속형은 시외고속버스 또는 시외우등고속버스를 사용하여 운행거리가 100km 이상이고, 운행구간의 60% 이상을 고속국도로 운행하며 기점과 종점의 중간에서 정차하지 아니하는 운행형태를 말한다.〈시행규칙 제8조 제8항 제1호〉

13 다음 중 마을버스 운송사업의 운행형태로 옳지 않은 것은?

① 산업단지

② 아파트단지

③ 저지대 마을

④ 외지 마을

● Advice ③ 마을버스 운송사업의 운송형태는 고지대 마을, 외지 마을, 아파트 단지, 산업단지, 학교, 종교 단체의 소재지 등을 기점 또는 종점으로 하여 특별한 사유가 없다면 그 마을 등과 가장 가까운 철도역(도시철도역 포함) 또는 노선버스 정류소(시내버스, 농어촌버스, 시외버스의 정류소) 사이를 운행하는 사업이다.〈시행규칙 제8조 제7항〉

정답 ▶ 11.① 12.① 13.③

14 운전면허 결격사유 중 다음의 내용을 읽고 괄호 안에 들어갈 말을 순서대로 바르게 나열한 것을 고르면?

> 제1종 대형면허 또는 제1종 특수면허를 받으려는 경우로써 (⊙) 미만이거나 자동차(이륜자동차는 제외)의 운전경험이 (ⓛ) 미만인 사람

① ⊙ 18세, ⓛ 1년
② ⊙ 19세, ⓛ 3년
③ ⊙ 19세, ⓛ 1년
④ ⊙ 18세, ⓛ 3년

●Advice ③ 제1종 대형면허 또는 제1종 특수면허를 받으려는 경우로써 19세 미만이거나 자동차(이륜자동차는 제외)의 운전경험이 1년 미만인 사람이다.

15 다음은 자동차 표시에 관한 내용이다. 이 중 그 연결이 바르지 않은 것은?

① 시외우등고속버스 – 우등고속
② 시외우등일반버스 – 우등일반
③ 시외고속버스 – 우등직행
④ 시외일반버스 – 일반

●Advice ③ 시외고속버스 – 고속이다.

16 다음 여객자동차운송사 중 (버스)의 운전업무에 종사하려는 사람이 갖추어야 하는 조건이 아닌 것은?

① 19세 이상으로 운전경력이 1년 이상일 것
② 사업용 자동차를 운전하기에 적합한 운전면허를 보유하고 있을 것
③ 국토교통부장관이 정하는 운전 적성에 대한 정밀검사 기준에 적합할 것
④ 교통안전공단이 시행하는 버스운전 자격시험에 합격한 후 자격증을 취득할 것

●Advice ① 20세 이상으로 운전경력이 1년 이상이어야 한다.

17 다음 중 버스운전 자격의 필기시험 과목이 아닌 것은?

① 교통·운수 관련 법규 및 교통사고 유형
② 버스관리 요령
③ 안전운행 요령
④ 운송서비스

●Advice 버스운전 자격의 필기시험 과목〈시행규칙 제52조〉
⊙ 교통·운수 관련 법규 및 교통사고 유형
ⓛ 자동차관리 요령
ⓒ 안전운행 요령
ⓔ 운송서비스

정답 ▶ 14.③ 15.③ 16.① 17.②

18 교통사고 시의 조치에 관한 내용 중 국토교통부령으로 정하는 바에 따른 것이 아닌 것은?

① 신속한 응급수송수단의 마련
② 유류품의 미보관
③ 사상자에 대한 보호 등 필요한 조치
④ 가족이나 그 밖의 연고자에 대한 신속한 통지

> **● Advice** 교통사고 시 국토교통부령으로 정하는 바에 따른 조치는 다음과 같다.
> ㉠ 신속한 응급수송수단의 마련
> ㉡ 가족이나 그 밖의 연고자에 대한 신속한 통지
> ㉢ 유류품의 보관
> ㉣ 목적지까지 여객을 운송하기 위한 대체운송수단의 확보와 여객에 대한 편의의 제공
> ㉤ 그 밖에 사상자의 보호 등 필요한 조치

19 다음 중 운송사업자는 사업용 자동차에서 중대한 교통사고가 발생한 경우 지체 없이 국토교통부장관이나 시·도지사에게 보고하여야 하는데 이에 대한 내용으로 틀린 것은?

① 화재가 발생한 사고
② 중상자 6명 이상의 사람이 죽거나 다친 사고
③ 전복사고
④ 경상자 1명

> **● Advice** 운송사업자는 사업용 자동차에서 중대한 교통사고가 발생한 경우 지체 없이 국토교통부장관이나 시·도지사에게 보고하여야 하는데 이는 다음과 같다.〈법 제19조 제2항〉
> ㉠ 전복사고
> ㉡ 화재가 발생한 사고
> ㉢ 사망자가 2명 이상, 사망자 1명과 중상자 3명 이상, 중상자 6명 이상의 사람이 죽거나 다친 사고

20 다음은 사업의 구분에 따라 운행할 수 있는 자동차의 차령이다. 잘못된 것은?

① 특수여객자동차운송사업용 – 중형 승용자동차 6년
② 특수여객자동차운송사업용 – 대형 승용자동차 10년
③ 시내버스운송사업용 – 승합자동차 9년
④ 시외버스운송사업용 – 승합자동차 6년

> **● Advice** ④ 시외버스운송사업용 승합자동차의 운행 가능 차령은 9년이다.

※ **사업용 자동차의 차령**〈시행령 별표2〉

차종	사업의 구분		차령
승용 자동차	여객자동차운 송사업용	개인택시(경형·소형)	5년
		개인택시 (배기량 2,400cc 미만)	7년
		개인택시 (배기량 2,400cc 이상)	9년
		개인택시[환경친화적 자동차(「환경친화적 자동차의 개발 및 보급 촉진에 관한 법률」에 따른 자동차를 말한다.	9년
		일반택시(경형·소형)	3년 6개월
		일반택시 (배기량 2,400cc 미만)	4년
		일반택시 (배기량 2,400cc 이상)	6년
		일반택시 (환경친화적 자동차)	6년
	자동차대여 사업용	경형·소형·중형	5년
		대형	8년
	특수여객자동 차운송사업용	경형·소형·중형	6년
		대형	10년
승합 자동차	전세버스운송사업용 또는 특수여객자동차운송사업용		11년
	그 밖의 사업용		9년

02 도로교통법령

01 총칙

(1) 정의〈법 제2조〉

① 도로 : 「도로법」에 따른 도로, 「유료도로법」에 따른 유료도로, 「농어촌도로 정비법」에 따른 농어촌도로, 그 밖에 현실적으로 불특정 다수의 사람 또는 차마가 통행할 수 있도록 공개된 장소로서 안전하고 원활한 교통을 확보할 필요가 있는 장소

② 자동차전용도로 : 자동차만 다닐 수 있도록 설치된 도로

③ 고속도로 : 자동차의 고속 운행에만 사용하기 위하여 지정된 도로

④ 차도 : 연석선, 안전표지나 그와 비슷한 인공구조물을 이용하여 경계를 표시하여 모든 차가 통행할 수 있도록 설치된 도로의 부분

⑤ 긴급자동차
　㉠ 소방차
　㉡ 구급차
　㉢ 혈액 공급차량
　㉣ 경찰용 자동차 중 범죄수사, 교통단속, 그 밖에 긴급한 경찰업무 수행에 사용되는 자동차
　㉤ 국군 및 주한 국제연합군용 자동차 중 군 내부의 질서유지나 부대의 질서 있는 이동을 유도하는데 사용되는 자동차
　㉥ 수사기관의 자동차 중 범죄수사를 위하여 사용되는 자동차
　㉦ 교도소 및 소년교도소 또는 구치소, 소년원 또는 소년분류심사원, 보호관찰소의 자동차 중 도주자의 체포 또는 수용자, 보호관찰 대상자의 호송 및 경비를 위하여 사용되는 자동차
　㉧ 국내외 요인에 대한 경호업무 수행에 공무로 사용되는 자동차

(2) 교통안전시설

① 주의표지 : 도로 상태가 위험하거나 도로 또는 그 부근에 위험물이 있는 경우에 필요한 안전조치를 할 수 있도록 이를 도로 사용자에게 알리는 표지

② 규제표지 : 도로교통의 안전을 위하여 각종 제한 및 금지 등의 규제를 하는 경우에 이를 도로 사용자에게 알리는 표지

③ 지시표지 : 도로의 통행 방법, 통행 구분 등 도로교통의 안전을 위하여 필요한 지시를 하는 경우에 도로 사용자가 이에 따르도록 알리는 표지

④ 보조표지 : 주의표지, 규제표지 또는 지시표지의 주기능을 보충하여 도로 사용자에게 알리는 표지

⑤ 노면표시 : 도로교통의 안전을 위하여 각종 주의·규제·지시 등의 내용을 노면에 기호·문자 또는 선으로 도로 사용자에게 알리는 표지

02 보행자의 통행 방법

(1) 보행자의 통행〈법 제8조〉

보행자는 보도와 차도가 구분된 도로에서는 언제나 보도로 통행하여야 한다. 다만, 차도를 횡단하는 경우, 도로공사 등으로 보도의 통행이 금지된 경우나 그 밖의 부득이한 경우에는 그러하지 아니하다.

(2) 차도를 통행할 수 있는 사람 또는 행렬〈법 제9조〉

① 학생의 대열과 그 밖에 보행자의 통행에 지장을 줄 우려가 있다고 인정되는 경우에는 차도로 통행할 수 있다. 이 경우 행렬등은 차도의 우측으로 통행하여야 한다.

② 차도를 통행할 수 있는 사람 또는 행렬

    ㉠ 말, 소 등의 큰 동물을 몰고 가는 사람

    ㉡ 사다리, 목재, 그 밖에 보행자의 통행에 지장을 줄 우려가 있는 물건을 운반 중인 사람

    ㉢ 도로에서 청소나 보수 등 작업을 하고 있는 사람

    ㉣ 군부대나 그 밖에 이에 준하는 단체의 행렬

    ㉤ 기(旗) 또는 현수막 등을 휴대한 행렬

    ㉥ 장의(葬儀) 행렬

03 차마의 통행방법

(1) 차마의 운전자가 도로의 중앙이나 좌측 부분을 통행할 수 있는 경우

① 도로가 일방통행인 경우

② 도로의 파손, 도로공사나 그 밖의 장애 등으로 도로의 우측 부분을 통행할 수 없는 경우

③ 도로의 우측 부분의 폭이 6m가 되지 아니하는 도로에서 다른 차를 앞지르려는 경우. 다만, 도로의 좌측 부분을 확인할 수 없는 경우, 반대 방향의 교통을 방해할 우려가 있는 경우, 안전 표지 등으로 앞지르기를 금지하거나 제한하고 있는 경우에는 그러하지 아니하다.

④ 도로 우측 부분의 폭이 차마의 통행에 충분하지 아니한 경우

⑤ 가파른 비탈길의 구부러진 곳에서 교통의 위험을 방지하기 위하여 시·도 경찰청장이 필요하다고 인정하여 구간 및 통행 방법을 지정하고 있는 경우에 그 지정에 따라 통행하는 경우

(2) 차로에 따른 통행 구분〈시행규칙 제16조, 별표 9〉

도로	차로구분	통행할 수 있는 차종
고속도로 외의 도로	왼쪽 차로	승용자동차 및 경형·소형·중형 승합자동차
	오른쪽 차로	대형승합자동차, 화물자동차, 특수자동차, 법 제2조 제18호 나목에 따른 건설기계, 이륜자동차, 원동기장치자전거 (개인형 이동장치는 제외한다)
고속도로	편도 2차로 — 1차로	앞지르기를 하려는 모든 자동차. 다만, 차량통행량 증가 등 도로상황으로 인하여 부득이하게 시속 80킬로미터 미터 미만으로 통행할 수밖에 없는 경우에는 앞지르기를 하는 경우가 아니라도 통행할 수 있다.
	편도 2차로 — 2차로	모든자동차
	편도 3차로 — 1차로	앞지르기는 하려는 승용자동차 및 앞지르기를 하려는 경형·소형·중형 승합자동차. 다만, 차량통행량 증가 등 도로상황으로 인하여 부득이하게 시속 80킬로미터 미만으로 통행할 수밖에 없는 경우에는 앞지르기를 하는 경우가 아니라도 통행할 수 있다.
	편도 3차로 — 왼쪽 차로	승용자동차 및 경형·소형·중형 승합자동차
	편도 3차로 — 오른쪽 차로	대형 승합자동차, 화물자동차, 특수자동차, 법 제2조 제18호 나목에 따른 건설기계

(3) 자동차의 속도〈시행규칙 제19조〉

① 일반도로 상에서의 속도

편도 1차로	60km/h 이내	최저속도의 규제 없음
편도 2차로 이상	80km/h 이내	

② 자동차 전용도로 상에서의 속도

최고속도 90km/h	최저속도 30km/h

③ 고속도로 상에서의 속도

편도 2차로 이상의 고속도로	승용차, 승합차, 화물자동차(적재중량 1.5톤 이하)	최고속도 100km/h 최저속도 50km/h
	화물자동차(적재중량 1.5톤 초과), 위험물운반자동차, 건설기계, 특수자동차	최고속도 80km/h 최저속도 50km/h
편도 1차로의 고속도로	모든 자동차	최고속도 80km/h 최저속도 50km/h
지정·고시한 편도 2차로 이상의 고속도로	승용차, 승합차, 화물자동차(적재중량 1.5톤 이하)	최고속도 120km/h 최저속도 50km/h
	화물자동차(적재중량 1.5톤 초과), 위험물운반자동차, 건설기계, 특수자동차	최고속도 90km/h 최저속도 50km/h

④ 비·안개·눈 등으로 인한 악천후 시 감속운행

최고속도의 $\frac{20}{100}$	• 비가 내려 노면이 젖어있는 경우 • 눈이 20mm 미만 쌓인 경우
최고속도의 $\frac{50}{100}$	• 폭우, 폭설, 안개 등으로 가시거리가 100m 이내인 경우 • 노면이 얼어붙은 경우 • 눈이 20mm 이상 쌓인 경우

04 운전자 및 고용주 등의 의무

(1) 운전 등의 금지

① 무면허운전 등의 금지〈법 제43조〉 : 누구든지 시·도경찰청장으로부터 운전면허를 받지 아니하거나 운전면허의 효력이 정지된 경우에는 자동차 등을 운전하여서는 아니 된다.

② 술에 취한 상태에서의 운전금지〈법 제44조 제1항〉 : 누구든지 술에 취한 상태(혈중알코올농도가 0.03% 이상)에서 자동차등(건설기계를 포함), 노면전차 또는 자전거를 운전하여서는 아니 된다.

(2) 어린이통학버스 운전자 및 운영자 등의 의무사항〈법 제53조〉

어린이나 영유아가 타고 내리는 경우에만 점멸등 등의 장치를 작동하여야 하며, 어린이나 영유아를 태우고 운행 중인 경우에만 어린이 또는 영유아를 태우고 운행 중임을 표시하여야 한다.

05 고속도로 및 자동차 전용도로에서의 특례

(1) 고속도로등에서의 정차 및 주차의 금지〈법 제64조〉

자동차의 운전자는 고속도로등에서 차를 정차하거나 주차시켜서는 아니 된다. 다만, 다음에 해당하는 경우에는 그러하지 아니하다.

① 법령의 규정 또는 경찰공무원의 지시에 따르거나 위험을 방지하기 위하여 일시 정차 또는 주차시키는 경우

② 정차 또는 주차할 수 있도록 안전 표지를 설치한 곳이나 정류장에서 정차 또는 주차시키는 경우

③ 고장이나 그 밖의 부득이한 사유로 길가장자리 구역(갓길을 포함)에 정차 또는 주차시키는 경우

④ 통행료를 내기 위하여 통행료를 받는 곳에서 정차하는 경우

⑤ 도로의 관리자가 고속도로 등을 보수·유지 또는 순회하기 위하여 정차 또는 주차시키는 경우

⑥ 경찰용 긴급자동차가 고속도로 등에서 범죄수사, 교통단속이나 그 밖의 경찰 임무를 수행하기 위하여 정차 또는 주차시키는 경우

⑦ 교통이 밀리거나 그 밖의 부득이한 사유로 움직일 수 없을 때에 고속도로 등의 차로에 일시 정차 또는 주차시키는 경우

(2) 운전자의 고속도로등에서의 준수사항〈법 제67조〉

　고속도로 등을 운행하는 자동차의 운전자는 교통의 안전과 원활한 소통을 확보하기 위하여 고장 자동차의 표지를 항상 비치하며, 고장이나 그 밖의 부득이한 사유로 자동차를 운행할 수 없게 되었을 때에는 자동차를 도로의 우측 가장자리에 정지시키고 행정안전부령으로 정하는 바에 따라 그 표지를 설치하여야 한다.

① 교통질서

② 교통사고와 그 예방

③ 안전운전의 기초

④ 교통법규와 안전

⑤ 운전면허 및 자동차관리

⑥ 그 밖에 교통안전의 확보를 위하여 필요한 사항

06　특별교통 안전교육

(1) 특별교통안전 의무교육을 받아야 하는 사람
〈법 제73조〉

① 운전면허 취소처분을 받은 사람으로서 운전면허를 다시 받으려는 사람

② 술에 취한 상태에서의 운전, 공동위험행위, 난폭운전, 운전 중 고의 또는 과실로 교통사고를 일으킨 경우, 자동차등을 이용하여 특수상해, 특수폭행, 특수협박 또는 특수손괴를 위반하는 행위에 해당하여 운전면허 효력 정지처분을 받게 되거나 받은 사람으로서 그 정지기간이 끝나지 아니한 사람

③ 운전면허 취소처분 또는 운전면허효력 정지처분이 면제된 사람으로서 면제된 날부터 1개월이 지나지 아니한 사람

④ 운전면허효력 정지처분을 받게 되거나 받은 초보운전자로서 그 정지기간이 끝나지 아니한 사람

⑤ 어린이 보호구역에서 운전 중 어린이를 사상하는 사고를 유발하여 벌점을 받은 날부터 1년 이내의 사람

(2) 특별교통 안전교육〈시행령 38조〉

　특별교통안전 의무교육 및 특별교통안전 권장 교육은 다음의 사항에 대하여 강의·시청각교육 또는 현장 체험 교육 등의 방법으로 3시간 이상 48시간 이하로 각각 실시한다.

07　운전면허

(1) 운전면허 종별 운전할 수 있는 차의 종류

운전면허		운전할 수 있는 차량
종별	구분	
제1종	대형면허	• 승용자동차 • 승합자동차 • 화물자동차 • 건설기계 －덤프트럭, 아스팔트살포기, 노상 안정기 －콘크리트 믹서트럭, 콘크리트펌프, 천공기(트럭 적재식) －콘크리트 믹서 트레일러, 아스팔트 콘크리트 재생기 －도로보수 트럭, 3톤 미만의 지게차 • 특수자동차(대형견인차, 소형견인차 및 구난차는 제외) • 원동기장치자전거
	보통면허	• 승용자동차 • 승차정원 15인 이하의 승합자동차 • 적재중량 12톤 미만의 화물자동차 • 건설기계(도로를 운행하는 3톤 미만의 지게차에 한정) • 총중량 10톤 미만의 특수자동차(구난차 등은 제외) • 원동기장치자전거
	소형면허	• 3륜 화물자동차 • 3륜 승용자동차 • 원동기장치자전거

	대형 견인차	• 견인형 특수자동차 • 제2종 보통면허로 운전할 수 있는 차량
특수 면허	소형 견인차	• 총중량 3.5톤 이하의 견인형 특수자 동차 • 제2종 보통면허로 운전할 수 있는 차량
	구난차	• 구난형 특수자동차 • 제2종 보통면허로 운전할 수 있는 차량
제2종	보통 면허	• 승용자동차 • 승차정원 10인 이하의 승합자동차 • 적재중량 4톤 이하의 화물자동차 • 총중량 3.5톤 이하의 특수자동차(구난차 등 은 제외) • 원동기장치자전거
	소형 면허	• 이륜자동차(운반차를 포함) • 원동기장치자전거

(2) 자동차 운전에 필요한 적성의 기준〈시행령 제45조〉

① 시력(교정시력을 포함)

  ㉠ 제1종 운전면허 : 두 눈을 동시에 뜨고 잰 시력이
  0.8 이상이고, 두 눈의 시력이 각각 0.5 이상일
  것. 다만, 한쪽 눈을 보지 못하는 사람이 보통면
  허를 취득하려는 경우에는 다른 쪽 눈의 시력이
  0.8 이상이고, 수평 시야가 120도 이상이며, 수
  직 시야가 20도 이상이고, 중심시야 20도 내 암
  점(暗點) 또는 반맹(半盲)이 없어야 한다.

  ㉡ 제2종 운전면허 : 두 눈을 동시에 뜨고 잰 시력이
  0.5 이상일 것. 다만, 한쪽 눈을 보지 못하는 사
  람은 다른 쪽 눈의 시력이 0.6 이상일 것

② 붉은색 · 녹색 및 노란색을 구별할 수 있을 것

③ 청력 : 55데시벨(보청기를 사용하는 사람은 40데시벨)
의 소리를 들을 수 있을 것(1종 대형 및 특수면허
취득자만 해당)

08 범칙행위 및 범칙금액, 벌점

(1) 어린이보호구역 및 노인 · 장애인 보호구역에서의 범칙금 및 과태료 부과기준

범칙행위 또는 위반행위 및 행위자	승합자동차 (범칙금)	승합자동차 (과태료)
• 신호 및 지시 위반 • 횡단보도 보행자 횡단 방해	13만 원	–
• 신호 및 지시를 위반한 차 또는 노면전차의 고용주 등	–	14만 원
• 속도위반한 차 – 60km/h 초과 – 40km/h 초과 60km/h 이하 – 20km/h 초과 40km/h 이하 – 20km/h 이하	16만 원 13만 원 10만 원 6만 원	17만 원 14만 원 11만 원 7만 원
• 통행금지 및 제한 위반 • 보행자 통행 방해 또는 보호 불이행	9만 원	–
• 정차 및 주차금지 위반 • 주차금지 장소 위반 • 정차 및 주차방법 및 시간제한 위반 • 정차 및 주차위반에 대한 조치 불응	• 어린이 보호 구역에서 위 반 : 13만 원 • 노인 및 장 애인 보호구 역에서 위반 : 9만 원	• 어린이 보호 구역에서 위 반 : 13(14) 만 원 • 노인 및 장 애인 보호구 역에서 위반 : 9(10)만 원

(2) 벌점의 종합관리

① 누산점수의 관리 : 법규위반 또는 교통사고로 인한 벌
점은 행정처분기준을 적용하고자 하는 당해 위반 또
는 사고가 있었던 날을 기준으로 하여 과거 3년간의
모든 벌점을 누산하여 관리한다.

② 무위반 · 무사고기간 경과로 인한 벌점 소멸 : 처분벌점
이 40점 미만인 경우에, 최종의 위반일 또는 사고일
로부터 위반 및 사고 없이 1년이 경과한 때에는 그
처분벌점은 소멸한다.

(3) 벌점 등 초과로 인한 운전면허의 취소 · 정지

① 벌점 · 누산점수 초과로 인한 면허 취소 : 1회의 위반 · 사고로 인한 벌점 또는 연간 누산점수가 다음 표의 벌점 또는 누산점수에 도달한 때에는 그 운전면허를 취소한다.

기간	벌점 또는 누산점수
1년간	121점 이상
2년간	201점 이상
3년간	271점 이상

② 벌점 · 처분벌점 초과로 인한 면허 정지 : 운전면허 정지처분은 1회의 위반 · 사고로 인한 벌점 또는 처분벌점이 40점 이상이 된 때부터 결정하여 집행하되, 원칙적으로 1점을 1일로 계산하여 집행한다.

(4) 자동차 등의 운전 중 교통사고를 발생시킨 때

구분		벌점	내용
인적 피해 교통 사고	사망 1명 마다	90	사고발행 시부터 72시간 이내 사망할 시
	중상 1명 마다	15	3주 이상의 치료를 요하는 의사의 진단이 있는 사고
	경상 1명 마다	5	3주 미만 5일 이상의 치료를 요하는 의사의 진단이 있는 사고
	부상신고 1명 마다	2	5일 미만의 치료를 요하는 의사의 진단이 있는 사고

실전 연습문제

1 다음 중 용어에 대한 정의가 바르지 않은 것은?

① 자동차전용도로 : 자동차만 다닐 수 있도록 설치된 도로
② 고속도로 : 자동차의 고속 운행에만 사용하기 위하여 지정된 도로
③ 중앙선 : 차마의 통행 방향을 명확하게 구분하기 위하여 도로에 흰색 실선 또는 흰색 점선 등의 안전표지로 표시한 선 또는 중앙분리대나 울타리 등으로 설치한 시설물
④ 차로 : 차마가 한 줄로 도로의 정하여진 부분을 통행하도록 차선으로 구분한 차도의 부분

> ● Advice ③ **중앙선** : 차마의 통행 방향을 명확하게 구분하기 위하여 도로에 <u>황색</u> 실선 또는 <u>황색</u> 점선 등의 안전표지로 표시한 선 또는 중앙분리대나 울타리 등으로 설치한 시설물. 다만, 가변차로가 설치된 경우에는 신호기가 지시하는 진행방향의 가장 왼쪽에 있는 황색 점선

2 다음 중 긴급자동차에 해당하지 않는 것은?

① 혈액 공급차량
② 경찰용 자동차 중 범죄수사, 교통단속에 사용되는 자동차
③ 수사기관의 자동차 중 의전을 위하여 사용되는 자동차
④ 국내외 요인에 대한 경호업무 수행에 공무로 사용되는 자동차

> ● Advice ③ 수사기관의 자동차 중 <u>범죄수사를</u> 위하여 사용되는 자동차

3 다음에 설명하고 있는 것은?

> 도로를 횡단하는 보행자나 통행하는 차마의 안전을 위하여 안전표지나 이와 비슷한 인공 구조물로 표시한 도로의 부분

① 안전지대　　　　② 자전거횡단도
③ 길가장자리구역　④ 교차로

> ● Advice ② **자전거횡단도** : 자전거가 일반도로를 횡단할 수 있도록 안전표지로 표시한 도로의 부분
> ③ **길가장자리구역** : 보도와 차도가 구분되지 아니한 도로에서 보행자의 안전을 확보하기 위하여 안전표지 등으로 경계를 표시한 도로의 가장자리 부분
> ④ **교차로** : +자로, T자로나 그 밖에 둘 이상의 도로(보도와 차도가 구분되어 있는 도로에서는 차도)가 교차하는 부분

4 교통안전시설이 표시하는 신호 및 지시 등이 없을 경우 교통정리를 위한 사람의 지시를 따라야 하는데 다음 중 이에 대한 교통정리를 할 수 있는 사람이 아닌 것은?

① 제주특별자치도의 자치경찰공무원
② 교통정리를 하는 국가경찰공무원
③ 개인택시운전자
④ 군사훈련 및 작전에 동원되는 부대의 이동을 유도하는 헌병

> ● Advice ③ 모범운전자이다.

정답 1.③ 2.③ 3.① 4.③

5 다음 설명 중 옳은 것을 모두 고른 것은?

> ㉠ 주차 : 운전자가 승객을 기다리거나 화물을 싣거나 차가 고장 나거나 그 밖의 사유로 차를 계속 정지 상태에 두는 것. 또는 운전자가 차에서 떠나서 즉시 그 차를 운전할 수 없는 상태에 두는 것
>
> ㉡ 정차 : 운전자가 10분을 초과하지 아니하고 차를 정지시키는 것으로서 주차 외의 정지 상태
>
> ㉢ 운전 : 도로에서 차마를 그 본래의 사용방법에 따라 사용하는 것(조종은 제외)
>
> ㉣ 서행 : 운전자가 차를 즉시 정지시킬 수 있는 정도의 느린 속도로 진행하는 것
>
> ㉤ 앞지르기 : 차의 운전자가 앞서가는 다른 차의 옆을 지나서 그 차의 앞으로 나가는 것

① ㉠, ㉡, ㉢
② ㉠, ㉢, ㉣
③ ㉠, ㉢, ㉤
④ ㉠, ㉣, ㉤

● Advice ㉡ **정차** : 운전자가 <u>5분</u>을 초과하지 아니하고 차를 정지시키는 것으로서 주차 외의 정지 상태
㉢ **운전** : 도로에서 차마를 그 본래의 사용방법에 따라 사용하는 것(<u>조종을 포함</u>)

6 차량신호등 원형등화에서 '적색등화의 점멸'이 의미하는 것은?

① 비보호좌회전표지 또는 비보호좌회전표시가 있는 곳에서는 좌회전할 수 있다.
② 차마는 정지선, 횡단보도 및 교차로의 직전에서 정지하여야 한다.
③ 차마는 다른 교통 또는 안전표지의 표시에 주의하면서 진행할 수 있다.
④ 차마는 정지선이나 횡단보도가 있을 때에는 그 직전이나 교차로의 직전에 일시정지한 후 다른 교통에 주의하면서 진행할 수 있다.

● Advice 신호기가 표시하는 신호의 종류 및 신호의 뜻(시행규칙 별표2)

구분		신호의 종류	신호의 뜻
차량 신호등	원형 등화	녹색의 등화	㉠ 차마는 직진 또는 우회전할 수 있다. ㉡ 비보호좌회전표지 또는 비보호좌회전표시가 있는 곳에서는 좌회전할 수 있다.
		황색의 등화	㉠ 차마는 정지선이 있거나 횡단보도가 있을 때에는 그 직전이나 교차로의 직전에 정지하여야 하며, 이미 교차로에 차마의 일부라도 진입한 경우에는 신속히 교차로 밖으로 진행하여야 한다. ㉡ 차마는 우회전할 수 있고 우회전하는 경우에는 보행자의 횡단을 방해하지 못한다.
		황색 등화의 점멸	차마는 다른 교통 또는 안전표지의 표시에 주의하면서 진행할 수 있다.
		적색 등화의 점멸	차마는 정지선이나 횡단보도가 있을 때에는 그 직전이나 교차로의 직전에 일시정지한 후 다른 교통에 주의하면서 진행할 수 있다.

정답 ▶ 5.④ 6.④

7 도로교통의 안전을 위하여 각종 제한 및 금지 등의 규제를 하는 경우에 이를 도로 사용자에게 알리는 표지?

① 노면표시
② 보조표지
③ 규제표지
④ 주의표지

● Advice 규제표지는 도로교통의 안전을 위하여 각종 제한 및 금지 등의 규제를 하는 경우에 이를 도로 사용자에게 알리는 표지를 말한다.

8 다음 중 안전표지에 대한 설명으로 잘못된 것은?

① 주의표지 : 도로교통의 안전을 위하여 각종 주의·규제·지시 등의 내용을 노면에 기호·문자 또는 선으로 도로사용자에게 알리는 표지
② 규제표지 : 도로교통의 안전을 위하여 각종 제한·금지 등의 규제를 하는 경우에 이를 도로사용자에게 알리는 표지
③ 지시표지 : 도로의 통행방법·통행구분 등 도로교통의 안전을 위하여 필요한 지시를 하는 경우에 도로사용자가 이에 따르도록 알리는 표지
④ 보조표지 : 주의표지·규제표지 또는 지시표지의 주기능을 보충하여 도로사용자에게 알리는 표지

● Advice ①은 노면표시에 대한 설명이다. 주의표지는 도로상태가 위험하거나 도로 또는 그 부근에 위험물이 있는 경우에 필요한 안전조치를 할 수 있도록 이를 도로사용자에게 알리는 표지이다.

9 다음 중 비·눈·안개 등으로 인한 악천후 시 최고속도의 100분의 50을 줄인 속도로 운행해야 하는 경우가 아닌 것은?

① 노면이 얼어붙은 경우
② 눈이 20mm 이상 쌓인 경우
③ 폭우, 폭설, 안개 등으로 가시거리가 100m 이내인 경우
④ 비가 내려 노면이 젖어있는 경우

● Advice ④ 최고속도의 100분의 20을 줄인 속도로 운행해야 하는 경우에 해당하는 내용이다.

10 긴급자동차의 우선 통행에 대한 내용으로 바르지 않은 것은?

① 긴급자동차의 운전자는 긴급하고 부득이한 경우에 교통안전에 특히 주의하면서 통행해야 한다.
② 모든 차 또는 노면전차의 운전자는 교차로나 그 부근 외의 곳에서 긴급자동차가 접근한 경우에는 긴급자동차가 우선 통행할 수 있도록 진로를 양보해야 한다.
③ 긴급자동차는 도로교통법이나 이 법에 따른 명령에 따라 정지해야 하는 경우에도 불구하고 긴급하고 부득이한 경우에는 정지하지 아니할 수 있다.
④ 긴급자동차는 긴급하고 부득이한 경우라도 도로의 중앙이나 좌측 부분을 통행할 수 없다.

● Advice ④ 긴급자동차는 긴급하고 부득이한 경우에는 도로의 중앙이나 좌측 부분을 통행할 수 있다.

정답 7.③ 8.① 9.④ 10.④

11 차도를 통행할 수 있는 사람 또는 행렬이 아닌 것은?

① 개·고양이 등의 작은 동물을 몰고 가는 사람
② 도로에서 청소나 보수 등 작업을 하고 있는 사람
③ 군부대나 그 밖에 이에 준하는 단체의 행렬
④ 기(旗) 또는 현수막 등을 휴대한 행렬

> ● Advice 차도를 통행할 수 있는 사람 또는 행렬(시행령 제7조)
> ㉠ 말·소 등의 큰 동물을 몰고 가는 사람
> ㉡ 사다리, 목재, 그 밖에 보행자의 통행에 지장을 줄 우려가 있는 물건을 운반 중인 사람
> ㉢ 도로에서 청소나 보수 등의 작업을 하고 있는 사람
> ㉣ 군부대나 그 밖에 이에 준하는 단체의 행렬
> ㉤ 기(旗) 또는 현수막 등을 휴대한 행렬
> ㉥ 장의(葬儀) 행렬

12 차마의 운전자가 도로의 중앙이나 좌측 부분을 통행할 수 있는 경우가 아닌 것은?

① 도로가 일방통행인 경우
② 도로의 파손, 도로공사나 그 밖의 장애 등으로 도로의 우측 부분을 통행할 수 없는 경우
③ 도로 우측 부분의 폭이 차마의 통행에 충분하지 아니한 경우
④ 도로의 우측 부분의 폭이 8미터가 되지 아니하는 도로에서 다른 차를 앞지르려는 경우

> ● Advice 차마의 운전자가 도로의 중앙이나 좌측 부분으로 통행할 수 있는 경우(법 제13조 제4항)
> ㉠ 도로가 일방통행인 경우
> ㉡ 도로의 파손, 도로공사나 그 밖의 장애 등으로 도로의 우측 부분을 통행할 수 없는 경우
> ㉢ 도로 우측 부분의 폭이 6미터가 되지 아니하는 도로에서 다른 차를 앞지르려는 경우. 다만, 다음의 어느 하나에 해당하는 경우에는 그러하지 아니하다.
> • 도로의 좌측 부분을 확인할 수 없는 경우
> • 반대 방향의 교통을 방해할 우려가 있는 경우
> • 안전표지 등으로 앞지르기를 금지하거나 제한하고 있는 경우
> ㉣ 도로 우측 부분의 폭이 차마의 통행에 충분하지 아니한 경우

㉤ 가파른 비탈길의 구부러진 곳에서 교통의 위험을 방지하기 위하여 시·도경찰청장이 필요하다고 인정하여 구간 및 통행방법을 지정하고 있는 경우에 그 지정에 따라 통행하는 경우

13 고속도로 외의 도로에서 차로에 따른 통행구분이 잘못 짝지어진 것은?

① 편도4차로의 1차로 – 승용자동차, 중·소형 승합자동차
② 편도4차로의 3차로 – 특수자동차, 건설기계, 이륜자동차 등
③ 편도3차로의 2차로 – 대형승합자동차
④ 편도2차로의 1차로 – 승용자동차, 중·소형 승합자동차

> ● Advice 고속도로 외의 도로에서 차로에 따른 통행구분(시행규칙 별표9)

도로		차로 구분	통행할 수 있는 차종
고속 도로 외의 도로	편도 4차로	1차로	승용자동차, 중·소형승합자동차
		2차로	
		3차로	대형승합자동차, 적재중량이 1.5톤 이하인 화물자동차
		4차로	적재중량이 1.5톤을 초과하는 화물자동차, 특수자동차, 건설기계, 이륜자동차, 원동기장치자전거, 자전거 및 우마차
	편도 3차로	1차로	승용자동차, 중·소형승합자동차
		2차로	대형승합자동차, 적재중량이 1.5톤 이하인 화물자동차
		3차로	적재중량이 1.5톤을 초과하는 화물자동차, 특수자동차, 건설기계, 이륜자동차, 원동기장치자전거, 자전거 및 우마차
	편도 2차로	1차로	승용자동차, 중·소형승합자동차
		2차로	대형승합자동차, 화물자동차, 특수자동차, 건설기계, 이륜자동차, 원동기장치자전거, 자전거 및 우마차

정답 ▶ 11.① 12.④ 13.②

14 다음 중 대통령령으로 정하는 바에 따라 켜야 하는 등화에 관한 설명 및 등화연결로 가장 옳지 않은 것을 고르면?

① 모든 차 또는 노면전차의 운전자는 밤에 차가 서로 마주보고 진행하거나 앞차의 바로 뒤를 따라가는 경우에는 대통령령으로 정하는 바에 따라 등화의 밝기를 줄이거나 잠시 등화를 끄는 등의 필요한 조작을 해야 한다.
② 견인되는 차 – 전조등, 실내조명등
③ 원동기장치자전거 – 전조등 및 미등
④ 자동차 – 전조등, 차폭등, 미등

● **Advice** ② 견인되는 차 – 미등, 차폭등 및 번호등

15 일반도로에서 편도 1차로의 최고속도는?

① 60km/h이내
② 80km/h이내
③ 100km/h이내
④ 120km/h이내

● **Advice** 일반도로 상에서의 속도는 다음과 같다.

편도 1차로	60km/h 이내	최저속도의
편도 2차로 이상	80km/h 이내	규제 없음

16 편도 2차로 이상의 일반도로에서 자동차의 최고속도는?

① 없음
② 매시 60km 이내
③ 매시 80km 이내
④ 매시 100km 이내

● **Advice** ③ 편도 2차로 이상의 일반도로에서 자동차의 최고속도는 매시 80km 이내이며 최저속도는 없다〈시행규칙 제19조 제1항〉.

17 편도 2차로 이상의 모든 고속도로에서 자동차의 최고속도는?

① 매시 120km
② 매시 100km
③ 매시 80km
④ 매시 50km

● **Advice** ② 편도 2차로 이상의 모든 고속도로에서 자동차의 최고속도는 매시 100km이고, 최저속도는 매시 50km이다. 단, 경찰청장이 고속도로의 원활한 소통을 위하여 특히 필요하다고 인정한 노선 또는 구간의 고속도로의 경우 매시 120km 이내로 최고속도를 지정·고시할 수 있다〈시행규칙 제19조 제1항〉.

18 자동차전용도로의 최고속도는?

① 매시 30km
② 매시 60km
③ 매시 90km
④ 매시 120km

● **Advice** ③ 자동차전용도로의 최고속도는 매시 90km이며, 최저속도는 매시 30km이다〈시행규칙 제19조 제1항〉.

정답 ▶ 14.② 15.① 16.③ 17.② 18.③

19 다음은 정차 및 주차 금지에 관한 내용이다. 아래의 글을 읽고 괄호 안에 공통적으로 들어갈 말로 옳은 것을 고르면?

> • 안전지대가 설치된 도로에서는 그 안전지대의 사방으로부터 각각 (   ) 이내인 곳
> • 건널목의 가장자리 또는 횡단보도로부터 (   ) 이내인 곳

① 10m   ② 13m

③ 17m   ④ 19m

● Advice 정차 및 주차의 금지〈법 제32조〉
 • 안전지대가 설치된 도로에서는 그 안전지대의 사방으로부터 각각 10m 이내인 곳
 • 건널목의 가장자리 또는 횡단보도로부터 10m 이내인 곳

20 앞지르기 방법에 대한 설명이다. 잘못된 것은?

① 모든 차의 운전자는 다른 차를 앞지르려면 앞차의 좌측으로 통행하여야 한다.

② 앞지르려고 하는 모든 차의 운전자는 반대방향의 교통에는 주의할 필요가 없다.

③ 차로에 따른 통행차의 기준을 준수하여 앞지르기를 하는 차가 있을 때에는 속도를 높여 앞지르기 방해하여서는 아니 된다.

④ 모든 차의 운전자는 앞차가 다른 차를 앞지르고 있거나 앞지르려고 하는 경우에는 앞지르기를 하지 못한다.

● Advice ② 앞지르려고 하는 모든 차의 운전자는 반대방향의 교통과 앞차 앞쪽의 교통에도 주의를 충분히 기울여야 하며, 앞차의 속도·진로와 그 밖의 도로상황에 따라 방향지시기, 등화 또는 경음기를 사용하는 등 안전한 속도와 방법으로 앞지르기를 하여야 한다〈법 제21조〉.

21 안전거리의 확보에 대한 설명이다. 가장 옳지 않은 것은?

① 모든 차의 운전자는 같은 방향으로 가고 있는 앞차의 뒤를 따르는 경우에는 앞차가 갑자기 정지하게 되는 경우 그 앞차와의 충돌을 피할 수 있는 데 필요한 거리를 확보하여야 한다.

② 자동차등의 운전자는 같은 방향으로 가고 있는 자전거등의 옆을 지날 때에는 그 자전거와의 충돌을 피할 수 있는 필요한 거리를 확보하여야 한다.

③ 모든 차의 운전자는 차의 진로를 변경하려는 경우 그 변경하려는 방향으로 오고 있는 다른 차의 정상적인 통행에 장애를 줄 우려가 있을 때에는 진로를 변경하여서는 아니 된다.

④ 모든 차의 운전자는 운전하는 차를 갑자기 정지시키거나 속도를 줄이는 등의 급제동을 할 수 있다.

● Advice ④ 모든 차의 운전자는 위험방지를 위한 경우와 그 밖의 부득이한 경우가 아니면 운전하는 차를 갑자기 정지시키거나 속도를 줄이는 등의 급제동을 하여서는 아니 된다〈법 제19조〉.

22 다음 중 앞지르기를 할 수 있는 곳은?

① 교차로

② 터널 안

③ 가파르지 않은 비탈길

④ 다리 위

● Advice 교차로, 터널 안, 다리 위에서는 앞지르기를 할 수 없으며, 도로의 구부러진 곳, 비탈길의 고갯마루 부근 또는 가파른 비탈길의 내리막 등 시·도경찰청장이 도로에서의 위험을 방지하고 교통의 안전과 원활한 소통을 확보하기 위하여 필요하다고 인정하는 곳으로서 안전표지로 지정한 곳에서는 앞지르기를 못한다〈법 제22조 제3항〉.

정답 ▶ 19.①   20.②   21.④   22.③

23 편도 1차로의 고속도로에서 모든 자동차의 최고속도는?

① 80km/h

② 90km/h

③ 100km/h

④ 110km/h

● Advice 고속도로 상에서의 속도는 다음과 같다.

편도 2차로 이상의 고속도로	승용차, 승합차, 화물자동차(적재중량 1.5톤 이하)	최고속도 100km/h 최저속도 50km/h
	화물자동차(적재중량 1.5톤 초과), 위험물 운반자동차, 건설기계, 특수자동차	최고속도 80km/h 최저속도 50km/h
편도 1차로의 고속도로	모든 자동차	최고속도 80km/h 최저속도 50km/h
지정·고시한 편도 2차로 이상의 고속도로	승용차, 승합차, 화물자동차(적재중량 1.5톤 이하)	최고속도 120km/h 최저속도 50km/h
	화물자동차(적재중량 1.5톤 초과), 위험물 운반자동차, 건설기계, 특수자동차	최고속도 90km/h 최저속도 50km/h

24 교통정리가 없는 교차로에서의 양보운전에 대한 설명으로 옳은 것은?

① 교통정리를 하고 있지 아니하는 교차로에 들어가려고 하는 차의 운전자는 이미 교차로에 들어가 있는 다른 차가 있을 때 그 차의 진로를 막으며 진입할 수 있다.

② 교통정리를 하고 있지 아니하는 교차로에 들어가려고 하는 차의 운전자는 그 차가 통행하고 있는 도로의 폭보다 폭이 넓은 도로로부터 교차로에 들어가려고 하는 다른 차가 있을 때에는 먼저 교차로에 진입할 수 있다.

③ 교통정리를 하고 있지 아니하는 교차로에 동시에 들어가려고 하는 차의 운전자는 좌측도로의 차에 진로를 양보하여야 한다.

④ 교통정리를 하고 있지 아니하는 교차로에서 좌회전하려고 하는 차의 운전자는 그 교차로에서 직진하거나 우회전하려는 다른 차가 있을 때에는 그 차에 진로를 양보하여야 한다.

● Advice 교통정리가 없는 교차로에서의 양보운전(법 제26조)
ⓐ 교통정리를 하고 있지 아니하는 교차로에 들어가려고 하는 차의 운전자는 이미 교차로에 들어가 있는 다른 차가 있을 때에는 그 차에 진로를 양보하여야 한다.
ⓑ 교통정리를 하고 있지 아니하는 교차로에 들어가려고 하는 차의 운전자는 그 차가 통행하고 있는 도로의 폭보다 교차하는 도로의 폭이 넓은 경우에는 서행하여야 하며, 폭이 넓은 도로로부터 교차로에 들어가려고 하는 다른 차가 있을 때에는 그 차에 진로를 양보하여야 한다.
ⓒ 교통정리를 하고 있지 아니하는 교차로에 동시에 들어가려고 하는 차의 운전자는 우측도로의 차에 진로를 양보하여야 한다.
ⓓ 교통정리를 하고 있지 아니하는 교차로에서 좌회전하려고 하는 차의 운전자는 그 교차로에서 직진하거나 우회전하려는 다른 차가 있을 때에는 그 차에 진로를 양보하여야 한다.

정답 23.① 24.④

25 다음 중 일시정지해야 하는 장소는?

① 도로가 구부러진 부근
② 비탈길의 고갯마루 부근
③ 가파른 비탈길의 내리막
④ 교통정리를 하고 있지 아니하고 좌우를 확인
   할 수 없는 교차로

● Advice ①②③은 서행하여야 하는 장소이다.
   ※ **서행 또는 일시정지할 장소**(법 제31조)
      ㉠ 모든 차의 운전자는 다음의 어느 하나에 해당하
         는 곳에서는 서행하여야 한다.
      • 교통정리를 하고 있지 아니하는 교차로
      • 도로가 구부러진 부근
      • 비탈길의 고갯마루 부근
      • 가파른 비탈길의 내리막
      • 시·도경찰청장이 도로에서의 위험을 방지하고
        교통의 안전과 원활한 소통을 확보하기 위하여
        필요하다고 인정하여 안전표지로 지정한 곳
      ㉡ 모든 차의 운전자는 다음의 어느 하나에 해당하
         는 곳에서는 일시정지하여야 한다.
      • 교통정리를 하고 있지 아니하고 좌우를 확인할
        수 없거나 교통이 빈번한 교차로
      • 시·도경찰청장이 도로에서의 위험을 방지하고
        교통의 안전과 원활한 소통을 확보하기 위하여
        필요하다고 인정하여 안전표지로 지정한 곳

26 다음 중 견인되는 차가 켜야 하는 등화가 아닌
것은?

① 전조등   ② 미등
③ 차폭등   ④ 번호등

● Advice 견인되는 차는 미등·차폭등 및 번호등을 켜야 한다.

27 운전자는 자동차 등 또는 노면전차의 운전 중에
는 휴대용 전화(자동차용 전화를 포함)를 사용해
서는 안 되지만 예외사항도 있다. 다음 중 이에
대한 예외사항으로 옳지 않은 것은?

① 자동차 등이 정지하고 있는 경우
② 각종 범죄 및 재해신고 등 긴급한 필요가 있
   는 경우
③ 일반 승용차를 운전하는 경우
④ 안전운전에 장애를 주지 아니하는 장치로서
   손으로 잡지 아니하고도 휴대용 전화(자동차
   용 전화를 포함)를 사용할 수 있도록 해 주
   는 장치를 사용하는 경우

● Advice ③ 긴급자동차를 운전하는 경우이다.

28 다음 중 좌석안전띠를 매지 아니하거나 동승자에
게 좌석안전띠를 매도록 하지 않아도 되는 등의
행정안전부령으로 정하는 사유로써 잘못된 것은?

① 경호 등을 위한 경찰용 자동차에 의해 호위
   되거나 유도하고 있는 자동차를 운전하거나
   승차하는 때
② 긴급자동차가 그 본래의 용도로 운행되고 있
   는 때
③ 신장, 비만 그 밖의 신체 상태에 의해 좌석
   안전띠의 착용이 적당하지 아니하다고 인정
   되는 자가 자동차를 운전하거나 승차하는 때
④ 자동차를 전진시키기 위해서 운전하는 때

● Advice ④ 자동차를 후진시키기 위해서 운전하는 때이다.

정답 ▶ 25.④ 26.① 27.③ 28.④

29 도로에서 자동차의 승차인원은 승차정원의 몇 %
이내이어야 하는가?

① 100% ② 110%

③ 120% ④ 130%

● **Advice** 자동차의 승차인원은 승차정원 이내이어야 한다〈시행령
제22조〉.

30 「도로교통법」에서 규정한 '술에 취한 상태에서의
운전금지'는 혈중알코올농도 몇 % 이상을 말하는
가?

① 0.01% ② 0.03%

③ 0.1% ④ 0.15%

● **Advice** 술에 취한 상태에서의 운전 금지〈법 제44조〉
　㉠ 누구든지 술에 취한 상태에서 자동차 등 노면전차
　　또는 자전거를 운전하여서는 아니 된다.
　㉡ 경찰공무원은 교통의 안전과 위험방지를 위하여 필
　　요하다고 인정하거나 ㉠을 위반하여 술에 취한 상
　　태에서 자동차 등 노면전차 또는 자전거를 운전하였
　　다고 인정할 만한 상당한 이유가 있는 경우에는 운
　　전자가 술에 취하였는지를 호흡조사로 측정할 수 있
　　다. 이 경우 운전자는 경찰공무원의 측정에 응하여
　　야 한다.
　㉢ ㉡에 따른 측정 결과에 불복하는 운전자에 대하여
　　는 그 운전자의 동의를 받아 혈액 채취 등의 방법
　　으로 다시 측정할 수 있다.
　㉣ ㉠에 따라 운전이 금지되는 술에 취한 상태의 기준
　　은 운전자의 혈중알코올농도가 0.03퍼센트 이상인
　　경우로 한다.

31 운전이 금지되는 자동차 앞면 창유리 가시광선
투과율의 기준은?

① 50% 미만 ② 60% 미만

③ 70% 미만 ④ 80% 미만

● **Advice** 자동차 창유리 가시광선 투과율의 기준〈시행령 제28조〉
　㉠ 앞면 창유리 : 70퍼센트 미만
　㉡ 운전석 좌우 옆면 창유리 : 40퍼센트 미만

32 다음은 모든 운전자의 준수사항에 대한 설명이
다. 잘못된 것은?

① 물이 고인 곳을 운행할 때에는 고인 물을 튀
게 하여 다른 사람에게 피해를 주는 일이 없
도록 할 것

② 앞을 보지 못하는 사람이 흰색 지팡이를 가
지거나 장애인보조견을 동반하고 도로를 횡
단하고 있는 경우 일시정지할 것

③ 경음기를 울릴 때는 반복적이거나 연속적으
로 울릴 것

④ 운전자는 승객이 차 안에서 안전운전에 현저
히 장해가 될 정도로 춤을 추는 등 소란행위를
하도록 내버려두고 차를 운행하지 아니할 것

● **Advice** ③ 운전자는 정당한 사유 없이 반복적이거나 연속적으
로 경음기를 울리는 행위로 다른 사람에게 피해를 주는
소음을 발생시키지 아니해야 한다〈법 제49조〉.

33 다음은 어린이 통학버스의 운전자 및 운영자 등의 의무사항에 관한 내용이다. 이 중 가장 옳지 않은 것은?

① 어린이나 영유아가 타고 내리는 경우에만 점멸등 등의 장치를 작동하여야 하며, 어린이나 영유아를 태우고 운행 중인 경우에만 어린이 또는 영유아를 태우고 운행 중임을 표시하여야 한다.

② 어린이의 승차 또는 하차를 도와주는 보호자를 태우지 아니한 어린이 통학버스를 운전하는 사람은 어린이가 승차 또는 하차하는 때에 자동차에서 내려서 어린이나 영유아가 안전하게 승하차하는 것을 확인해야 한다.

③ 어린이 통학버스를 운전하는 사람은 어린이 통학버스 운행을 마친 후에는 어린이나 영유아가 모두 하차하였는지를 확인할 필요가 없다.

④ 어린이 통학버스를 운전하는 사람은 어린이나 영유아가 어린이 통학버스를 탈 때에는 승차한 모든 어린이나 영유아가 좌석안전띠를 매도록 한 후에 출발하여야 하며 내릴 때에는 보도나 길가장자리구역 등 자동차로부터 안전한 장소에 도착한 것을 확인한 후에 출발하여야 한다.

● **Advice** ③ 어린이 통학버스를 운전하는 사람은 어린이 통학버스 운행을 마친 후 어린이나 영유아가 모두 하차하였는지를 확인해야 한다.

34 교통사고가 발생한 차의 운전자가 국가경찰관서에 사고 신고를 할 때 알려야 하는 사항이 아닌 것은?

① 사고가 일어난 시간
② 사고가 일어난 곳
③ 사상자 수 및 부상 정도
④ 손괴한 물건 및 손괴 정도

● **Advice** **사고발생 시의 조치**(법 제54조 제2항)
차의 운전 등 교통으로 인하여 사람을 사상하거나 물건을 손괴한 경우(교통사고)에는 그 차의 운전자나 그 밖의 승무원(운전자등)은 경찰공무원이 현장에 있을 때에는 그 경찰공무원에게, 경찰공무원이 현장에 없을 때에는 가장 가까운 국가경찰관서(지구대, 파출소 및 출장소를 포함)에 다음의 사항을 지체 없이 신고하여야 한다. 다만, 운행 중인 차만 손괴된 것이 분명하고 도로에서의 위험방지와 원활한 소통을 위하여 필요한 조치를 한 경우에는 그러하지 아니하다.
㉠ 사고가 일어난 곳
㉡ 사상자 수 및 부상 정도
㉢ 손괴한 물건 및 손괴 정도
㉣ 그 밖의 조치사항 등

35 어린이통학버스로 신고하여 사용할 수 있는 자동차에 대해 법으로 정하는 요건으로 잘못된 것은?

① 승차정원은 9인승 이상의 자동차에 한한다.
② 어린이통학버스의 색상은 황색으로 한다.
③ 어린이 승하차를 위한 보조발판은 자동 돌출 등 작동 시 어린이 등의 신체에 상해를 주지 아니하도록 작동되는 구조이어야 한다.
④ 교통사고로 인한 피해를 50% 이상 배상할 수 있도록 「보험업법」에 따른 보험 또는 「여객자동차 운수사업법」에 따른 공제조합에 가입되어 있어야 한다.

● **Advice** ④ 교통사고로 인한 피해를 <u>전액</u> 배상할 수 있도록 「보험업법」에 따른 보험 또는 「여객자동차 운수사업법」에 따른 공제조합에 가입되어 있어야 한다(시행령 제31조).

정답 33.③ 34.① 35.④

36 특별교통안전 의무교육 및 특별교통안전 권장 교육은 강의·시청각교육 또는 현장 체험 교육 등의 방법으로 몇 시간 실시하는가?

① 3시간 이상 78시간 이하
② 3시간 이상 68시간 이하
③ 3시간 이상 58시간 이하
④ 3시간 이상 48시간 이하

● Advice 특별교통안전 의무교육 및 특별교통안전 권장교육은 강의·시청각교육 또는 현장체험 교육 등의 방법으로 3시간 이상 48시간 이하로 각각 실시한다(도로교통법 시행령 38조).

37 다음의 내용을 읽고 괄호 안에 들어갈 말로 가장 적절한 것을 고르면?

> 자동차의 운전자는 고속도로 등에서 자동차의 고장 등 부득이한 사정이 있는 경우를 제외하고는 (   )으로 정하는 차로에 따라 통행하여야 하며, 갓길로 통행하여서는 아니 된다.

① 국무총리령
② 국토교통부령
③ 행정안전부령
④ 대통령령

● Advice ③ 자동차의 운전자는 고속도로 등에서 자동차의 고장 등 부득이한 사정이 있는 경우를 제외하고는 행정안전부령으로 정하는 차로에 따라 통행하여야 하며, 갓길로 통행하여서는 아니 된다. 다만, 긴급자동차와 고속도로 등의 보수·유지 등의 작업을 하는 자동차를 운전하는 경우에는 그러하지 아니하다. (도로교통법 제60조 제1항)

38 다음에 설명하고 있는 특별교통안전교육은 무엇인가?

> 교통사고의 예방, 술에 취한 상태에서의 운전의 위험성 및 안전운전 요령 등에 관한 교육

① 교통법규교육
② 교통소양교육
③ 교통참여교육
④ 교통안내교육

● Advice ① 교통법규교육 : 교통법규와 안전 등에 관한 교육
③ 교통참여교육 : 교통안전을 위한 활동에 실제로 참여하여 체험하도록 하는 등의 교육

39 특별교통안전 의무교육을 받아야 하는 사람 중 어린이 보호구역에서 운전 중 어린이를 사상하는 사고를 유발하여 벌점을 받은 날부터 몇 년 이내의 사람인가?

① 1년
② 3년
③ 5년
④ 7년

● Advice 어린이 보호구역에서 운전 중 어린이를 사상하는 사고를 유발하여 벌점을 받은 날부터 1년 이내의 사람이다. (도로교통법 제73조)

정답 ▶ 36.④ 37.③ 38.② 39.①

40 다음 중 운전면허(원동기장치자전거 제외)를 받을 수 없는 사람을 모두 고른 것은?

- ㉠ 18세인 김종인 군
- ㉡ 전문의로부터 치매 진단을 받은 72세 김철수 씨
- ㉢ 한쪽 팔의 팔꿈치관절을 잃은 37세 이재인 씨
- ㉣ 척추 장애로 인하여 앉아 있을 수 없는 53세 박갑동 씨
---

① ㉠, ㉡   ② ㉡, ㉢

③ ㉡, ㉣   ④ ㉢, ㉣

● **Advice** 운전면허의 결격사유〈법 제82조 제1항〉
㉠ 18세 미만(원동기장치자전거의 경우에는 16세 미만)인 사람
㉡ 교통상의 위험과 장해를 일으킬 수 있는 정신질환자 또는 뇌전증 환자로서 대통령령으로 정하는 사람(치매, 정신분열병, 분열형 정동장애, 양극성 정동장애, 재발성 우울장애 등의 정신질환 또는 정신 발육지연, 뇌전증 등으로 인하여 정상적인 운전을 할 수 없다고 해당 분야 전문의가 인정하는 사람)
㉢ 듣지 못하는 사람(제1종 운전면허 중 대형면허·특수면허만 해당), 앞을 보지 못하는 사람 (한쪽 눈만 보지 못하는 사람의 경우에는 제1종 운전면허 중 대형면허·특수면허만 해당한다.) 이나 그 밖에 대통령령으로 정하는 신체장애인(다리, 머리, 척추, 그 밖의 신체의 장애로 인하여 앉아 있을 수 없는 사람. 다만, 신체장애 정도에 적합하게 제작·승인된 자동차를 사용하여 정상적인 운전을 할 수 있는 경우는 제외)
㉣ 양쪽 팔의 팔꿈치관절 이상을 잃은 사람이나 양쪽 팔을 전혀 쓸 수 없는 사람. 다만, 본인의 신체장애 정도에 적합하게 제작된 자동차를 이용하여 정상적인 운전을 할 수 있는 경우에는 그러하지 아니하다.
㉤ 교통상의 위험과 장해를 일으킬 수 있는 마약·대마·향정신성의약품 또는 알코올 중독자로서 대통령령으로 정하는 사람(마약·대마·향정신성의약품 또는 알코올 관련 장애 등으로 인하여 정상적인 운전을 할 수 없다고 해당 분야 전문의가 인정하는 사람)
㉥ 제1종 대형면허 또는 제1종 특수면허를 받으려는 경우로서 19세 미만이거나 자동차(이륜자동차는 제외한다)의 운전경험이 1년 미만인 사람

41 자동차의 운전자는 고속도로 등에서 차를 정차하거나 주차시켜서는 안 되는데 다음 중 이에 대한 예외사항에 해당하지 않는 것은?

① 정차 또는 주차할 수 있도록 안전표지를 설치한 곳이나 정류장에서 정차 또는 주차시키는 경우
② 화장실이 급해 통행료를 받는 곳에서 정차하는 경우
③ 도로의 관리자가 고속도로 등을 보수·유지 또는 순회하기 위하여 정차 또는 주차시키는 경우
④ 통행료를 내기 위하여 통행료를 받는 곳에서 정차하는 경우

● **Advice** 고속도로 등에서의 정차 및 주차의 금지〈법 제64조〉
㉠ 법령의 규정 또는 경찰공무원(자치경찰공무원은 제외한다)의 지시에 따르거나 위험을 방지하기 위하여 일시 정차 또는 주차시키는 경우
㉡ 정차 또는 주차할 수 있도록 안전표지를 설치한 곳이나 정류장에서 정차 또는 주차시키는 경우
㉢ 고장이나 그 밖의 부득이한 사유로 길가장자리구역(갓길을 포함한다)에 정차 또는 주차시키는 경우
㉣ 통행료를 내기 위하여 통행료를 받는 곳에서 정차하는 경우
㉤ 도로의 관리자가 고속도로 등을 보수·유지 또는 순회하기 위하여 정차 또는 주차시키는 경우
㉥ 경찰용 긴급자동차가 고속도로 등에서 범죄수사, 교통단속이나 그 밖의 경찰임무를 수행하기 위하여 정차 또는 주차시키는 경우
㉦ 교통이 밀리거나 그 밖의 부득이한 사유로 움직일 수 없을 때에 고속도로 등의 차로에 일시 정차 또는 주차시키는 경우

정답 40.③ 41.②

42 처분벌점이 40점 미만인 경우에는 최종의 위반일 또는 사고일로부터 위반 및 사고 없이 일정 기간이 경과하면 그 처분벌점이 소멸한다. 그 기간은?

① 6개월　　　　② 1년

③ 1년 6개월　　④ 2년

> **Advice** 처분벌점이 40점 미만인 경우에, 최종의 위반일 또는 사고일로부터 위반 및 사고 없이 <u>1년</u>이 경과한 때에는 그 처분벌점은 소멸한다〈시행규칙 별표28〉.

43 1회의 위반·사고로 인한 벌점 또는 연간 누산점수가 201점 이상일 때 운전면허 취소 기간은?

① 6개월　　　　② 1년

③ 2년　　　　　④ 3년

> **Advice** 벌점·누산점수 초과로 인한 면허 취소〈시행규칙 별표28〉
>
> | 기간 | 벌점 또는 누산점수 |
> | --- | --- |
> | 1년간 | 121점 이상 |
> | 2년간 | 201점 이상 |
> | 3년간 | 271점 이상 |

44 신호·지시위반 시 벌점은?

① 10점　　　　② 15점

③ 30점　　　　④ 40점

> **Advice** ② 신호·지시위반의 벌점은 15점이다〈시행규칙 별표28〉.

45 다음은 A씨가 자동차 운전 중 교통사고를 일으켜 발생한 인명피해이다. A씨가 사고결과에 따라 받는 벌점은?

> - 사망 : 1명
> - 중상 : 3명
> - 경상 : 2명
> - 부상신고 : 1명

① 147　　　　② 153

③ 172　　　　④ 191

> **Advice** 사망 1명(90) + 중상 3명(15×3) + 경상 2명(5×2) + 부상신고(2) = 147
>
> ※ 사고결과에 따른 벌점기준〈시행규칙 별표28〉
>
> | 구분 | | 벌점 | 내용 |
> | --- | --- | --- | --- |
> | 인적 피해 교통 사고 | 사망 1명마다 | 90 | 사고발생 시부터 72시간 이내에 사망한 때 |
> | | 중상 1명마다 | 15 | 3주 이상의 치료를 요하는 의사의 진단이 있는 사고 |
> | | 경상 1명마다 | 5 | 3주 미만 5일 이상의 치료를 요하는 의사의 진단이 있는 사고 |
> | | 부상신고 1명마다 | 2 | 5일 미만의 치료를 요하는 의사의 진단이 있는 사고 |

46 다음 중 승합자동차 운전자에게 부과되는 범칙금액이 가장 큰 범칙행위는?

① 속도위반 60km/h 초과

② 중앙선 침범

③ 운전 중 휴대용 전화사용

④ 교차로 통행방법 위반

> **Advice** ① 13만 원　②③ 7만 원　④ 5만 원

정답 42.② 43.③ 44.② 45.① 46.①

47 특별교통안전 의무교육 및 특별교통안전 권장교육은 강의 · 시청각 교육 또는 현장체험교육 등의 방법으로 실시되는데 이러한 교육내용으로 바르지 않은 것은?

① 안전운전의 기초
② 교통질서
③ 운전면허취소 및 재응시관리
④ 교통사고와 그 예방

●Advice 특별교통안전교육〈시행령 제38조 제2항〉
ⓐ 교통질서
ⓑ 교통사고와 그 예방
ⓒ 안전운전의 기초
ⓓ 교통법규와 안전
ⓔ 운전면허 및 자동차관리
ⓕ 그 밖에 교통안전의 확보를 위하여 필요한 사항

48 다음의 규제표지가 의미하는 것은?

① 차중량 제한
② 최고속도 제한
③ 최저속도 제한
④ 차높이 제한

●Advice 제시된 규제표지는 최저속도 제한을 알리는 표지이다.
① ② ④

49 다음 운전면허 관련 그 연결이 바르지 않은 것은?

① 제1종 대형면허 – 승용자동차, 승합자동차
② 제1종 보통면허 – 승차정원 20인 이하의 승합자동차
③ 제2종 보통면허 – 원동기장치자전거
④ 제1종 소형면허 – 3륜화물자동차

●Advice ② 제1종 보통면허 – 승차정원 15인 이하의 승합자동차이다.

50 다음 중 주의표지와 그 의미가 잘못 연결된 것은?

① – 노면 고르지 못함

② – 미끄러운 도로

③ – 회전형 교차로

④  – 횡풍

●Advice ①은 과속방지턱 주의표지이다. 노면이 고르지 못함을 알리는 주의표지는 이다.

정답 ▶ 47.③ 48.③ 49.② 50.①

03 교통사고처리특례법령

01 특례의 적용

(1) 정의

① 교통사고의 조건
   ㉠ 차에 의한 사고
   ㉡ 피해의 결과 발생(사람 사상 또는 물건 손괴 등)
   ㉢ 교통으로 인하여 발생한 사고

② 교통사고로 처리되지 않는 경우
   ㉠ 명백한 자살이라고 인정되는 경우
   ㉡ 확정적인 고의 범죄에 의해 타인을 사상하거나 물건을 손괴한 경우
   ㉢ 건조물 등이 떨어져 운전자 또는 동승자가 사상한 경우
   ㉣ 축대 등이 무너져 도로를 진행 중인 차량이 손괴되는 경우
   ㉤ 사람이 건물, 육교 등에서 추락하여 운행 중인 차량과 충돌 또는 접촉하여 사상한 경우
   ㉥ 기타 안전사고로 인정되는 경우

(2) 사고운전자가 형사처벌 대상이 되는 경우

① 사망사고

② 교통사고 야기 후 도주 또는 사고 장소로부터 옮겨 유기하고 도주한 경우

③ 차의 교통으로 업무상과실치상죄 또는 중과실치상죄를 범하고 음주측정 요구에 불응한 경우(운전자가 채혈 측정을 요청하거나 동의한 경우는 제외)

④ 신호 및 지시 위반 사고

⑤ 중앙선 침범 사고(고속도로 등에서 횡단, 유턴 또는 후진) 사고

⑥ 과속(제한속도 20km/h 초과) 사고

⑦ 앞지르기의 방법, 금지시기, 금지장소 또는 끼어들기의 금지 위반하거나 고속도로에서의 앞지르기 방법 위반 사고

⑧ 철길건널목 통과 방법 위반 사고

⑨ 횡단보도에서 보행자 보호의무 위반 사고

⑩ 무면허운전 중 사고

⑪ 주취 및 약물복용 운전 중 사고

⑫ 보도 침범, 통행 방법 위반 사고

⑬ 승객추락 방지의무 위반 사고

⑭ 어린이 보호구역 내 어린이 보호의무 위반 사고

⑮ 자동차의 화물이 떨어지지 아니하도록 필요한 조치를 하지 아니하고 운전한 경우

⑯ 민사상 손해배상을 하지 않은 경우

⑰ 중상해 사고를 유발하고 형사상 합의가 안 된 경우

02 중대 교통사고 유형 및 대처 방법

(1) 사망사고

교통사고에 의한 사망은 교통사고 발생 시부터 30일 이내에 사람이 사망한 사고를 말한다.

(2) 도주(뺑소니) 사고

① 도주(뺑소니)인 경우
   ㉠ 피해자 사상 사실을 인식하거나 예견됨에도 가버린 경우
   ㉡ 피해자를 사고현장에 방치한 채 가버린 경우
   ㉢ 현장에 도착한 경찰관에게 거짓으로 진술한 경우

② 사고운전자를 바꿔치기 하여 신고한 경우

⑩ 사고운전자가 연락처를 거짓으로 알려준 경우

⑪ 피해자가 이미 사망하였다고 사체 안치 후송 등의 조치 없이 가버린 경우

⑫ 피해자를 병원까지만 후송하고 계속 치료를 받을 수 있는 조치 없이 가버린 경우

⑬ 쌍방 업무상 과실이 있는 경우에 발생한 사고로 과실이 적은 차량이 도주한 경우

⑭ 자신의 의사를 제대로 표시하지 못하는 나이 어린 피해자가 '괜찮다'라고 하여 조치 없이 가버린 경우

② 도주(뺑소니)가 아닌 경우

㉠ 피해자가 부상사실이 없거나 극히 경미하여 구호조치가 필요하지 않아 연락처를 제공하고 떠난 경우

㉡ 사고운전자가 심한 부상을 입어 타인에게 의뢰하여 피해자를 후송 조치한 경우

㉢ 사고 장소가 혼잡하여 불가피하게 일부 진행 후 정지하고 되돌아와 조치한 경우

㉣ 사고운전자가 급한 용무로 인해 동료에게 사고처리를 위임하고 가버린 후 동료가 사고 처리한 경우

㉤ 피해자 일행의 구타·폭언·폭행이 두려워 현장을 이탈한 경우

㉥ 사고운전자가 자기 차량 사고에 대한 조치 없이 가버린 경우

03 교통사고 처리의 이해

(1) 용어

① 교통 : 차를 운전하여 사람 또는 화물을 이동시키거나 운반하는 등 차를 그 본래의 용법에 따라 사용하는 것

② 교통사고 : 차의 교통으로 인하여 사람을 사상하거나 물건을 손괴한 것

③ 대형사고 : 3명 이상이 사망(교통사고 발생일부터 30일 이내에 사망)하거나 20명 이상의 사상자가 발생한 사고

④ 교통조사관 : 교통사고를 조사하여 검찰에 송치하는 등 교통사고 조사업무를 처리하는 경찰공무원

⑤ 스키드 마크(Skid mark) : 차의 급제동으로 인하여 타이어의 회전이 정지된 상태에서 노면에 미끄러져 생긴 타이어 마모흔적 또는 활주흔적

⑥ 요 마크(Yaw mark) : 급핸들 등으로 인하여 차의 바퀴가 돌면서 차축과 평행하게 옆으로 미끄러진 타이어의 마모 흔적

(2) 안전사고의 처리〈교통사고조사규칙 제21조〉

① 자살·자해행위로 인정되는 경우

② 확정적 고의에 의하여 타인을 사상하거나 물건을 손괴한 경우

③ 낙하물에 의하여 차량 탑승자가 사상하였거나 물건이 손괴된 경우

④ 축대, 절개지 등이 무너져 차량 탑승자가 사상하였거나 물건이 손괴된 경우

⑤ 사람이 건물, 육교 등에서 추락하여 진행중인 차량과 충돌 또는 접촉하여 사상한 경우

⑥ 그 밖의 차의 교통으로 발생하였다고 인정되지 아니한 안전사고의 경우

1 다음 중 교통사고로 처리되지 않는 경우에 대한 내용으로 옳지 않은 사항은?

① 건조물 등이 떨어져 운전자 또는 동승자가 사상한 경우
② 명백한 자살이라고 인정되지 않는 경우
③ 확정적인 고의 범죄에 의해 타인을 사상하거나 물건을 손괴한 경우
④ 축대 등이 무너져 도로를 진행 중인 차량이 손괴되는 경우

●Advice ② 명백한 자살이라고 인정되는 경우이다.

2 아래의 내용은 사고운전자 가중처벌에 관련한 내용이다. 괄호 안에 들어갈 말로 옳은 것은?

음주 또는 약물의 영향으로 정상적인 운전이 곤란한 상태에서 자동차를 운전하여 사람을 상해에 이르게 한 사람은 1년 이상 (　) 이하의 징역 또는 1천만 원 이상 3천만 원 이하의 벌금에 처하고, 사망에 이르게 한 사람은 무기 또는 3년 이상의 징역에 처한다.

① 7년
② 9년
③ 12년
④ 15년

●Advice ④ 위험운전 치사상(특정범죄 가중처벌 등에 관한 법률 제5조의 11)
음주 또는 약물의 영향으로 정상적인 운전이 곤란한 상태에서 자동차(원동기장치자전거를 포함한다)를 운전하여 사람을 상해에 이르게 한 사람은 1년 이상 15년 이하의 징역 또는 1천만 원 이상 3천만 원 이하의 벌금에 처하고, 사망에 이르게 한 사람은 무기 또는 3년 이상의 징역에 처한다.

3 신호위반 사고 사례로 거리가 먼 것은?

① 신호가 변경되기 전에 출발하여 인적피해를 야기한 경우
② 황색 주의신호에 교차로에 진입하여 인적피해를 야기한 경우
③ 자동차통행금지를 위반하여 인적피해를 야기한 경우
④ 적색 차량신호에 진행하다 정지선과 횡단보도 사이에서 보행자를 충격한 경우

●Advice ③ 자동차통행금지를 위반하여 사고를 일으킨 것은 지시위반 사고 사례에 해당한다.

정답 ▶ 1.② 2.④ 3.③

4 다음 중 「교통사고처리특례법」에 따라 사고운전자가 형사처벌의 대상이 되는 경우로 가장 거리가 먼 것은?

① 차의 운전자가 교통사고로 인하여 업무상과실 또는 중대한 과실로 인하여 사람을 사망에 이르게 하는 죄를 범한 경우

② 차의 운전자가 업무상 필요한 주의를 게을리하거나 중대한 과실로 다른 사람의 건조물이나 그 밖의 재물을 손괴한 경우

③ 차의 운전자가 업무상과실치상죄 또는 중과실치상죄를 범하고도 피해자를 구호하는 등의 조치를 하지 아니하고 도주한 경우

④ 차의 운전자가 업무상과실치상죄 또는 중과실치상죄를 범하고 음주측정 요구에 따르지 아니한 경우(운전자가 채혈 측정을 요청하거나 동의한 경우는 제외)

● **Advice** ② 차의 교통으로 업무상과실치상죄 또는 중과실치상죄와 차의 운전자가 업무상 필요한 주의를 게을리하거나 중대한 과실로 다른 사람의 건조물이나 그 밖의 재물을 손괴하는 죄를 범한 운전자에 대하여는 피해자의 명시적인 의사에 반하여 공소를 제기할 수 없다.

※ **처벌의 특례**(법 제3조)
　　㉠ 차의 운전자가 교통사고로 인하여 업무상과실 또는 중대한 과실로 인하여 사람을 사상에 이르게 하는 죄를 범한 경우에는 5년 이하의 금고 또는 2천만 원 이하의 벌금에 처한다.
　　㉡ 차의 교통으로 ㉠의 죄 중 업무상과실치상죄 또는 중과실치상죄와 차의 운전자가 업무상 필요한 주의를 게을리하거나 중대한 과실로 다른 사람의 건조물이나 그 밖의 재물을 손괴하는 죄를 범한 운전자에 대하여는 피해자의 명시적인 의사에 반하여 공소를 제기할 수 없다. 다만, 차의 운전자가 ㉠의 죄 중 업무상과실치상죄 또는 중과실치상죄를 범하고도 피해자를 구호하는 등 조치를 하지 아니하고 도주하거나 피해자를 사고 장소로부터 옮겨 유기하고 도주한 경우, 같은 죄를 범하고 음주측정 요구에 따르지 아니한 경우(운전자가 채혈 측정을 요청하거나 동의한 경우는 제외)와 다음의 어느 하나에 해당하는 행위로 인하여 같은 죄를 범한 경우에는 그러하지 아니하다.

• 「도로교통법」에 따른 신호기가 표시하는 신호 또는 교통정리를 하는 경찰공무원등의 신호를 위반하거나 통행금지 또는 일시정지를 내용으로 하는 안전표지가 표시하는 지시를 위반하여 운전한 경우
• 「도로교통법」을 위반하여 중앙선을 침범하거나 횡단, 유턴 또는 후진한 경우
• 「도로교통법」에 따른 제한속도를 시속 20킬로미터 초과하여 운전한 경우
• 「도로교통법」에 따른 앞지르기의 방법·금지시기·금지장소 또는 끼어들기의 금지를 위반하거나 고속도로에서의 앞지르기 방법을 위반하여 운전한 경우
• 「도로교통법」에 따른 철길건널목 통과방법을 위반하여 운전한 경우
• 「도로교통법」에 따른 횡단보도에서의 보행자 보호의무를 위반하여 운전한 경우
• 「도로교통법」, 「건설기계관리법」 또는 「도로교통법」를 위반하여 운전면허 또는 건설기계조종사면허를 받지 아니하거나 국제운전면허증을 소지하지 아니하고 운전한 경우. 이 경우 운전면허 또는 건설기계조종사면허의 효력이 정지 중이거나 운전의 금지 중인 때에는 운전면허 또는 건설기계조종사면허를 받지 아니하거나 국제운전면허증을 소지하지 아니한 것으로 본다.
• 「도로교통법」을 위반하여 술에 취한 상태에서 운전을 하거나 약물의 영향으로 정상적으로 운전하지 못할 우려가 있는 상태에서 운전한 경우
• 「도로교통법」을 위반하여 보도가 설치된 도로의 보도를 침범하거나 보도 횡단방법을 위반하여 운전한 경우
• 「도로교통법」에 따른 승객의 추락 방지의무를 위반하여 운전한 경우
• 「도로교통법」에 따른 어린이 보호구역에서 어린이의 안전에 유의하면서 운전하여야 할 의무를 위반하여 어린이의 신체를 상해에 이르게 한 경우
• 「도로교통법」을 위반하여 자동차의 화물이 떨어지지 아니하도록 필요한 조치를 하지 아니하고 운전한 경우

정답 ▶ 4.②

5 다음 중 '교통사고'의 뜻으로 적절한 것은?

① 차마의 통행 방향을 명확하게 구분하기 위하여 도로에 황색 실선(實線)이나 황색 점선 등의 안전표지로 표시한 선 또는 중앙분리대나 울타리 등으로 설치한 시설물을 말한다.

② 안전표지, 위험방지용 울타리나 그와 비슷한 인공구조물로 경계를 표시하여 자전거가 통행할 수 있도록 설치된 도로를 말한다.

③ 운전자가 승객을 기다리거나 화물을 싣거나 차가 고장 나거나 그 밖의 사유로 차를 계속 정지 상태에 두는 것 또는 운전자가 차에서 떠나서 즉시 그 차를 운전할 수 없는 상태에 두는 것을 말한다.

④ 차의 교통으로 인하여 사람을 사상(死傷)하거나 물건을 손괴(損壞)하는 것을 말한다.

● **Advice** ④ "교통사고"란 차의 교통으로 인하여 사람을 사상(死傷)하거나 물건을 손괴(損壞)하는 것을 말한다(법 제2조).

6 다음 중 도주(뺑소니) 사고인 경우는?

① 피해자가 부상사실이 없거나 극히 경미하여 구호조치가 필요하지 않아 연락처를 제공하고 떠난 경우

② 사고운전자가 심한 부상을 입어 타인에게 의뢰하여 피해자를 후송 조치한 경우

③ 사고운전자가 급한 용무로 인해 동료에게 사고처리를 위임하고 가버린 후 동료가 사고 처리한 경우

④ 피해자가 병원까지만 후송하고 계속 치료를 받을 수 있는 조치 없이 가버린 경우

● **Advice** 도주(뺑소니) 사고
　㉠ 피해자 사상 사실을 인식하거나 예견됨에도 가버린 경우
　㉡ 피해자를 사고현장에 방치한 채 가버린 경우
　㉢ 현장에 도착한 경찰관에게 거짓으로 진술한 경우

　㉣ 사고운전자를 바꿔치기 하여 신고한 경우
　㉤ 사고운전자가 연락처를 거짓으로 알려준 경우
　㉥ 피해자가 이미 사망하였다고 사체 안치 후송 등의 조치 없이 가버린 경우
　㉦ 피해자가 병원까지만 후송하고 계속 치료를 받을 수 있는 조치 없이 가버린 경우
　㉧ 쌍방 업무상 과실이 있는 경우에 발생한 사고로 과실이 적은 차량이 도주한 경우
　㉨ 자신의 의사를 제대로 표시하지 못하는 나이 어린 피해자가 '괜찮다'라고 하여 조치 없이 가버린 경우

7 다음 중 중앙선침범을 적용할 수 없는 경우는?

① 커브 길에서 과속으로 인한 중앙선침범의 경우
② 빗길에서 과속으로 인한 중앙선침범의 경우
③ 졸다가 뒤늦은 제동으로 중앙선을 침범한 경우
④ 위험을 회피하기 위해 중앙선을 침범한 경우

● **Advice** 중앙선침범을 적용할 수 없는 경우
　㉠ 사고를 피하기 위해 급제동하다 중앙선을 침범한 경우
　㉡ 위험을 회피하기 위해 중앙선을 침범한 경우
　㉢ 빙판길 또는 빗길에서 미끄러져 중앙선을 침범한 경우(제한속도 준수)

8 다음은 속도에 대한 정의이다. 옳지 않은 것은?

① 규제속도 : 법정속도와 제한속도
② 설계속도 : 도로설계의 기초가 되는 자동차의 속도
③ 주행속도 : 정지시간을 포함한 주행거리의 평균 주행속도
④ 속도제한 : 달리는 차량의 속도에 일정한 한계를 정하는 일

● **Advice** ③ 주행속도는 정지시간을 제외한 실제 주행거리의 평균 주행속도이다. 정지시간을 포함한 주행거리의 평균 주행속도는 구간속도라고 한다.

정답 ▶ 5.④ 6.④ 7.④ 8.③

9 다음 중 성격이 다른 하나는?

① 현장에 도착한 경찰관에게 거짓으로 진술한 경우
② 사고운전자가 연락처를 거짓으로 알려준 경우
③ 사고운전자가 심한 부상을 입어 타인에게 의뢰하여 피해자를 후송 조치한 경우
④ 피해자를 사고현장에 방치한 채 가버린 경우

●Advice ①②④는 도주(뺑소니)인 경우이며, ③은 도주(뺑소니)가 아닌 경우에 해당한다.

10 다음 용어에 대한 설명 중 바르지 않은 것은?

① 교통은 차를 운전하여 사람 또는 화물을 이동시키거나 운반하는 등 차를 그 본래의 용법에 따라 사용하는 것이다.
② 교통조사관은 교통사고를 조사하여 검찰에 송치하는 등 교통사고 조사업무를 처리하는 경찰공무원이다.
③ 교통사고는 차의 교통으로 인하여 사람을 사상하거나 물건을 손괴한 것이다.
④ 스키드 마크(Skid mark)는 급핸들 등으로 인하여 차의 바퀴가 돌면서 차축과 평행하게 옆으로 미끄러진 타이어의 마모 흔적이다.

●Advice 스키드 마크(Skid mark)는 차의 급제동으로 인하여 타이어의 회전이 정지된 상태에서 노면에 미끄러져 생긴 타이어 마모흔적 또는 활주흔적을 말한다.

11 다음 중 횡단보도 보행자로 인정되지 않는 사람은?

① 횡단보도를 걸어가는 사람
② 횡단보도 내에서 교통정리를 하고 있는 사람
③ 세발자전거를 타고 횡단보도를 건너는 어린이
④ 손수레를 끌고 횡단보도를 건너는 사람

●Advice 횡단보도 보행자가 아닌 경우
㉠ 횡단보도에서 원동기장치자전거나 자전거를 타고 가는 사람
㉡ 횡단보도에 누워 있거나, 앉아 있거나, 엎드려 있는 사람
㉢ 횡단보도 내에서 교통정리를 하고 있는 사람
㉣ 횡단보도 내에서 택시를 잡고 있는 사람
㉤ 횡단보도 내에서 화물 하역작업을 하고 있는 사람
㉥ 보도에 서 있다가 횡단보도 내로 넘어진 사람

12 다음은 중앙선침범 사고의 성립요건에 관한 사항이다. 이 중 장소적 요건에 관한 내용으로 옳은 것은?

① 의도적 과실
② 황색 실선이나 점선의 중앙선이 설치되어 있는 도로
③ 현저한 부주의에 의한 과실
④ 중앙선 침범 자동차에 충돌되어 인적피해를 입은 경우

●Advice ①③은 운전자 과실, ④는 피해자 요건에 각각 해당하는 내용이다.

13 다음 중 무면허 운전이 아닌 것은?

① 운전면허 적성검사기간 만료일로부터 1년 간의 취소유예기간이 지난 면허증으로 운전하는 행위

② 운전면허 취소처분을 받은 후에 운전하는 행위

③ 제1종 대형면허로 특수면허가 필요한 자동차를 운전하는 행위

④ 제1종 운전면허로 제2종 운전면허를 필요로 하는 자동차를 운전하는 행위

● Advice 무면허 운전의 유형
㉠ 운전면허를 취득하지 않고 운전하는 행위
㉡ 운전면허 적성검사기간 만료일로부터 1년간의 취소유예기간이 지난 면허증으로 운전하는 행위
㉢ 운전면허 취소처분을 받은 후에 운전하는 행위
㉣ 운전면허 정지 기간 중에 운전하는 행위
㉤ 제2종 운전면허로 제1종 운전면허를 필요로 하는 자동차를 운전하는 행위
㉥ 제1종 대형면허로 특수면허가 필요한 자동차를 운전하는 행위
㉦ 운전면허시험에 합격한 후 운전면허증을 발급받기 전에 운전하는 행위

14 다음은 철길건널목 통과방법위반 사고의 성립요건 중 운전자 과실에 관한 사항이다. 이 중 철길건널목 통과방법 위반 과실에 관한 내용이 아닌 것은?

① 차단기가 내려지려고 하는 경우

② 차량이 고장 난 경우 승객대피, 차량이동 조치 불이행

③ 안전미확인 통행 중 사고

④ 철길건널목 전에 일시정지 불이행

● Advice ①은 철길건널목 진입금지에 관한 사항이다.

15 다음 중 음주운전으로 처벌할 수 없는 경우는?

① 차단기에 의해 도로와 차단되어 별도로 관리하는 관공서 통행로에서의 음주운전

② 주차장 안의 통행로에서 한 음주운전

③ 아파트 내 주차장 주차선 안에서 음주운전

④ 혈중알코올농도 0.03% 미만에서의 음주운전

● Advice ④ 혈중알코올농도 0.03% 미만에서의 음주운전은 처벌 불가

16 다음 주취 · 약물복용 운전 중 사고의 성립요건에 관한 사항에서 운전자 과실에 관련한 내용으로 옳은 것은?

① 음주한 상태에서 자동차를 운전하여 일정거리 운행한 경우

② 주차장 또는 주차선 안

③ 공개되지 않은 통행로로 문, 차단기에 의해 도로와 차단되고 별도로 관리되는 장소

④ 도로나 그 밖에 현실적으로 불특정 다수의 사람 또는 차마의 통행을 위하여 공개된 장소로서 안전하고 원활한 교통을 확보할 필요가 있는 장소

● Advice ②③④는 장소적 요건에 관한 내용이다.

정답 ▶ 13.④ 14.① 15.④ 16.①

17 정상 날씨 제한속도가 80km/h인 도로의 비오는 날 감속운행속도는?

① 58km/h

② 60km/h

③ 62km/h

④ 64km/h

> ● Advice 비가 내려 노면이 젖어있는 경우나 눈이 20mm 미만 쌓인 경우 최고속도의 100분의 20을 줄인 속도로 운행하여야 한다.
>
> $$80 \times \frac{20}{100} = 16$$
>
> ∴ 64km/h로 운행

18 다음 어린이 보호구역으로 지정될 수 있는 장소에 관한 설명으로 가장 옳지 않은 것은?

① 영유아 보육법에 따른 보육시설 중 정원 100명 이상의 보육시설(관할 경찰서장과 협의된 경우에는 정원이 100명 미만의 보육시설 주변도로에 대해서도 지정 가능)

② 초·중등 교육법에 따른 외국인학교 또는 대안학교, 제주특별자치도 설치 및 국제자유도시 조성을 위한 특별법에 따른 국제학교 및 경제자유구역 및 제주국제자유도시의 외국교육기관 설립·운영에 관한 특별법에 따른 외국교육기관 중 유치원·초등학교 교과과정이 있는 학교

③ 유아교육법에 따른 유치원, 초·중등 교육법에 따른 초등학교 또는 특수학교

④ 학원의 설립·운영 및 과외교습에 관한 법률에 따른 학원 중 학원 수강생이 100명 이하인 학원(관할 경찰서장과 협의된 경우에는 정원이 90명 미만의 학원 주변도로에 대해서는 지정 가능)

> ● Advice ④ 학원의 설립·운영 및 과외교습에 관한 법률에 따른 학원 중 학원 수강생이 100명 이상인 학원(관할 경찰서장과 협의된 경우에는 정원이 100명 미만의 학원 주변도로에 대해서는 지정 가능)

19 다음 중 횡단보도로 인정되는 경우가 아닌 것은?

① 횡단보도 노면표시가 있으나 횡단보도표지판이 설치되어 있지 않은 경우

② 횡단보도 노면표시가 포장공사로 반은 지워졌으나, 반이 남아 있는 경우

③ 횡단보도 노면표시가 포장공사로 덮여졌을 경우

④ 횡단보도 노면표시가 있으며 횡단보도표지판이 설치되어 있는 경우

> ● Advice ③ 횡단보도 노면표시가 완전히 지워지거나, 포장공사로 덮여졌다면 횡단보도로서의 효력이 상실된다.

20 다음 중 승객추락방지의무에 해당하지 않는 경우는?

① 버스 운전자가 개·폐 안전장치인 전자감응장치가 고장 난 상태에서 운행 중에 승객이 내리고 있을 때 출발하여 승객이 추락한 경우

② 운전자가 사고 방지를 위해 취한 급제동으로 승객이 차 밖으로 추락한 경우

③ 승객이 타거나 또는 내리고 있을 때 갑자기 문을 닫아 문에 충격된 승객이 추락한 경우

④ 문을 연 상태에서 출발하여 타고 있는 승객이 추락한 경우

> ● Advice ①③④는 승객추락방지의무에 해당하는 경우이다.

정답 17.④ 18.④ 19.③ 20.②

04 주요 교통사고유형

01 안전거리 미확보 사고

(1) 안전거리 개념

① **안전거리** : 같은 방향으로 가고 있는 앞차가 갑자기 정지하게 되는 경우 그 앞차와의 추돌을 피할 수 있는 필요한 거리로 정지거리보다 약간 긴 정도의 거리를 말한다.

② **공주거리** : 운전자가 위험을 느끼고 브레이크를 밟았을 때 자동차가 제동되기 전까지 주행한 거리를 말한다.

③ **제동거리** : 제동되기 시작하여 정지될 때까지 주행한 거리를 말한다.

(2) 안전거리 미확보

① **성립하는 경우** : 앞차가 정당한 급정지, 과실 있는 급정지라 하더라도 사고를 방지할 주의의무는 뒷차에게 있으며, 앞차에 과실이 있는 경우에는 손해보상할 때 과실상계하여 처리한다.

② **성립하지 않는 경우** : 앞차가 고의적으로 급정지하는 경우에는 뒤차의 불가항력적 사고로 인정하여 앞차에게 책임을 부과한다.

02 진로 변경(급차로 변경) 사고

(1) 고속도로에서의 차로 의미

① **주행차로** : 고속도로에서 주행할 때 통행하는 차로

② **가속차로** : 주행차로에 진입하기 위해 속도를 높이는 차로

③ **감속차로** : 주행차로를 벗어나 고속도로에서 빠져나가기 위해 감속하기 위한 차로

④ **오르막 차로** : 오르막 구간에서 저속자동차와 다른 자동차를 분리해 통행시키기 위한 차로

(2) 진로 변경(급차로 변경) 사고의 성립요건

항목	내용	예외사항
장소적 요건	도로에서 발생	–
피해자 요건	옆 차로에서 진행 중인 차량이 갑자기 차로를 변경하여 불가항력적으로 충돌한 경우	• 동일방향 앞·뒤 차량으로 진행하던 중 앞차가 차로를 변경하는데 뒤차도 따라 차로를 변경하다가 앞차를 추돌한 경우 • 장시간 주차하다가 막연히 출발하여 좌측면에서 차로 변경 중인 차량의 후면을 추돌한 경우 • 차로 변경 후 상당 구간 진행 중인 차량을 뒤차가 추돌한 경우
운전자 과실	사고 차량이 차로를 변경하면서 변경 방향 차로 후방에서 진행하는 차량의 진로를 방해한 경우	–

03 후진 사고

(1) 후진에 따른 용어

① 후진 위반 : 후진하기 위하여 주의를 기울였음에도 불구하고 다른 보행자나 차량의 정상적인 통행을 방해하여 다른 보행자나 차량을 충돌한 경우(일반도로에서 주로 발생)

② 안전운전불이행 : 주의를 기울이지 않은 채 후진하여 다른 보행자나 차량을 충돌한 경우(골목길, 주차장 등에서 주로 발생)

③ 통행구분위반 : 대로상에서 뒤에 있는 일정한 장소나 다른 길로 진입하기 위해 상당한 구간을 계속 후진하다가 정상 진행 중인 차량과 충돌한 경우(역진으로 보아 중앙선 침범과 동일하게 취급)

(2) 후진사고의 성립요건

항목	내용	예외사항
장소적 요건	도로에서 발생	–
피해자 요건	후진하는 차량에 충돌되어 피해를 입은 경우	정차 중 노면경사로 인해 차량이 뒤로 흘러 내려가 피해를 입은 경우
운전자 과실	• 일반사고로 처리하는 경우 – 교통 혼잡으로 인해 후진이 금지된 곳에서 후진하는 경우 – 후방에 교통보조자를 세우고 보조자의 유도에 따라 후진하지 않는 경우 – 후방에 대한 주시를 소홀히 한 채 후진하는 경우 • 차로가 설치되어 있는 도로에서 뒤에 있는 장소로 가기 위해 상당 구간을 후진하는 경우	• 뒤차의 전방주시나 안전거리 미확보로 앞차를 추돌하는 경우 • 고속도로나 자동차전용도로에서 정지 중 노면경사로 인해 차량이 뒤로 흘러내려간 경우 • 고속도로나 자동차전용도로에서 긴급자동차, 도로보수 및 유지작업 자동차, 교통상의 위험방지 제거 및 응급조치작업에 사용되는 자동차로 부득이하게 후진하는 경우

04 교차로 통행 방법 위반 사고

(1) 앞지르기 금지와 교차로 통행 방법 위반 사고의 차이점

① 앞지르기 금지 사고 : 뒤차가 교차로에서 앞차의 측면을 통과한 후 앞차의 그 앞으로 들어가는 도중에 발생한 사고

② 교차로 통행 방법 위반 사고 : 뒤차가 교차로에서 앞차의 측면을 통과하면서 앞차의 앞으로 들어가지 않고 앞차의 측면을 접촉하는 사고

(2) 가해자와 피해자 구분

① 앞차가 너무 넓게 우회전하여 앞·뒤가 아닌 좌·우차의 개념으로 보는 상태에서 충돌한 경우에는 앞차가 가해자

② 앞차가 일부 간격을 두고 우회전중인 상태에서 뒤차가 무리하게 끼어들며 진행하여 충돌한 경우에는 뒤차가 가해자

05 신호등 없는 교차로 사고

(1) 신호등 없는 교차로 가해자 판독 방법

① 교차로 진입 전 일시정지 또는 서행하지 않은 경우
  ㉠ 충돌 직전(충돌 당시, 충돌 후) 노면에 스키드 마크가 형성되어 있는 경우
  ㉡ 충돌 직전(충돌 당시, 충돌 후) 노면에 요 마크가 형성되어 있는 경우
  ㉢ 상대 차량의 측면을 정면으로 충돌한 경우
  ㉣ 가해 차량의 진행 방향으로 상대 차량을 밀고 가거나, 전도(전복)시킨 경우

② 교차로 진입 전 일시정지 또는 서행하며, 교차로 앞, 좌, 우 교통상황을 확인하지 않은 경우
  ㉠ 충돌직전에 상대 차량을 보았다고 진술한 경우
  ㉡ 교차로에 진입할 때 상대 차량을 보지 못했다고 진술한 경우
  ㉢ 가해 차량이 정면으로 상대 차량 측면을 충돌한 경우

③ 교차로 진입할 때 통행우선권을 이행하지 않은 경우
  ㉠ 교차로에 이미 진입하여 진행하고 있는 차량이 있거나, 교차로에 들어가고 있는 차량과 충돌한 경우
  ㉡ 통행 우선순위가 같은 상태에서 우측 도로에서 진입한 차량과 충돌한 경우
  ㉢ 교차로에 동시 진입한 상태에서 폭이 넓은 도로에서 진입한 차량과 충돌한 경우
  ㉣ 교차로에 진입하여 좌회전하는 상태에서 직진 또는 우회전 차량과 충돌한 경우

(2) 신호등 없는 교차로 사고의 성립요건

항목	내용	예외사항
장소적 요건	2개 이상의 도로가 교차하는 신호등 없는 교차로	신호기가 설치되어 있는 교차로 또는 사실상 교차로로 볼 수 없는 장소
피해자 요건	신호등 없는 교차로를 통행하던 중 -후진입한 차량과 충돌하여 피해를 입은 경우 -일시정지 안전표지를 무시하고 상당한 속력으로 진행한 차량과 충돌하여 피해를 입은 경우 -신호등 없는 교차로 통행방법 위반 차량과 충돌하여 피해를 입은 경우	신호기가 설치되어 있는 교차로 또는 사실상 교차로로 볼 수 없는 장소에서 피해를 입은 경우
운전자 과실	신호등 없는 교차로를 통행하면서 교통사고를 야기한 경우 -선진입 차량에게 진로를 양보하지 않는 경우 -상대 차량이 보이지 않는 곳, 교통이 빈번한 곳을 통행하면서 일시정지하지 않고 통행하는 경우	-

	-통행우선권이 있는 차량에게 양보하지 않고 통행하는 경우 -일시정지, 서행, 양보표지가 있는 곳에서 이를 무시하고 통행하는 경우	-
시설물 설치 요건	지방경찰청장이 설치한 안전표지가 있는 경우 - 일시정지표지 - 서행표지 - 양보표지	-

06 서행 · 일시정지 위반 사고

(1) 서행, 일시정지 등에 대한 용어

① 서행 : 차가 즉시 정지할 수 있는 느린 속도로 진행하는 것을 의미(위험을 예상한 상황적 대비)

② 일시정지 : 반드시 차가 멈추어야 하되, 얼마간의 시간동안 정지상태를 유지해야 하는 교통상황의 의미(정지상황의 일시적 전개)

③ 정지 : 자동차가 완전히 멈추는 상태. 즉, 당시의 속도가 0km/h인 상태

(2) 서행 및 일시정지 위반 사고 성립요건

항목	내용	예외사항
장소적 요건	•도로에서 발생	-
피해자 요건	서행 및 일시정지 위반 차량에 충돌되어 피해를 입은 경우	일시정지 표지판이 설치된 곳에서 치상피해를 입은 경우(지시위반 사고로 처리)
운전자 과실	서행 및 일시정지 의무가 있는 곳에서 이를 위반한 경우	일시정지 표지판이 설치된 곳에서 치상사고를 야기한 경우(지시위반 사고로 처리)

시설물 설치요건	서행 장소에 안전표지 중 규제표지인 서행표지나 노면표시인 서행표시가 설치된 경우	규제표지인 일시정지 표지나 노면표시인 일시정지표시가 설치된 경우에는 지시위반 사고로 처리

07 안전운전 불이행 사고

(1) 안전운전 불이행 사고의 성립요건

항목	내용	예외사항
장소적 요건	도로에서 발생	–
피해자 요건	통행우선권을 양보해야 하는 상대 차량에게 충돌되어 피해를 입은 경우	• 차량 정비 중 안전 부주의로 피해를 입은 경우 • 보행자가 고속도로나 자동차전용도로에 진입하여 통행한 경우
운전자 과실	• 자동차 장치 조작을 잘못한 경우 • 전·후·좌·우 주시가 태만한 경우 • 전방 등 교통상황에 대한 파악 및 적절한 대처가 미흡한 경우 • 차내 대화 등으로 운전을 부주의한 경우 • 초보운전으로 인해 운전이 미숙한 경우 • 타인에게 위해를 준 난폭운전의 경우	• 1차 사고에 이은 불가항력적인 2차 사고 • 운전자의 과실을 논할 수 없는 사고

(2) 안전운전과 난폭운전과의 차이

① 안전운전

   ㉠ 모든 자동차 장치를 정확히 조작하여 운전하는 경우

   ㉡ 도로의 교통상황과 차의 구조 및 성능에 따라 다른 사람에게 위험과 방해를 주지 않는 속도나 방법으로 운전하는 경우

② 난폭운전

   ㉠ 고의나 인식할 수 있는 과실로 타인에게 현저한 위해를 초래하는 운전을 하는 경우

   ② 타인의 통행을 현저히 방해하는 운전을 하는 경우

   ③ 난폭운전 사례 : 급차로 변경, 지그재그 운전, 좌우로 핸들을 급조작하는 운전, 지선도로에서 간선도로로 진입할 때 일시정지 없이 급진입하는 운전 등

실전 연습문제

1 다음에 설명하고 있는 개념은?

> 같은 방향으로 가고 있는 앞차가 갑자기 정지하게 되는 경우 그 앞차와의 추돌을 피할 수 있는 데 필요한 거리

① 안전거리   ② 정지거리
③ 공주거리   ④ 제동거리

●Advice ② **정지거리** : 공주거리 + 제동거리
③ **공주거리** : 운전자가 위험을 느끼고 브레이크를 밟았을 때 자동차가 제동되기 전까지 주행한 거리
④ **제동거리** : 제동되기 시작하여 정지될 때까지 주행한 거리

2 다음 중 안전거리 미확보에 대한 설명으로 옳지 않은 것은?

① 앞차가 정당한 급정지라면 사고를 방지할 주의의무는 뒤차에 있다.
② 앞차가 과실 있는 급정지라면 사고를 방지할 주의의무는 앞차에 있다.
③ 앞차에 과실이 있는 경우에는 손해보상할 때 과실상계하여 처리한다.
④ 앞차가 고의적으로 급정지하는 경우에는 뒤차의 불가항력적 사고로 인정하여 앞차에게 책임을 부과한다.

●Advice ② 앞차가 과실 있는 급정지라 하더라도 사고를 방지할 주의의무는 뒤차에 있다.

3 다음 안전운전 불이행 사고의 성립요건 중 운전자 과실에 관한 내용이 아닌 것은?

① 자동차 장치 조작을 잘못한 경우
② 통행우선권을 양보해야 하는 상대 차량에게 충돌되어 피해를 입은 경우
③ 전방 등 교통상황에 대한 파악 및 적절한 대처가 미흡한 경우
④ 타인에게 위해를 준 난폭운전의 경우

●Advice ②는 피해자 요건에 관한 내용이다.

4 다음 중 난폭운전으로 볼 수 없는 것은?

① 모든 자동차 장치를 정확히 조작하여 운전하는 경우
② 고의나 인식할 수 있는 과실로 타인에게 현저한 위해를 초래하는 운전을 하는 경우
③ 타인의 통행을 현저히 방해하는 운전을 하는 경우
④ 지그재그 운전을 하는 경우

●Advice ①은 안전운전이다.

정답 ▶ 1.① 2.② 3.② 4.①

5 다음 중 앞차의 과실이 있는 급정지는?

① 앞차가 정지하거나 감속하는 것을 보고 급정지하는 경우
② 앞차의 교통사고를 보고 급정지하는 경우
③ 주·정차 장소가 아닌 곳에서 급정지하는 경우
④ 초행길로 인해 급정지하는 경우

> **● Advice** ①② 앞차의 정당한 급정지
> ④ 앞차의 상당성 있는 급정지
> ※ 앞차의 과실 있는 급정지
> ㉠ 우측 도로변 승객을 태우기 위해 급정지
> ㉡ 주·정차 장소가 아닌 곳에서 급정지하는 경우
> ㉢ 고속도로나 자동차전용도로에서 전방사고를 구경하기 위해 급정지

6 고속도로에서의 차로에 대한 설명 중 옳지 않은 것은?

① 오르막차로는 오르막 구간에서 저속자동차와 다른 자동차를 분리해 통행시키기 위한 차로이다.
② 감속차로는 주행차로를 벗어나 일반도로에서 빠져나가기 위해 감속하기 위한 차로이다.
③ 가속차로는 주행차로에 진입하기 위해 속도를 높이는 차로이다.
④ 주행차로는 고속도로에서 주행할 때 통행하는 차로이다.

> **● Advice** 감속차로는 주행차로를 벗어나 고속도로에서 빠져나가기 위해 감속하기 위한 차로이다.

7 다음 후진사고 성립요건에 관한 사항 중 피해자 요건의 예외사항에 해당하는 내용은?

① 고속도로나 자동차 전용도로에서 정지 중 노면경사로 인해 차량이 뒤로 흘러 내려간 경우
② 뒤차의 전방주시나 안전거리 미확보로 앞차를 추돌하는 경우
③ 고속도로나 자동차 전용도로에서 긴급자동차, 도로보수 및 유지 작업 자동차, 교통상의 위험방지제거 및 응급조치작업에 사용되는 자동차로 부득이하게 후진하는 경우
④ 정차 중 노면경사로 인해 차량이 뒤로 흘러 내려가 피해를 입은 경우

> **● Advice** ①②③은 운전자 과실의 예외사항에 해당하는 내용이다.

8 후진사고 중 일반사고로 처리하는 경우가 아닌 것은?

① 교통 혼잡으로 인해 후진이 금지된 곳에서 후진하는 경우
② 후방에 교통보조자를 세우고 보조에 따라 후진하지 않는 경우
③ 후방에 대한 주시를 소홀히 한 채 후진하는 경우
④ 차로가 설치되어 있는 도로에서 뒤에 있는 장소로 가기 위해 상당 구간을 후진하는 경우

> **● Advice** 후진사고의 성립요건 중 일반사고로 처리하는 경우
> ㉠ 교통 혼잡으로 인해 후진이 금지된 곳에서 후진하는 경우
> ㉡ 후방에 교통보조자를 세우고 보조에 따라 후진하지 않는 경우
> ㉢ 후방에 대한 주시를 소홀히 한 채 후진하는 경우

정답 5.③ 6.② 7.④ 8.④

9 교차로 통행방법위반 사고와 관련된 대한 설명이다. 옳지 않은 것은?

① 뒤차가 교차로에서 앞차의 측면을 통과한 후 앞차의 그 앞으로 들어가는 도중에 발생하는 사고이다.

② 장소적 요건은 2개 이상의 도로가 교차하는 교차로여야 한다.

③ 신호위반 차량에 충돌되어 피해를 입은 경우 교차로 통행방법위반 사고 성립의 예외사항 이다.

④ 앞차가 너무 넓게 우회전하여 앞·뒤가 아닌 좌·우차의 개념으로 보는 상태에서 충돌한 경우에는 앞차가 가해자이다.

● Advice ①은 앞지르기 금지 사고이다. 교차로 통행방법위반 사고는 뒤차가 교차로에서 앞차의 측면을 통과하면서 앞차의 앞으로 들어가지 않고 앞차의 측면을 접촉하는 사고이다.

10 다음 중 신호등이 없는 교차로 진입 전 일시정지 또는 서행하지 않은 경우로 판독할 수 없는 것은?

① 충돌 직전(충돌 당시, 충돌 후) 노면에 스키드 마크가 형성되어 있는 경우

② 상대 차량의 측면을 정면으로 충돌한 경우

③ 교차로에 진입할 때 상대 차량을 보지 못했다고 진술한 경우

④ 가해 차량의 진행방향으로 상대 차량을 밀고 가거나, 전도시킨 경우

● Advice ③ 교차로 진입 전 일시정지 또한 서행하였으나, 교차로 앞·좌·우 교통상황을 확인하지 않은 경우로 볼 수 있다.

11 다음 중 잘못된 설명은?

① 상당성 – 위험한 상황에서 그럴 수 있다고 보는 당연성

② 오인 – 잘못 보거나 잘못 생각함

③ 고의 – 자신의 행위에 의하여 일정한 결과가 생길 것을 인식하면서 그 행위를 하는 경우의 심리상태

④ 과실 – 주의로 인하여 어떤 사실이나 결과의 발생을 인식하거나 예견하는 심리상태

● Advice 과실은 부주의로 인하여 어떤 사실이나 결과의 발생을 인식하지 못하거나 예견하지 못한 심리상태이다.

12 후진하기 위하여 주의를 기울였음에도 불구하고 다른 보행자나 차량의 정상적인 통행을 방해하여 다른 보행자나 차량을 충돌한 경우는?

① 통행구분위반

② 전진위반

③ 후진위반

④ 안전운전불이행

● Advice 후진위반은 후진하기 위하여 주의를 기울였음에도 불구하고 다른 보행자나 차량의 정상적인 통행을 방해하여 다른 보행자나 차량을 충돌한 경우를 말한다.

정답 ▶ 9.① 10.③ 11.④ 12.③

13 대로상에서 뒤에 있는 일정한 장소나 다른 길로 진입하기 위해 상당한 구간을 계속 후진하다가 정상진행중인 차량과 충돌한 경우를 무엇이라고 하는가?

① 통행구분위반
② 통행대로위반
③ 안전운전불이행
④ 도로교통법위반

● Advice 통행구분위반은 대로상에서 뒤에 있는 일정한 장소나 다른 길로 진입하기 위해 상당한 구간을 계속 후진하다가 정상진행중인 차량과 충돌한 경우를 말한다.

14 운전자가 위험을 느끼고 브레이크를 밟았을 때 자동차가 제동되기 전까지 주행한 거리는?

① 제동거리
② 공주거리
③ 안전거리
④ 시동거리

● Advice 공주거리는 운전자가 위험을 느끼고 브레이크를 밟았을 때 자동차가 제동되기 전까지 주행한 거리를 말한다.

15 앞차의 상당성 있는 급정지가 아닌 것은?

① 초행길로 인한 급정지
② 주정차 장소가 아닌 곳에서 급정지
③ 전방상황 오인 급정지
④ 신호착각에 따른 급정지

● Advice ② 앞차의 과실 있는 급정지에 대한 내용이다.

16 다음 중 앞차의 과실 있는 급정지에 대한 내용으로 옳지 않은 것은?

① 앞차의 교통사고를 보고 급정지
② 고속도로나 자동차전용도로에서 전방사고를 구경하기 위해 급정지
③ 주정차 장소가 아닌 곳에서 급정지
④ 우측 도로변 승객을 태우기 위해 급정지

● Advice ① 앞차의 정당한 급정지에 해당하는 내용이다.

01 자동차 관리

01 자동차 점검

(1) 일상점검

일상점검은 자동차를 운행하는 사람이 매일 자동차를 운행하기 전에 점검하는 것을 말한다.

> **tip 일상점검 시 주의사항**
>
> • 경사가 없는 평탄한 장소에서 점검한다.
> • 변속레버는 P(주차)에 위치시킨 후 주차 브레이크를 당겨 놓는다.
> • 엔진 시동 상태에서 점검해야 할 사항이 아니면 엔진 시동을 끄고 한다.
> • 점검은 환기가 잘 되는 장소에서 실시한다.
> • 엔진을 점검할 때에는 가급적 엔진을 끄고, 식은 다음에 실시한다. (화상예방)
> • 연료장치나 배터리 부근에서는 불꽃을 멀리 한다. (화재예방)
> • 배터리, 전기 배선을 만질 때에는 미리 배터리의 ⊖단자를 분리한다. (감전예방)

(2) 일상점검 항목 및 내용

점검항목		점검 내용
엔진룸 내부	엔진	• 엔진오일, 냉각수가 충분한가? • 누수, 누유는 없는가? • 구동벨트의 장력은 적당하고, 손상된 곳은 없는가?
	변속기	• 변속기 오일량은 적당한가? • 누유는 없는가?
	기타	• 클러치액, 와셔액 등은 충분한가? • 누유는 없는가?
차의 외관	완충 스프링	스프링 연결부위의 손상 또는 균열은 없는가?
	바퀴	• 타이어의 공기압은 적당한가? • 타이어의 이상마모 또는 손상은 없는가? • 휠 볼트 및 너트의 조임은 충분하고 손상은 없는가?
	램프	점등이 되고, 파손되지 않았는가?
	등록 번호판	• 번호판이 손상되지 않았는가? • 번호판 식별이 가능한가?
	배기가스	배기가스의 색깔은 깨끗한가?
운전석	핸들	흔들림이나 유동은 없는가?
	브레이크	• 페달의 자유 간극과 잔류 간극1)이 적당한가? • 브레이크의 작동이 양호한가? • 주차 브레이크의 작동은 되는가?
	변속기	• 클러치의 자유 간극은 적당한가? • 변속레버의 조작이 용이한가? • 심한 진동은 없는가?
	후사경	비침 상태가 양호한가?
	경음기	작동이 양호한가?
	와이퍼	작동이 양호한가?
	각종계기	작동이 양호한가?

02 주행 전·후 안전수칙

(1) 운행 전 안전수칙

① 안전벨트의 착용

② 운전에 방해되는 물건 제거

③ 올바른 운전자세

④ 좌석, 핸들, 후사경 조정

⑤ 일상점검의 생활화

⑥ 인화성, 폭발성 물질의 차내 방치 금지

(2) 운행 중 안전수칙

① 음주 및 과로한 상태에서의 운전 금지

② 창문 밖으로 손이나 얼굴 등을 내밀지 않도록 주의

③ 주행 중에는 엔진 정지 금물

④ 도어 개방상태에서의 운행 금지

⑤ 터널 출구나 다리 위 돌풍에 주의

⑥ 높이 제한이 있는 도로를 주행할 때에는 항상 차량의 높이에 주의

(3) 운행 후 안전수칙

① 차에서 내리거나 후진할 때에는 차 밖의 안전을 확인

② 주차 및 정차하거나 워밍업을 할 경우 등에는 배기관 주변 확인

③ 밀폐된 공간에서의 워밍업 또는 자동차 점검 금지

03 자동차 관리 요령

(1) 터보 차저

터보 차저는 고속 회전운동(수만 rpm 이상)을 하는 부품으로 회전부의 원활한 윤활과 터보 차저에 이물질이 들어가지 않도록 하는 것이 중요하다.

(2) 세차 시기

① 겨울철에 동결방지제(염화칼슘 등)를 뿌린 도로를 주행하였을 경우

② 해안지대를 주행하였을 경우

③ 진흙 및 먼지 등이 현저하게 붙어 있는 경우

④ 옥외에서 장시간 주차하였을 때

⑤ 매연이나 분진, 철분 등이 묻어 있는 경우

⑥ 타르, 모래, 콘크리트 가루 등이 묻어 있는 경우

⑦ 새의 배설물, 벌레 등이 붙어 있는 경우

04 압축천연가스(CNG) 자동차

(1) 천연가스 형태별 종류(LNG, CNG)

① LNG(액화천연가스, Liquified Natural Gas) : 천연가스를 액화시켜 부피를 현저히 작게 만들어 저장, 운반 등 사용상의 효용성을 높이기 위한 액화가스를 말한다.

② CNG(압축천연가스, Compressed Natural Gas) : 천연가스를 고압으로 압축하여 고압 압력용기에 저장한 기체상태의 연료를 말한다.

> **tip** LPG(액화석유가스, Liquified Petroleum Gas)
>
> 프로판과 부탄을 섞어서 제조된 가스로써 석유 정제과정의 부산물로 이루어진 혼합가스를 말한다.

(2) CNG 자동차의 구조

천연가스자동차 연료 장치 구성품은 약 17종으로 고압의 CNG를 충전하기 위한 용기가 있고, 용기에 부착되어 있는 용기 부속품으로 자동 실린더 밸브, 수동 실린더 밸브, 과도한 온도 또는 온도와 압력을 함께 감지하여 작동되며, 실린더의 파열을 방지하기 위해 가스를 배출시켜 주는 일회용 소모성 장치인 압력방출장치가 있으며, 유량이 설계 설정값을 초과하는 경우, 자동으로 흐름을 차단하거나 제한하는 밸브인 과류 방지 밸브가 용기용 밸브 내에 부속품으로 구성되어 있다.

(1) 브레이크 조작

브레이크를 밟을 때 2~3회에 나누어 밟게 되면 안정된 성능을 얻을 수 있고, 뒤따라 오는 자동차에게 제동 정보를 제공함으로써 후미추돌을 방지할 수 있다.

(2) ABS(Anti-lock Brake System) 조작

ABS 장치는 급제동할 때 또는 미끄러운 도로에서 제동할 때에 구르던 바퀴가 잠기면서 노면 위에서 미끄러지는 현상을 방지하여 핸들의 조향성능을 유지시켜 주는 장치이다.

실전 연습문제

1 다음 일상점검에 관한 사항 중 엔진에 대한 점검 내용이 아닌 것은?

① 누수, 누유는 없는가?
② 엔진오일, 냉각수가 충분한가?
③ 구동벨트의 장력은 적당하고, 손상된 곳은 없는가?
④ 타이어의 공기압은 적당한가?

●Advice ④ 바퀴의 점검에 대한 내용이다.

2 다음 일상점검 항목에 관한 내용 중 그 항목이 나머지 셋과 다른 하나는?

① 바퀴
② 배기가스
③ 완충스프링
④ 브레이크

●Advice ①②③은 차의 외관에 해당하며, ④는 운전석에 해당한다.

3 운행 전 운전석에서 점검할 사항이 아닌 것은?

① 연료 게이지량
② 에어압력 게이지 상태
③ 엔진소리의 잡음
④ 와이퍼 작동상태

●Advice ③ 엔진소리의 잡음은 운전 중 점검사항이다.

4 다음 중 운전석 중 변속기의 점검내용이 아닌 것은?

① 심한 진동은 없는가?
② 변속레버의 조작이 용이한가?
③ 휠 볼트 및 너트의 조임은 충분하고 손상은 없는가?
④ 클러치의 자유 간극은 적당한가?

●Advice ③은 차의 외관 중 바퀴의 점검내용이다.

5 운행 후 엔진점검 사항으로 거리가 먼 것은?

① 냉각수, 엔진오일의 이상소모는 없는가?
② 배터리액이 넘쳐 흐르지는 않았는가?
③ 배선이 흐트러지거나, 빠지거나 잘못된 곳은 없는가?
④ 에어가 누설되는 곳은 없는가?

●Advice ④ 에어 누설은 운행 후 하체점검 시 점검해야 하는 사항이다.

6 운행 중 점검사항에 관한 내용 중 출발 전 확인 사항이 아닌 것은?

① 각종 계기장치 및 등화장치는 정상 작동인가?
② 클러치 작동과 기어접속은 이상이 없는가?
③ 공기 압력은 충분하며 잘 충전되고 있는가?
④ 차내에서 이상한 냄새가 나지는 않는가?

●Advice ④는 운행 중 유의사항에 해당하는 내용이다.

정답 ▶ 1.④ 2.④ 3.③ 4.③ 5.④ 6.④

7 주차할 때의 주의사항으로 옳지 않은 것은?

① 주차할 때에는 반드시 주차 브레이크를 작동시킨다.
② 오르막길에서는 1단, 내리막길에서는 R(후진)로 놓고 바퀴에 고임목을 설치한다.
③ 급경사 길에는 가급적 주차하지 않는다.
④ 통풍이 잘 되지 않는 차고에 주차한다.

● Advice ④ 습기가 많고 통풍이 잘 되지 않는 차고에는 주차하지 않는다.

8 세차할 때의 주의사항으로 옳지 않은 것은?

① 해안지대를 주행하였을 경우 세차를 하는 것이 좋다.
② 엔진룸은 에어를 이용하여 세척한다.
③ 겨울철에 세차하는 경우에는 물기를 완전히 제거한다.
④ 전면유리는 기름 또는 왁스가 묻어 있는 걸레로 닦는다.

● Advice ④ 기름 또는 왁스가 묻어 있는 걸레로 닦으면 야간에 빛이 반사되어 앞이 잘 보이지 않게 된다.

9 외장 손질에 대한 설명으로 옳지 않은 것은?

① 소금, 먼지, 진흙 또는 다른 이물질이 퇴적되지 않도록 깨끗이 제거한다.
② 차량 외부의 합성수지 부품에 엔진오일이 묻으면 변색이나 얼룩이 발생하므로 즉시 닦아낸다.
③ 차체의 먼지나 오물을 마른 걸레로 닦아 내면 표면에 자국이 발생한다.
④ 자동차의 더러움이 심할 때에는 고무 제품의 변색을 예방하기 위해 가정용 중성세제를 사용하여 세척한다.

● Advice ④ 자동차의 더러움이 심할 때에는 고무 제품의 변색을 예방하기 위해 가정용 중성세제 대신에 자동차 전용 세척제를 사용한다.

10 가스상태에서의 천연가스를 액화하면 그 부피가 얼마로 줄어드는가?

① 1/200
② 1/400
③ 1/600
④ 1/800

● Advice 가스상태에서의 천연가스를 액화하면 그 부피가 1/600로 줄어든다.

11 자동차 연료로서 천연가스의 특징을 설명한 것이다. 옳은 것은?

① 탄소량이 적으므로 발열량당 CO_2 배출량이 적다.
② 액체 상태로 엔진내부로 흡입되어 혼합기 형상이 용이하고, 희박연소가 가능하다.
③ 유황분을 포함하여 SO_2 가스를 방출한다.
④ 탄화수소 연료 중의 탄소수가 많고 독성이 낮다.

● Advice ② 가스 상태로 엔진내부로 흡입되어 혼합기 형상이 용이하고, 희박연소가 가능하다.
③ 유황분을 포함하지 않으므로 SO_2 가스를 방출하지 않는다.
④ 탄화수소 연료 중의 탄소수가 적고 독성도 낮다.

정답 ● 7.④ 8.④ 9.④ 10.③ 11.①

12 다음 중 터보차저에 관한 설명으로 적절하지 않은 것은?

① 터보 차저는 저속 회전운동을 하는 부품으로 회전부의 원활한 윤활과 터보 차저에 이물질이 들어가지 않도록 하는 것이 중요하다.

② 공회전 또는 워밍업 시의 무부하 상태에서 급가속을 하는 것도 터보차저 각부의 손상을 가져올 수 있으므로 이를 삼간다.

③ 초기 시동 시 냉각된 엔진이 따뜻해질 때까지 3~10분 정도 공회전을 시켜 주어 엔진이 정상적으로 가동할 수 있도록 운행 전 예비회전을 시켜준다.

④ 시동 전 오일량을 확인하고 시동 후 오일압력이 정상적으로 상승되는지 확인한다.

● **Advice** ① 터보 차저는 고속 회전운동(수만 rpm 이상)을 하는 부품으로 회전부의 원활한 윤활과 터보 차저에 이물질이 들어가지 않도록 하는 것이 중요하다.

13 다음 중 천연가스의 형태별 종류가 아닌 것은?

① LNG
② LPG
③ 압축천연가스
④ 액화천연가스

● **Advice** ② LPG는 액화석유가스로 천연가스의 종류가 아니다.
 ※ 천연가스 형태별 종류
  ㉠ LNG(액화천연가스) : 천연가스를 액화시켜 부피를 현저히 작게 만들어 저장, 운반 등 사용상의 효용성을 높이기 위한 액화가스
  ㉡ CNG(압축천연가스) : 천연가스를 고압으로 압축하여 고압 압력용기에 저장한 기체상태의 연료

14 다음은 가스공급 라인 등 연결부에서 가스가 누출될 때 조치요령이다. 순서대로 바르게 나열한 것은?

㉠ 탑승하고 있는 승객을 안전한 곳으로 대피시킨 후 누설부위를 비눗물 또는 가스검진기 등으로 확인한다.

㉡ 스테인리스 튜브 등 가스공급 라인의 몸체가 파열된 경우에는 교환한다.

㉢ 커넥터 등 연결부위에서 가스가 새는 경우에는 새는 부위의 너트를 누출이 멈출 때까지 조금씩 반복해서 조여 준다.

㉣ 차량 부근으로 화기 접근을 금하고, 엔진 시동을 끈 후 메인전원 스위치를 차단한다.

㉤ 너트를 조여도 계속해서 가스가 누출되면 사람의 접근을 차단하고 실린더 내의 가스가 모두 배출될 때까지 기다린다.

---

① ㉠ → ㉡ → ㉢ → ㉣ → ㉤
② ㉠ → ㉣ → ㉡ → ㉢ → ㉤
③ ㉣ → ㉠ → ㉡ → ㉢ → ㉤
④ ㉣ → ㉡ → ㉠ → ㉢ → ㉤

● **Advice** 가스공급 라인 등 연결부에서 가스가 누출될 때 등의 조치요령
 ㉣ 차량 부근으로 화기 접근을 금하고, 엔진시동을 끈 후 메인전원 스위치를 차단한다.
 ㉠ 탑승하고 있는 승객을 안전한 곳으로 대피시킨 후 누설부위를 비눗물 또는 가스검진기 등으로 확인한다.
 ㉡ 스테인리스 튜브 등 가스공급 라인의 몸체가 파열된 경우에는 교환한다.
 ㉢ 커넥터 등 연결부위에서 가스가 새는 경우에는 새는 부위의 너트를 누출이 멈출 때까지 조금씩 반복해서 조여 준다.
 ㉤ 너트를 조여도 계속해서 가스가 누출되면 사람의 접근을 차단하고 실린더 내의 가스가 모두 배출될 때까지 기다린다.

정답 ▶ 12.① 13.② 14.③

15 다음 중 운행 시 브레이크 조작에 대한 설명으로 옳지 않은 것은?

① 브레이크를 밟을 때 2~3회에 나누어 밟게 되면 안정된 성능을 얻을 수 있다.
② 오르막길에서 계속 풋 브레이크를 작동시키면 브레이크 파열의 우려가 있다.
③ 주행 중에 제동을 할 때에는 핸들을 붙잡고 기어가 들어가 있는 상태에서 제동을 한다.
④ 내리막길에서 운행할 때 기어를 중립에 두고 탄력 운행을 하지 않는다.

●Advice ② 내리막길에서 계속 풋 브레이크를 작동시키면 브레이크 파열. 브레이크의 일시적인 작동불능 등의 우려가 있다.

16 험한 도로 주행 방법으로 잘못된 것은?

① 요철이 심한 도로에서 고속 주행하여 차체가 충격을 받는 시간을 줄이도록 한다.
② 비포장도로, 눈길, 빙판길, 진흙탕 길을 주행할 때에는 속도를 낮추고 제동거리를 충분히 확보한다.
③ 제동할 때에는 자동차가 멈출 때까지 브레이크 페달을 펌프질 하듯이 가볍게 위아래로 밟아 준다.
④ 비포장도로와 같은 험한 도로를 주행할 때에는 저단기어로 가속페달을 일정하게 밟고 기어변속이나 가속은 피한다.

●Advice ① 요철이 심한 도로에서는 감속 주행하여 차체의 아래 부분이 충격을 받지 않도록 주의한다.

17 다음 괄호 안에 들어갈 말로 가장 적절한 것은?

메탄의 비등점은 (　　　) 이고, 상온에서는 기체이다.

① −102℃　　　② −122℃
③ −142℃　　　④ −162℃

●Advice 메탄의 비등점은 −162℃이고, 상온에서는 기체이다.

18 다음 중 차 바퀴가 빠져 헛도는 경우의 대처방법으로 옳지 않은 것은?

① 변속레버를 '전진'과 'R(후진)' 위치로 번갈아 두면서 가속페달을 부드럽게 밟으면서 탈출을 시도한다.
② 차바퀴가 빠져 헛도는 경우에 엔진을 갑자기 가속하면 바퀴가 헛돌면서 더 깊이 빠질 수 있다.
③ 필요한 경우에는 납작한 돌, 나무 또는 타이어의 미끄럼을 방지할 수 있는 물건을 타이어 밑에 놓은 다음 자동차를 앞뒤로 반복하여 움직이면서 탈출을 시도한다.
④ 진흙이나 모래 속을 빠져나오기 위해서는 무리하게라도 엔진회전수를 올리면서 벗어나야 한다.

●Advice ④ 진흙이나 모래 속을 빠져나오기 위해 무리하게 엔진회전수를 올리면 엔진손상. 과열. 변속기손상 및 타이어가 손상될 수 있다.

정답 ▶ 15.② 16.① 17.④ 18.④

19 빙판길 운행 시에 최대한의 시야를 확보한 후 운행하며, 구동력을 크게 작용하면 타이어가 잘 미끄러지므로 몇단 출발 운행하여야 하는가?

① 1단

② 2단

③ 3단

④ 4단

● Advice 빙판길에서의 운행 시 최대한의 시야를 확보한 후 운행하며, 구동력을 크게 작용하면 타이어가 잘 미끄러지므로 2단 출발 운행하여야 한다.

20 다음은 터널 통과방법에 관한 내용이다. 옳지 않은 것을 고르면?

① 터널 통과 후 급커브 지역이 많으므로 사고 위험에 대해서 미연에 예측운행을 하여야 한다.

② 터널에서는 차로 변경을 하여서는 안 된다.

③ 선글라스를 벗고 운전한다.

④ 터널 내에서는 암순응, 명순응 현상이 약하다.

● Advice ④ 터널 내에서는 암순응, 명순응 현상이 심하다.

02 자동차 장치 사용 요령

01 자동차 키 및 도어

(1) 자동차 키(key)의 사용

① 차를 떠날 때에는 짧은 시간일지라도 안전을 위해 반드시 키를 뽑아 지참한다.

② 자동차 키에는 시동키와 화물실 전용기 2종류가 있다

③ 시동키 스위치가 「ST」에서 「ON」 상태로 되돌아오지 않게 되면 시동 후에도 스타터가 계속 작동되어 스타터 손상 및 배선의 과부하로 화재의 원인이 된다.

④ 시동키를 꽂지 않았더라도 키를 차안에 두고 어린이들만 차내에 남겨 두지 않는다.

(2) 도어의 개폐

① 차 밖에서 도어 개폐(※자동차에 따라 다를 수 있음)
   ㉠ 키를 이용하여 도어를 닫고 열 수 있으며, 잠그고 해제할 수 있다.
   ㉡ 도어 개폐 스위치에 키를 꽂고 오른쪽으로 돌리면 열리고 왼쪽으로 돌리면 닫힌다.
   ㉢ 키 홈이 얼어 열리지 않을 때에는 가볍게 두드리거나 키를 뜨겁게 하여 연다.
   ㉣ 도어 개폐 시에는 도어 잠금 스위치의 해제 여부를 확인한다.

② 차 안에서 도어 개폐
   ㉠ 차내 개폐 버튼을 사용하여 도어를 열고 닫는다.
   ㉡ 주행 중에는 도어를 개폐하지 않는다.
   ㉢ 도어를 개폐할 때에는 후방으로부터 오는 차량(오토바이) 및 보행자 등에 주의한다.

(3) 연료 주입구 개폐

① 연료 주입구 개폐 절차
   ㉠ 연료 주입구에 키 홈이 있는 차량은 키를 꽂아 잠금 해제시킨 후 연료주입구 커버를 연다.
   ㉡ 시계 반대 방향으로 돌려 연료 주입구 캡을 분리한다.
   ㉢ 연료를 보충한다.
   ㉣ 연료 주입구 캡을 닫으려면 시계방향으로 돌린다.
   ㉤ 연료 주입구 커버를 닫고 가볍게 눌러 원위치시킨 후 확실하게 닫혔는지 확인한 다음 키 홈이 있는 차량은 키를 이용하여 잠근다.

(4) 엔진 후드(보닛) 개폐

① 대형버스의 경우 일반적으로 엔진계통의 점검

② 정비가 용이하도록 자동차 후방에 엔진룸이 있다.

③ 도어를 닫은 후에는 확실히 닫혔는지 확인한다. 키 홈이 장착되어 있는 자동차는 키를 사용하여 잠근다.

④ 엔진 시동 상태에서 시스템 점검이 필요한 경우를 제외하고는 엔진 시동을 끄고 키를 뽑고 나서 엔진룸을 점검한다.

⑤ 엔진 시동 상태에서 점검 및 작업을 해야 할 경우에는 넥타이, 손수건, 목도리 및 옷소매 등이 엔진 또는 라디에이터 팬 가까이 닿지 않도록 주의한다.

02 운전석 및 안전장치

(※자동차에 따라 다를 수 있음)

(1) 운전석

① 운전석 전, 후 위치 조절 순서
ㄱ 좌석 쿠션 아래에 있는 조절 레버를 당긴다.
ㄴ 좌석을 전·후 원하는 위치로 조절한다.
ㄷ 조절 레버를 놓으면 고정된다.
ㄹ 조절 후에는 좌석을 앞·뒤로 가볍게 흔들어 고정되었는지 확인한다.

② 운전석 등받이 각도 조절 순서
(※자동차에 따라 다를 수 있음)
ㄱ 등을 앞으로 약간 숙인 후 좌석에 있는 등받이 각도 조절 레버를 당긴다.
ㄴ 좌석에 기대어 원하는 위치까지 조절한다.
ㄷ 조절 레버에서 손을 놓으면 고정된다.
ㄹ 조절이 끝나면 등받이 및 조절 레버가 고정되었는지 확인한다.

③ 머리 지지대 조절 및 분리
(※머리 지지대가 좌석과 일체형인 자동차도 있음)
ㄱ 머리 지지대는 자동차의 좌석에서 등받이 맨 위쪽의 머리를 지지하는 부분을 말한다.
ㄴ 머리 지지대는 사고 발생 시 머리와 목을 보호하는 역할을 한다.
ㄷ 머리 지지대의 높이는 머리 지지대 중심부분과 운전자의 귀 상단이 일치하도록 조절한다.
ㄹ 운전석에서 머리 지지대와 머리 사이는 주먹하나 사이가 될 수 있도록 한다.
ㅁ 머리 지지대를 제거한 상태에서의 주행은 머리나 목의 상해를 초래할 수 있다.
ㅂ 머리 지지대를 분리하고자 할 때에는 잠금 해제 레버를 누른 상태에서 머리 지지대를 위로 당겨 분리한다.

(2) 안전장치

① 안전벨트 착용방법
ㄱ 안전벨트를 착용할 때에는 좌석 등받이에 기대어 똑바로 앉는다.
ㄴ 안전벨트가 꼬이지 않도록 주의한다.
ㄷ 어깨벨트는 어깨 위와 가슴 부위를 지나도록 한다.
ㄹ 허리벨트는 골반 위를 지나 엉덩이 부위를 지나도록 한다.
ㅁ 안전벨트에 별도의 보조장치를 장착하지 않는다.
ㅂ 안전벨트를 복부에 착용하지 않는다.

03 계기판

(1) 경고등 및 표시등

(※자동차에 따라 다를 수 있음)

명칭	경고등 및 표시등	내용
주행빔(상향등) 작동 표시등		전조등이 주행빔(상향등)일 때 점등
안전벨트 미착용 경고등		시동키 「N」했을 때 안전벨트를 착용하지 않으면 경고등이 점등
연료잔량 경고등		연료의 잔류량이 적을 때 경고등이 점등
엔진오일 압력 경고등		엔진 오일이 부족하거나 유압이 낮아지면 경고등이 점등
ABS(Anti-Lock Brake System) 표시등	ASR ABS	• ABS는 각 브레이크 제동력을 전기적으로 제어하여 미끄러운 노면에서 타이어의 로크를 방지하는 장치 • ABS 경고등은 키「ON」하면 약 3초간 점등된 후 소등되면 정상

		• ASR은 한쪽 바퀴가 빙판 또는 진흙탕에 빠져 공회전 하는 경우 공회전하는 바퀴 에 일시적으로 제동력을 가 해 회전수를 낮게 하고 출 발이 용이하도록 하는 장치 • ASR 경고등은 차량 속도가 5~7 km/h에 도달하여 소 등되면 정상
브레이크 에어 경고등	(!) BRAKE AIR	키가 「N」상태에서 AOH 브 레이크 장착 차량의 에어 탱 크에 공기압이 4.5±0.5kg/ ㎠ 이하가 되면 점등
비상경고 표시등	⇦ ⇨	비상경고등 스위치를 누르면 점멸
배터리 충전 경고등	⊟⊹	벨트가 끊어졌을 때나 충전장 치가 고장났을 때 경고등이 점등
주차 브레이크 경고등	(P) PARKING	주차 브레이크가 작동되어 있 을 경우에 경고등이 점등
배기 브레이크 표시등	凹	배기 브레이크 스위치를 작동 시키면 배기 브레이크가 작동 중임을 표시
제이크 브레이크 표시등	┘┼└	제이크 브레이크가 작동중임 을 표시
엔진 정비 지시등	CHECK ENGINE	• 키를 「N」하면 약 2~3초간 점등된 후 소등 • 엔진의 전자 제어 장치나 배기가스 제어에 관계되는 각종 센서에 이상이 있을 때 점등
엔진 예열작동 표시등	ʊʊ	엔진 예열상태에서 점등되고 예열이 완료되면 소등
냉각수 경고등	🛢 WATER	냉각수가 규정 이하일 경우에 경고등 점등
수온 경고등	OVER HEAT	엔진 냉각수 온도가 과도하게 높아지면 경고등 점등
자동 정속 주행 표시등	⟿	• 자동 정속 주행 장치를 사 용하게 되면 표시등이 점등 되어 작동중임을 표시 • 작동을 해제시키면 소등

에어 클리너 먼지 경고등	⟱ DUST	에어클리너 내에 먼지가 일 정량 이상이 되면 점등
자동 그리스 작동 표시등	⚙⚙ 또는 ◿	자동 그리스 장치가 작동되 면 점등되었다가 소등
사이드미러 열선작동 표시등	⧈ 또는 ⧈	키 스위치「ON」상태에서 사 이드미러 서리제거 스위치를 작동시키면 점등
ECS 표시등 감쇠력 가변식 쇽업쇼버	SOFT HARD	• 배터리 릴레이 스위치를 「 N」하면 SOFT와 HARD 표시등이 점등되고 ECS 장 치에 이상이 없으면 약 3초 후에 소등 • ECS[electronic controlled suspension] 는 노면상태와 운전 조건 에 따라 차체 높이를 변화 시켜, 주행 안전성과 승차 감을 동시에 확보하기 위 한 장치 • ECS의 SOFT 모드를 선택 하면 SOFT 표시등이 점등 : 노면이 울퉁불퉁한 비포 장 도로에서는 차 높이를 높여 차체를 보호 • ECS의 HARD 모드를 선택 하면 HARD 표시등이 점등 : 고속 주행이 가능한 도로 에서는 차 높이를 낮추어 공기 저항을 줄여 줌으로써 주행 안정성을 높임

(2) 계기판 용어

① **속도계** : 자동차의 단위 시간당 주행거리를 나타낸다.

② **회전계(타코 미터)** : 엔진의 분당 회전수(rpm)를 나타 낸다.

③ **수온계** : 엔진 냉각수의 온도를 나타낸다.

④ **연료계** : 연료탱크에 남아있는 연료의 잔류량을 나타 낸다. 동절기에는 연료를 가급적 충만한 상태를 유지 한다. (연료 탱크 내부의 수분 침투를 방지하는데 효 과적)

⑤ **주행거리계** : 자동차가 주행한 총거리(km 단위)를 나 타낸다.

⑥ 엔진오일 압력계 : 엔진오일의 압력을 나타낸다.

⑦ 공기 압력계 : 브레이크 공기탱크 내의 공기압력을 나타낸다.

⑧ 전압계 : 배터리의 충전 및 방전 상태를 나타낸다.

04 스위치

(1) 전조등(Lighting)

전조등 스위치 조절

① 1단계 : 차폭등, 미등, 번호판등, 계기판등

② 2단계 : 차폭등, 미등, 번호판등, 계기판등, 전조등

(2) 와이퍼(wiper)

와셔액 탱크가 비어 있을 경우에 와이퍼를 작동시키면 와이퍼 모터가 손상된다.

(3) 전자제어 현가장치 시스템(ECS : Electronically controled suspension)

전자제어 현가장치 시스템(ECS)은 차고센서로부터 ECS ECU(Electronic control unit)가 자동차 높이의 변화를 감지하여 ECS 솔레노이드 밸브를 제어함으로써 에어 스프링의 압력과 자동차 높이를 조절하는 전자제어 서스펜션 시스템을 말한다.

> **tip 전자제어 현가장치 시스템의 주요 기능**
>
> - 차량 주행 중에 에어 소모가 감소한다.
> - 차량 하중 변화에 따른 차량 높이 조정이 자동으로 빠르게 이루어진다.
> - 도로조건이나 기타 주행조건에 따라서 운전자가 스위치를 조작하여 차량의 높이를 조정할 수 있다.
> - 안전성이 확보된 상태에서 차량의 높이 조정 및 닐링(Kneeling ; 차체의 앞부분을 내려가게 만드는 차체 기울임 시스템) 기능을 할 수 있다.
> - 자기진단 기능을 보유하고 있어 정비성이 용이하고 안전하다.

실전 연습문제

1 자동차 키(key)의 사용에 대해 잘못 설명한 것은?

① 짧은 시간 동안 차를 떠날 때는 키를 꽂아 둔다.

② 자동차 키에는 시동키와 화물실 전용키 2종류가 있다.

③ 시동키 스위치가 'ST'에서 'ON' 상태로 되돌아오지 않게 되면 화재의 원인이 될 수 있다.

④ 시동키를 꽂지 않았더라도 키를 차 안에 두고 어린이들만 차내에 남겨 두지 않는다.

●Advice ① 차를 떠날 때에는 짧은 시간일지라도 안전을 위해 반드시 키를 뽑아 지참한다.

2 차 밖에서 도어를 개폐할 때의 방법으로 가장 적절하지 않은 것은?

① 키를 이용하여 도어를 닫고 열 수 있으며, 잠그고 해제할 수 있다.

② 도어 개폐 스위치에 키를 꽂고 오른쪽으로 돌리면 열리고 왼쪽으로 돌리면 닫힌다.

③ 키 홈이 얼어 열리지 않을 때에는 세게 두드려 연다.

④ 도어 개폐 시에는 도어 잠금 스위치의 해제 여부를 확인한다.

●Advice ③ 키 홈이 얼어 열리지 않을 때에는 가볍게 두드리거나 키를 뜨겁게 하여 연다.

3 자동차 키에는 몇 종류의 키(key)가 있는가?

① 1종류

② 2종류

③ 3종류

④ 4종류

●Advice 자동차 키에는 시동키와 화물실 전용키 2종류가 있다.

4 다음은 운전석 전·후 위치 조절 순서를 나타낸 것이다. 이를 순서대로 옳게 나열한 것을 고르면?

> ㉠ 좌석을 전·후 원하는 위치로 조절한다.
> ㉡ 조절 레버를 놓으면 고정된다.
> ㉢ 좌석 쿠션 아래에 있는 조절 레버를 당긴다.
> ㉣ 조절 후에는 좌석을 앞·뒤로 가볍게 흔들어 고정되었는지 확인한다.

① ㉠ → ㉡ → ㉢ → ㉣

② ㉡ → ㉠ → ㉣ → ㉢

③ ㉢ → ㉠ → ㉡ → ㉣

④ ㉣ → ㉡ → ㉢ → ㉠

●Advice 운전석 전·후 위치 조절 순서
㉢ 좌석 쿠션 아래에 있는 조절 레버를 당긴다.
㉠ 좌석을 전·후 원하는 위치로 조절한다.
㉡ 조절 레버를 놓으면 고정된다.
㉣ 조절 후에는 좌석을 앞·뒤로 가볍게 흔들어 고정되었는지 확인한다.

정답▶ 1.① 2.③ 3.② 4.③

5 다음은 연료 주입구 개폐 절차이다. 순서대로 바르게 나열한 것은?

> ⊙ 연료 주입구에 키 홈이 있는 차량은 키를 꽂아 잠금 해제시킨 후 연료 주입구 커버를 연다.
> ⓛ 시계 반대방향으로 돌려 연료 주입구 캡을 분리한다.
> ⓒ 연료를 보충한다.
> ⓔ 연료 주입구 캡을 닫으려면 시계방향으로 돌린다.
> ⓜ 연료 주입구 커버를 닫고 가볍게 눌러 원위치 시킨 후 확실하게 닫혔는지 확인한 다음 키 홈이 있는 차량은 키를 이용하여 잠근다.

① ⊙ → ⓛ → ⓒ → ⓔ → ⓜ
② ⊙ → ⓔ → ⓛ → ⓒ → ⓜ
③ ⓔ → ⊙ → ⓛ → ⓒ → ⓜ
④ ⓔ → ⓛ → ⊙ → ⓒ → ⓜ

●Advice 연료 주입구 개폐 절차
　ⓞ 연료 주입구에 키 홈이 있는 차량은 키를 꽂아 잠금 해제시킨 후 연료 주입구 커버를 연다.
　ⓛ 시계 반대방향으로 돌려 연료 주입구 캡을 분리한다.
　ⓒ 연료를 보충한다.
　ⓔ 연료 주입구 캡을 닫으려면 시계방향으로 돌린다.
　ⓜ 연료 주입구 커버를 닫고 가볍게 눌러 원위치 시킨 후 확실하게 닫혔는지 확인한 다음 키 홈이 있는 차량은 키를 이용하여 잠근다.

6 다음은 엔진 후드(보닛) 개폐에 대한 설명이다. 가장 적절하지 않은 것은?

① 대형버스의 경우 일반적으로 엔진계통의 점검·정비가 용이하도록 자동차 측면에 엔진룸이 있다.
② 도어를 닫은 후에는 확실히 닫혔는지 확인하고 키 홈이 장착되어 있는 자동차는 키를 사용하여 잠근다.
③ 엔진 시동 상태에서 점검이 필요한 경우를 제외하고는 엔진 시동을 끄고 키를 뽑고 나서 엔진룸을 점검한다.
④ 엔진 시동 상태에서 점검 및 작업을 해야 할 경우에는 넥타이, 손수건, 옷소매 등이 엔진 또는 라디에이터 팬 가까이 닿지 않도록 주의한다.

●Advice ① 대형버스의 경우 일반적으로 엔진계통의 점검·정비가 용이하도록 자동차 후방에 엔진룸이 있다.

7 엔진시동을 끈 후 자동도어 개폐조작을 반복하면 에어탱크의 공기압은 어떻게 되는가?

① 배터리가 방전된다.
② 급격히 상승된다.
③ 급격히 저하된다.
④ 변화가 없다.

●Advice 엔진시동을 끈 후 자동도어 개폐조작을 반복하면 에어탱크의 공기압이 급격히 저하된다.

8 안전벨트 착용 방법에 대한 설명으로 틀린 것은?

① 안전벨트를 착용할 때에는 등받이에 기대어 똑바로 앉는다.
② 어깨벨트는 어깨 위와 복부를 지나도록 한다.
③ 허리벨트는 골반 위를 지나 엉덩이 부위를 지나도록 한다.
④ 안전벨트에 별도의 보조장치를 장착하지 않는다.

● Advice ② 어깨벨트는 어깨 위와 가슴 부위를 지나도록 한다. 안전벨트를 복부에 착용하면 충돌 시 강한 복부 압박으로 장파열 등의 신체 위해를 가할 수 있다.

9 다음 계기판 용어에 대한 설명 중 잘못 연결된 것은?

① 회전계 : 자동차의 시간당 주행거리를 나타낸다.
② 수온계 : 엔진 냉각수의 온도를 나타낸다.
③ 공기 압력계 : 브레이크 공기탱크 내의 공기압력을 나타낸다.
④ 전압계 : 배터리의 충전 및 방전 상태를 나타낸다.

● Advice ① 회전계(타코미터)는 엔진의 분당 회전수(rpm)를 나타낸다. 자동차의 시간당 주행거리를 나타내는 것은 속도계이다.

10 다음이 의미하는 경고등은? (단, 자동차에 따라 다를 수 있음)

① 에어클리너 먼지 경고등
② 냉각수 경고등
③ 브레이크 에어 경고등
④ 주차 브레이크 경고등

● Advice ① 에어클리너 먼지 경고등은 에어클리너 내에 먼지가 일정량 이상이 되면 점등되는 경고등이다.

11 전조등이 주행빔(상향등)일 때 점등되는 표시등은?

● Advice ② 주행빔(상향등) 작동 표시등
③ 배터리 충전 경고등
④ 비상경고 표시등

정답 8.② 9.① 10.① 11.②

12 아래 그림이 의미하는 것은?

① 주행빔(상향등) 작동 표시등
② 배기 브레이크 표시등
③ 엔진 정비 지시등
④ 냉각수 경고등

> **● Advice** 주행빔(상향등) 작동 표시등을 의미한다.

13 다음 중 와이퍼와 관련된 설명으로 옳지 않은 것은?

① 워셔액 탱크가 비어 있을 경우에 와이퍼를 작동시키면 와이퍼 모터가 손상된다.
② 동절기에 워셔액을 사용하면 유리창에 워셔액이 얼어붙어 시야를 가릴 수 있다.
③ 엔진 냉각수 또는 부동액을 워셔액으로 사용하면 차량 도장부분 손상을 막을 수 있다.
④ 유리창과 와이퍼를 세척할 때에는 가솔린, 신나와 같은 유기용제 사용을 금한다.

> **● Advice** ③ 엔진 냉각수 또는 부동액을 워셔액으로 사용하면 차량 도장부분의 손상은 물론 운행 도중 시야를 가려 사고를 유발할 수 있다.

14 다음에 제시된 조치 내용은 무엇에 대한 경고음의 조치인가? (단, 자동차에 따라 다를 수 있음)

> 조치 내용 : 냉각계통의 누수 유무를 점검

① 브레이크 에어 경고음
② 수온 경고음
③ 엔진오일 압력 경고음
④ 냉각수량 경고음

> **● Advice** 냉각수량 경고음
> ㉠ **발생** : 냉각수가 규정 이하일 경우 경고음이 울림
> ㉡ **조치** : 냉각계통의 누수 유무를 점검
> ㉢ **차단** : 경고음은 주차 브레이크 노브를 당겨 놓으면 멈춤

15 전자제어 현가장치 시스템(ECS)에 대한 설명으로 옳지 않은 것은?

① 차량 주행 중에 에어 소모가 증가한다.
② 전자제어 현가장치 시스템의 종류로는 유압식과 공기압식 등이 있다.
③ 도로조건이나 기타 주행조건에 따라서 운전자가 스위치를 조작하여 차량의 높이를 조정할 수 있다.
④ 자기진단 기능을 보유하고 있어 정비성이 용이하고 안전하다.

> **● Advice** ① 차량 주행 중에 에어 소모가 감소한다.
> ※ **전자제어 현가장치 시스템**(ECS : Electronically Controled Suspension) … 차고센서로부터 ECS ECU가 자동차 높이의 변화를 감지하여 ECS 솔레노이드 밸브를 제어함으로써 에어 스프링의 압력과 자동차 높이를 조절하는 전자제어 서스펜션 시스템이다.

정답 ▶ 12.① 13.③ 14.④ 15.①

03 자동차 응급조치 요령

01 상황별 응급조치

(1) 엔진시동이 걸리지 않는 경우

① 배터리가 방전되어 있을 때
- ㉠ 주차 브레이크를 작동시켜 차량이 움직이지 않도록 한다.
- ㉡ 변속기는 '중립'에 위치시킨다.
- ㉢ 보조 배터리를 사용하는 경우에는 점프 케이블을 연결한 후 시동을 건다.
- ㉣ 타 차량의 배터리에 점프 케이블을 연결하여 시동을 거는 경우에는 타 차량의 시동을 먼저 건 후 방전된 차량의 시동을 건다.
- ㉤ 시동이 걸린 후 배터리가 일부 충전되면 점프 케이블의 '－'단자를 분리한 후 '＋'단자를 분리한다.
- ㉥ 방전된 배터리가 충분히 충전되도록 일정시간 시동을 걸어둔다

(2) 엔진 오버히트가 발생하는 경우

① 엔진 오버히트가 발생할 때의 안전조치
- ㉠ 비상경고등을 작동한 후 도로 가장자리로 안전하게 이동하여 정차한다.
- ㉡ 여름에는 에어컨, 겨울에는 히터의 작동을 중지시킨다.
- ㉢ 엔진이 작동하는 상태에서 보닛(Bonnet)을 열어 엔진을 냉각시킨다.
- ㉣ 엔진을 충분히 냉각시킨 다음에는 냉각수의 양 점검, 라디에이터 호스 연결부위 등의 누수여부 등을 확인한다.
- ㉤ 특이한 사항이 없다면 냉각수를 보충하여 운행하고, 누수나 오버히트가 발생할 만한 문제가 발견된다면 점검을 받아야 한다.

02 장치별 응급조치

(1) 엔진 계통 응급조치 요령

구분	추정 원인	조치사항
시동모터가 작동되지 않거나 천천히 회전하는 경우	• 배터리가 방전되었다. • 배터리 단자의 부식, 이완, 빠짐 현상이 있다. • 접지 케이블이 이완되어 있다. • 엔진오일 점도가 너무 높다.	• 배터리를 충전하거나 교환한다. • 배터리 단자의 부식 부분을 깨끗하게 처리하고 단단하게 고정한다. • 접지 케이블을 단단하게 고정한다. • 적정 점도의 오일로 교환한다.
저속 회전하면 엔진이 쉽게 꺼지는 경우	• 공회전 속도가 낮다. • 에어클리너 필터가 오염되었다. • 연료필터가 막혀있다. • 밸브 간극이 비정상이다.	• 공회전 속도를 조절한다. • 에어클리너 필터를 청소 또는 교환한다. • 연료필터를 교환한다. • 밸브 간극을 조정한다.
연료 소비량이 많다.	• 연료누출이 있다. • 타이어 공기압이 부족하다. • 클러치가 미끄러진다. • 브레이크가 제동된 상태에 있다.	• 연료 계통을 점검하고 누출 부위를 정비한다. • 적정 공기압으로 조정한다. • 클러치 간극을 조정하거나 클러치 디스크를 교환한다. • 브레이크 라이닝 간극을 조정한다.
오버히트 한다. (엔진이 과열되었다.)	• 냉각수 부족 또는 누수되고 있다. • 팬벨트의 장력이 지나치게 느슨하다. • 냉각팬이 작동되지 않는다. • 라디에이터 캡의 장착이 불완전하다. • 서모스탯(온도조절기)이 정상 작동하지 않는다.	• 냉각수장력을 조정한다. • 냉각팬 전기배선 등을 수리한다. • 라디에이터 캡을 확실하게 장착한다. • 서모스탯을 교환한다.

(2) 조향 계통 응급조치 요령

구분	추정 원인	조치사항
스티어링 휠(핸들)이 떨린다.	• 타이어의 무게중심이 맞지 않는다. • 휠 너트(허브 너트)가 풀려 있다. • 타이어 공기압이 각 타이어마다 다르다. • 타이어가 편마모 되어 있다.	• 타이어를 점검하여 무게중심을 조정한다. • 규정 토크로 조인다. • 적정 공기압으로 조정한다. • 타이어를 교환한다.

(3) 제동 계통 응급조치 요령

구분	추정 원인	조치사항
브레이크 제동 효과가 나쁘다.	• 공기압이 과다하다. • 공기누설이 있다. • 라이닝 간극 과다 또는 마모상태가 심하다. • 타이어 마모가 심하다.	• 적정 공기압으로 조정한다. • 브레이크 계통을 점검하여 풀려 있는 부분은 다시 조인다. • 라이닝 간극을 조정 또는 라이닝을 교환한다. • 타이어를 교환한다.

(4) 전기 계통 응급조치 요령

구분	추정 원인	조치사항
배터리가 자주 방전된다.	• 배터리 단자의 벗겨짐, 풀림, 부식이 있다. • 팬벨트가 느슨하게 되어 있다. • 배터리액이 부족하다. • 배터리 수명이 다 되었다.	• 배터리 단자의 부식 부분을 제거하고 조인다. • 팬벨트의 장력을 조정한다. • 배터리액을 보충한다. • 배터리를 교환한다.

실전 연습문제

1 주행 중 하체 부분에서 비틀거리는 흔들림이 일어나거나 특히 커브를 돌았을 때 휘청거리는 느낌이 드는 것은 어떤 문제일 가능성이 가장 큰가?

① 클러치 릴리스 베어링의 고장
② 브레이크 라이닝의 심한 마모
③ 바퀴의 휠 너트의 이완이나 공기 부족
④ 쇼크업소버(shock absorber)의 고장

> **● Advice** ③ 주행 중 하체 부분에서 비틀거리는 흔들림이 일어나거나 특히 커브를 돌았을 때 휘청거리는 느낌이 들 때는 바퀴의 휠 너트의 이완이나 공기 부족일 때가 많다.

2 다음 현상은 어느 부분에 고장이 있을 때 나타나는 증상인가?

> 비포장 도로의 울퉁불퉁한 험한 노면을 달릴 때 '딸각딸각' 하는 소리나 '쿵쿵' 하는 소리가 난다.

① 엔진
② 팬 벨트
③ 브레이크
④ 완충장치

> **● Advice** 비포장도로의 울퉁불퉁한 험한 노면을 달릴 때 '딸각딸각' 하는 소리나 '쿵쿵' 하는 소리가 날 때에는 완충장치인 쇼크업소버의 고장으로 볼 수 있다.

3 고무 같은 것이 타는 냄새가 나는 것은 주로 어느 부분의 이상인가?

① 전기 장치 부분
② 브레이크 장치 부분
③ 바퀴 부분
④ 조향 장치 부분

> **● Advice** 고무 같은 것이 타는 냄새가 나는 경우는 대게 엔진실 내의 전기 배선 등의 피복이 녹아 벗겨져 합선에 의해 전선이 타면서 나는 냄새가 대부분이다. 이럴 때에는 바로 차를 세우고 보닛을 열고 잘 살펴보면 그 부위를 발견할 수 있다.

4 가속 페달을 힘껏 밟는 순간 '끼익!' 하는 소리가 나는 경우가 많은데 이는 어떤 부분의 고장을 말하는가?

① 엔진 부분
② 바퀴 부분
③ 팬 벨트
④ 조향장치 부분

> **● Advice** 가속 페달을 힘껏 밟는 순간 '끼익!' 하는 소리가 나는 경우가 많은데, 이때는 팬 벨트 또는 기타의 V밸트가 이완되어 걸려 있는 풀리와의 미끄러짐에 의해 일어난다.

정답 ▶ 1.③ 2.④ 3.① 4.③

5 백색의 배출 가스가 배출될 때 추측할 수 있는 내용으로 가장 거리가 먼 것은?

① 연료 장치 고장
② 헤드 개스킷 파손
③ 밸브의 오일 씰 노후
④ 피스톤 링의 마모

● Advice 엔진 안에서 다량의 엔진 오일이 실린더 위로 올라와 연소되는 경우 백색의 배출 가스가 배출되는데 이는 헤드 개스킷의 파손, 밸브의 오일 씰 노후 또는 피스톤 링의 마모 등 엔진 보링을 할 시기가 됐음을 알려준다.

7 다음 중 시동모터가 작동되나 시동이 걸리지 않는 경우의 추정원인으로 가장 옳지 않은 것은?

① 엔진오일 점도가 너무 높다.
② 연료필터가 막혀 있다.
③ 연료가 떨어졌다.
④ 예열작동이 불충분하다.

● Advice ① 시동모터가 작동되지 않거나 천천히 회전하는 경우의 원인이다.

6 배터리가 방전되어 있을 때에 대한 설명으로 옳지 않은 것은?

① 주차 브레이크를 작동시켜 차량이 움직이지 않도록 한다.
② 점프 케이블의 양극과 음극이 서로 닿도록 하여 시동을 건다.
③ 시동이 걸린 후 방전된 배터리가 충분히 충전되도록 일정시간 시동을 걸어 둔다.
④ 방전된 배터리가 얼었거나 배터리액이 부족한 경우에는 점프 도중에 배터리의 파열 및 폭발이 발생할 수 있다.

● Advice ② 점프 케이블의 양극과 음극이 서로 닿는 경우에는 불꽃이 발생하여 위험하므로 서로 닿지 않도록 한다.

8 엔진 오버히트가 발생할 때의 안전조치로 적절하지 못한 것은?

① 비상경고등을 작동한 후 도로 가장자리로 안전하게 이동하여 정차한다.
② 여름에는 에어컨, 겨울에는 히터의 장동을 중지시킨다.
③ 엔진을 끈 상태에서 보닛을 열어 엔진을 냉각시킨다.
④ 냉각수의 양 점검, 라디에이터 호스 연결 부위 등의 누수여부를 확인한다.

● Advice ③ 엔진이 작동하는 상태에서 보닛을 열어 엔진을 냉각시킨다.

정답 ▶ 5.① 6.② 7.① 8.③

9 다음은 엔진계통 응급조치요령에 관한 내용이다. 저속 회전하면 엔진이 쉽게 꺼지는 경우의 추정 원인이 아닌 것은?

① 밸브 간격이 비정상이다.

② 공회전 속도가 낮다.

③ 접지 케이블이 이완되어 있다.

④ 연료필터가 막혀 있다.

● Advice ③ 시동모터가 작동되지 않거나 천천히 회전하는 경우의 추정원인에 해당한다.

11 다음은 기타 응급조치 요령에 대한 설명이다. 옳지 않은 것은?

① 풋 브레이크가 작동하지 않는 경우 고단 기어에서 저단 기어로 한단씩 줄여 감속한 뒤에 주차 브레이크를 이용하여 정지한다.

② 견인자동차로 견인하는 경우 구동되는 바퀴를 들어 올려 견인되도록 한다.

③ 견인되기 전에 주차 브레이크를 해제한 후 변속레버를 중립(N)에 놓는다.

④ 에어 서스펜션 장착 차량의 견인을 위해 차체를 들어올릴 때에는 에어스프링이 이탈되도록 주의한다.

● Advice ④ 에어 서스펜션 장착 차량의 견인을 위해 차체를 들어올릴 때에는 에어스프링이 이탈되지 않도록 주의한다.

10 잭 사용 시 주의해야 할 사항으로 옳지 않은 것은?

① 잭을 사용할 때에는 평탄하고 안전한 장소에서 사용한다.

② 잭을 사용하는 동안에는 시동을 걸어 놓는다.

③ 잭으로 차량을 올린 상태에서 차량 하부로 들어가면 위험하다.

④ 잭을 사용할 때에 후륜의 경우에는 리어 액슬 아랫부분에 설치한다.

● Advice ② 잭을 사용하는 동안에 시동을 걸면 위험하다.

12 타이어가 펑크가 난 경우 야간에 사방 몇 미터 지점에서 식별할 수 있는 적색의 섬광신호, 전기제등 또는 불꽃신호를 추가로 설치해야 하는가?

① 100m

② 300m

③ 500m

④ 800m

● Advice 밤에는 사방 500m 지점에서 식별할 수 있는 적색의 섬광신호, 전기제등 또는 불꽃신호를 추가로 설치해야 한다.

정답 ▶ 9.③ 10.② 11.④ 12.③

13 연료소비량이 많을 때의 추정원인과 조치사항이 잘못 연결된 것은?

① 연료누출이 있을 때 – 연료계통을 점검하고 누출 부위를 정비한다.

② 타이어 공기압이 부족할 때 – 적정 공기압으로 조정한다.

③ 클러치가 미끄러질 때 – 클러치 간극을 조정하거나 클러치 디스크를 교환한다.

④ 에어클리너 필터가 오염되었을 때 – 에어클리너 필터를 청소하거나 교환한다.

● Advice ④ 에어클리너 필터가 오염된 경우 검은 배기가스가 배출된다. 연료소비량과는 거리가 멀다.

14 다음 전기 계통 응급조치요령 중 배터리가 자주 방전되는 추정원인으로 보기 가장 어려운 것은?

① 배터리액이 부족하다.

② 팬벨트가 느슨하게 되어 있다.

③ 배터리 단자의 벗겨짐, 풀림, 부식이 있다.

④ 좌우 라이닝 간극이 다르다.

● Advice 전기 계통 응급조치요령 중 배터리가 자주 방전되는 추정원인
㉠ 배터리 단자의 벗겨짐, 풀림, 부식이 있다.
㉡ 팬벨트가 느슨하게 되어 있다.
㉢ 배터리액이 부족하다.
㉣ 배터리 수명이 다 되었다.

04 자동차의 구조 및 특성

01 동력전달장치

(1) 클러치

① 클러치의 구비조건
- ㉠ 냉각이 잘 되어 과열하지 않아야 한다.
- ㉡ 구조가 간단하고, 다루기 쉬우며 고장이 적어야 한다.
- ㉢ 회전력 단속 작용이 확실하며, 조작이 쉬워야 한다.
- ㉣ 회전 부분의 평형이 좋아야 한다.
- ㉤ 회전관성이 적어야 한다.

② 클러치가 미끄러지는 원인
- ㉠ 클러치 페달의 자유 간극(유격)이 없다.
- ㉡ 클러치 디스크의 마멸이 심하다.
- ㉢ 클러치 디스크에 오일이 묻어 있다.
- ㉣ 클러치 스프링의 장력이 약하다.

③ 클러치 차단이 잘 안 되는 원인
- ㉠ 클러치 페달의 자유 간극이 크다.
- ㉡ 릴리스 베어링이 손상되었거나 파손되었다.
- ㉢ 클러치 디스크의 흔들림이 크다.
- ㉣ 유압장치에 공기가 혼입되었다.
- ㉤ 클러치 구성부품이 심하게 마멸되었다.

(2) 변속기

① 변속기의 구비조건
- ㉠ 가볍고, 단단하며, 다루기 쉬워야 한다.
- ㉡ 조작이 쉽고, 신속 · 확실하며, 작동 시 소음이 적어야 한다.
- ㉢ 연속적으로 또는 자동적으로 변속이 되어야 한다.
- ㉣ 동력전달 효율이 좋아야 한다.

② 변속기의 필요성
- ㉠ 엔진과 차축 사이에서 회전력을 변환시켜 전달한다.
- ㉡ 엔진을 시동할 때 엔진을 무부하 상태로 한다.
- ㉢ 자동차를 후진시키기 위하여 필요하다.

(3) 타이어

① 타이어의 주요 기능
- ㉠ 자동차의 하중을 지탱하는 기능을 한다.
- ㉡ 엔진의 구동력 및 브레이크의 제동력을 노면에 전달하는 기능을 한다.
- ㉢ 노면으로부터 전달되는 충격을 완화시키는 기능을 한다.
- ㉣ 자동차의 진행 방향을 전환 또는 유지시키는 기능을 한다.

② 타이어의 구조 및 형상에 따라 튜브리스 타이어(Tubeless tire), 바이어스 타이어(Bias tire), 레디얼 타이어(Radial tire), 스노타이어(Snow tire)로 구분된다.

02 완충(현가)장치

(1) 완충장치의 주요 기능

① 적정한 자동차의 높이를 유지한다.
② 상 · 하 방향이 유연하여 차체가 노면에서 받는 충격을 완화시킨다.
③ 올바른 휠 얼라인먼트를 유지한다.
④ 차체의 무게를 지탱한다.
⑤ 타이어의 접지 상태를 유지한다.
⑥ 주행 방향을 일부 조정한다.

(2) 완충장치의 구성

① 스프링 : 차체와 차축 사이에 설치되어 주행 중 노면에서의 충격이나 진동을 흡수하여 차체에 전달되지 않게 하는 것을 말한다.

② 쇽업소버 : 노면에서 발생한 스프링의 진동을 재빨리 흡수하여 승차감을 향상시키고 동시에 스프링의 피로를 줄이기 위해 설치하는 장치를 말한다.

③ 스태빌라이저 : 좌, 우 바퀴가 동시에 상·하 운동을 할 때에는 작용을 하지 않으나 좌, 우 바퀴가 서로 다르게 상, 하 운동을 할 때 작용하여 차체의 기울기를 감소시켜 주는 장치를 말한다.

03 조향장치

(1) 조향장치의 구비조건

① 조향 조작이 주행 중의 충격에 영향을 받지 않아야 한다.

② 조작이 쉽고, 방향 전환이 원활하게 이루어져야 한다.

③ 진행 방향을 바꿀 때 섀시 및 바디 각 부에 무리한 힘이 작용하지 않아야 한다.

④ 고속주행에서도 조향 조작이 안정적이어야 한다.

⑤ 조향 핸들의 회전과 바퀴 선회 차이가 크지 않아야 한다.

⑥ 수명이 길고 정비하기 쉬워야 한다.

(2) 조향장치의 고장 원인

① 조향 핸들이 무거운 원인
   ㉠ 타이어의 공기압이 부족하다.
   ㉡ 조향기어의 톱니바퀴가 마모되었다.
   ㉢ 조향기어 박스 내의 오일이 부족하다.
   ㉣ 앞바퀴의 정렬 상태가 불량하다.
   ㉤ 타이어의 마멸이 과다하다.

② 조향 핸들이 한쪽으로 쏠리는 원인
   ㉠ 타이어의 공기압이 불균일하다.
   ㉡ 앞바퀴의 정렬 상태가 불량하다.
   ㉢ 쇽업소버의 작동 상태가 불량하다.
   ㉣ 허브 베어링의 마멸이 과다하다.

(3) 동력조향장치

① 장점
   ㉠ 조향 조작력이 작아도 된다.
   ㉡ 노면에서 발생한 충격 및 진동을 흡수한다.
   ㉢ 앞바퀴의 시미 현상을 방지할 수 있다.
   ㉣ 조향 조작이 신속하고 경쾌하다.
   ㉤ 앞바퀴가 펑크 났을 때 조향 핸들이 갑자기 꺾이지 않아 위험도가 낮다.

② 단점
   ㉠ 기계식에 비해 구조가 복잡하고 값이 비싸다.
   ㉡ 고장이 발생한 경우에는 정비가 어렵다.
   ㉢ 오일펌프 구동에 엔진의 출력이 일부 소비된다.

(4) 휠 얼라인먼트

① 휠 얼라인먼트가 필요한 시기
   ㉠ 자동차 하체가 충격을 받았거나 사고가 발생한 경우
   ㉡ 타이어를 교환한 경우
   ㉢ 핸들의 중심이 어긋난 경우
   ㉣ 타이어 편마모가 발생한 경우
   ㉤ 자동차가 한쪽으로 쏠림현상이 발생한 경우
   ㉥ 자동차에서 롤링(좌·우 진동)이 발생한 경우
   ㉦ 핸들이나 자동차의 떨림이 발생한 경우

② 휠 얼라인먼트의 역할
   ㉠ 조향핸들의 조작을 확실하게 하고 안전성을 준다 : 캐스터의 작용
   ㉡ 조향핸들에 복원성을 부여한다 : 캐스터와 조향축(킹핀) 경사각의 작용
   ㉢ 조향핸들의 조작을 가볍게 한다 : 캠버와 조향축(킹핀) 경사각의 작용
   ㉣ 타이어 마멸을 최소로 한다 : 토인의 작용

04 제동장치

(1) 공기식 브레이크

엔진으로 공기압축기를 구동하여 발생한 압축공기를 동력원으로 사용하는 방식으로서 버스나 트럭 등 대형차량에 주로 사용한다.

① 공기식 브레이크 장단점
  ㉠ 자동차 중량에 제한을 받지 않는다.
  ㉡ 공기가 다소 누출되어도 제동성능이 현저하게 저하되지 않아 안전도가 높다.
  ㉢ 베이퍼 록 현상이 발생할 염려가 없다.
  ㉣ 페달을 밟는 양에 따라 제동력이 조절된다.
  ㉤ 압축공기의 압력을 높이면 더 큰 제동력을 얻을 수 있다.
  ㉥ 구조가 복잡하고 유압 브레이크보다 값이 비싸다.
  ㉦ 엔진출력을 사용하므로 연료소비량이 많다.

tip 공기 브레이크와 유압 배력 브레이크의 비교

구분	유압 배력식 브레이크	공기식 브레이크
차량 중량	제한을 받는다.	제한을 받지 않는다.
오일 및 공기의 누설	누설되면 유압이 현저하게 저하되어 위험하다.	다소 누출되어도 제동성능이 현저하게 저하되지 않는다.
마찰열	베이퍼 록이 발생한다.	베이퍼 록의 발생 염려가 없다.
제동력	페달의 밟는 힘에 따라 변화한다.	페달의 밟는 양에 따라 변화한다.
에너지 소비	에너지 소비가 작다.	공기압축기 구동에 많은 에너지가 소비된다.
정비성	구조가 간단하여 정비하기 쉽다.	구조가 복잡하여 정비하기 어렵다.
경제성	저가이다.	비교적 고가이다.

(2) ABS(Anti-lock Brake System)

자동차 주행 중 제동할 때 타이어의 고착 현상을 미연에 방지하여 노면에 달라붙는 힘을 유지하므로 사전에 사고의 위험성을 감소시키는 예방 안전장치를 말한다.

① ABS의 특징
  ㉠ 바퀴의 미끄러짐이 없는 제동 효과를 얻을 수 있다.
  ㉡ 자동차의 방향 안정성, 조종성능을 확보해 준다.
  ㉢ 앞바퀴의 고착에 의한 조향 능력 상실을 방지한다.
  ㉣ 노면이 비에 젖더라도 우수한 제동효과를 얻을 수 있다.

(3) 감속 브레이크

감속 브레이크는 풋 브레이크의 보조로 사용되는 브레이크로 자동차가 고속화 및 대형화함에 따라 풋 브레이크를 자주 사용하는 것은 베이퍼 록이나 페이드 현상이 발생할 가능성이 높아져 안전한 운전을 할 수 없게 됨에 따라 개발된 것을 말한다.

① 감속 브레이크의 종류
  ㉠ 엔진 브레이크 : 엔진의 회전 저항을 이용한 것으로 언덕길을 내려갈 때 가속 페달을 놓거나, 저속 기어를 사용하면 회전 저항에 의한 제동력이 발생한다.
  ㉡ 제이크 브레이크 : 엔진 내 피스톤 운동을 억제시키는 브레이크로 일부 피스톤 내부의 연료분사를 차단하고 강제로 배기 밸브를 개방하여 작동이 줄어든 피스톤 운동량만큼 엔진의 출력이 저하되어 제동력이 발생한다.
  ㉢ 배기 브레이크 : 배기관 내에 설치된 밸브를 통해 배기가스 또는 공기를 압축한 후 배기 파이프 내의 압력이 배기 밸브 스프링 장력과 평형이 될 때까지 높게 하여 제동력을 얻는다.
  ㉣ 리타터 브레이크 : 별도의 오일을 사용하고 기어 자체에 작은 터빈(자동변속기) 또는 별도의 리타터용 터빈(수동변속기)이 장착되어 유압을 이용하여 동력이 전달되는 회전방향과 반대로 터빈을 작동시켜 제동력을 발생시키는 브레이크를 말한다.

② 감속 브레이크의 장점

  ㉠ 풋 브레이크를 사용하는 횟수가 줄기 때문에 주행할 때의 안전도가 향상되고, 운전자의 피로를 줄일 수 있다.

  ㉡ 브레이크 슈, 드럼 혹은 타이어의 마모를 줄일 수 있다.

  ㉢ 눈, 비 등으로 인한 타이어 미끄럼을 줄일 수 있다.

  ㉣ 클러치 사용횟수가 줄게 됨에 따라 클러치 관련 부품의 마모가 감소한다.

  ㉤ 브레이크가 작동할 때 이상 소음을 내지 않으므로 승객에게 불쾌감을 주지 않는다.

실전 연습문제

1 다음 중 동력전달장치가 아닌 것은?

① 엔진
② 클러치
③ 변속기
④ 타이어

●Advice 동력전달장치는 동력발생장치(엔진)에서 발생한 동력을 주행상황에 맞는 적절한 상태로 변화를 주어 바퀴에 전달하는 장치이다.

2 다음에 설명하고 있는 장치는?

> 엔진의 동력을 변속기에 전달하거나 차단하는 역할을 하며, 엔진 시동을 작동시킬 때나 기어를 변속할 때에는 동력을 끊고, 출발할 때에는 엔진의 동력을 서서히 연결하는 일을 한다.

① 클러치
② 변속기
③ 스프링
④ 쇽업소버

●Advice 제시문에서 설명하고 있는 장치는 동력전달장치인 클러치이다.

3 클러치의 구비조건에 대한 설명으로 옳지 않은 것은?

① 냉각이 잘 되어 과열하지 않아야 한다.
② 구조가 복잡하고 다루는 데 전문성을 요해야 한다.
③ 회전부분의 평형이 좋아야 한다.
④ 고장이 적어야 한다.

●Advice ② 클러치는 구조가 간단하고 조작이 쉬워야 한다.

4 클러치가 미끄러질 때의 영향이 아닌 것은?

① 연료소비량이 감소한다.
② 엔진이 과열한다.
③ 등판능력이 감소한다.
④ 증속이 잘 되지 않는다.

●Advice ① 연료소비량이 증가한다.

5 다음 중 클러치가 미끄러지는 원인으로 가장 옳지 않은 것은?

① 클러치 디스크에 오일이 묻어 있다.
② 클러치 디스크의 흔들림이 크다.
③ 클러치 디스크의 마멸이 심하다.
④ 클러치 스프링의 장력이 약하다.

●Advice ② 클러치 차단이 잘 안 되는 원인에 해당하는 내용이다.

정답 ▶ 1.① 2.① 3.② 4.① 5.②

6 다음 그림에서 변속기 입력축은 어디인가?

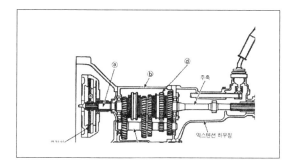

① ⓐ   ② ⓑ
③ ⓒ   ④ ⓓ

●Advice ⓐ 변속기 입력축
ⓑ 변속기 케이스
ⓒ 부축
ⓓ 주축기어

7 다음 중 변속기의 구비조건으로 옳지 않은 것은?

① 동력전달 효율이 좋아야 한다.
② 조작이 쉽고, 신속 · 확실하며 작동 시 소음이 적어야 한다.
③ 비연속적으로 또는 수동적으로 변속이 되어야 한다.
④ 가볍고, 단단하며, 다루기 쉬워야 한다.

●Advice ③ 변속기는 연속적으로 또는 자동적으로 변속이 되어 야 한다.

8 다음 중 자동변속기의 장단점으로 틀린 것은?

① 발진과 가 · 감속이 원활하여 승차감이 좋다.
② 조작 미숙으로 인한 시동 꺼짐이 많다.
③ 차를 밀거나 끌어서 시동을 걸 수 없다.
④ 유체에 의한 동력손실이 있다.

●Advice 자동변속기의 장단점
㉠ 장점
• 기어변속이 자동으로 이루어져 운전이 편리하다.
• 발진과 가 · 감속이 원활하여 승차감이 좋다.
• 조작 미숙으로 인한 시동 꺼짐이 없다.
• 유체가 댐퍼 역할을 하기 때문에 충격이나 진동이 적다.
㉡ 단점
• 구조가 복잡하고 가격이 비싸다.
• 차를 밀거나 끌어서 시동을 걸 수 없다.
• 유체에 의한 동력손실이 있다.

9 가속 페달에서 발을 떼면 특정 속도로 떨어질 때까지 연료공급이 차단되는 현상은?

① 퓨얼 컷
② 완충 컷
③ 클러치 컷
④ 브레이크 컷

●Advice 가속 페달에서 발을 떼면 특정 속도로 떨어질 때까지 연 료공급이 차단되는 현상을 퓨얼 컷(Fuel cut)이라 한다.

정답 ▶ 6.① 7.③ 8.② 9.①

10 다음 내용이 설명하고 있는 타이어는?

> 이것은 자동차의 고속화에 따라 고속주행 중에 펑크 사고 위험에서 운전자와 차를 보호하고자 하는 목적으로 개발된 타이어다.

① 바이어스 타이어
② 스노 타이어
③ 튜브리스 타이어
④ 레디얼 타이어

● Advice ③ 튜브리스 타이어는 튜브를 사용하지 않는 대신 타이어 내면에 공기 투과성이 적은 특수고무(이너라이너)를 붙여 타이어와 림으로부터 공기가 새지 않도록 되어 있고 주행 중에 못에 찔려도 공기가 급격히 빠지지 않는 것이 특징이다.

11 튜브리스 타이어의 장단점으로 옳지 않은 것은?

① 튜브 타이어에 비해 공기압을 유지하는 성능이 좋다.
② 못에 찔리면 공기가 급격히 샌다.
③ 튜브 물림 등 튜브로 인한 고장이 없다.
④ 유리 조각 등에 의해 손상되면 수리하기가 어렵다.

● Advice ② 튜브리스 타이어는 못에 찔려도 공기가 급격히 새지 않는다는 장점이 있다.

12 다음과 같은 특성을 가진 타이어는?

> • 접지면적이 크다.
> • 트레드가 하중에 의한 변형이 적다.
> • 스탠딩웨이브 현상이 잘 일어나지 않는다.
> • 고속으로 주행할 때에는 안전성이 크나 저속 주행 시 조향 핸들이 다소 무겁다.

① 바이어스 타이어
② 레디얼 타이어
③ 스노타이어
④ 튜브리스 타이어

● Advice 레디얼 타이어(radial tire)의 특성
ㄱ 접지면적이 크다.
ㄴ 타이어 수명이 길다.
ㄷ 트레드가 하중에 의한 변형이 적다.
ㄹ 회전할 때에 구심력이 좋다.
ㅁ 스탠딩웨이브 현상이 잘 일어나지 않는다.
ㅂ 고속으로 주행할 때에는 안전성이 크다.
ㅅ 충격을 흡수하는 강도가 적어 승차감이 좋지 않다.
ㅇ 저속으로 주행할 때에는 조향 핸들이 다소 무겁다.

13 완충장치의 주요기능이 아닌 것은?

① 적정한 자동차의 높이를 유지한다.
② 올바른 휠 얼라인먼트를 유지한다.
③ 타이어의 접지상태를 유지한다.
④ 조향핸들에 복원성을 부여한다.

● Advice ④ 조향핸들에 복원성을 부여하는 것은 휠 얼라인먼트의 역할이다.

정답 ▶ 10.③ 11.② 12.② 13.④

14 스탠딩 웨이브 현상과 수막 현상에 대한 설명으로 옳지 않은 것은?

① 스탠딩 웨이브 현상은 자동차가 고속으로 주행하여 타이어의 회전속도가 빨라지면 접지부에서 받은 타이어의 변형이 다음 접지 시점까지도 복원되지 않고 접지의 뒤쪽에서 진동의 물결이 일어나는 현상이다.

② 스탠딩 웨이브 현상은 일반구조의 승용차용 타이어의 경우 대략 80km/h 전후의 주행속도에서 발생한다.

③ 수막 현상은 자동차가 물이 고인 노면을 고속으로 주행할 때 타이어의 용철용 무늬 사이에 있는 물을 배수하는 기능이 감소되어 물의 저항에 의해 노면으로부터 떠올라 물 위를 미끄러지듯이 되는 현상이다.

④ 수막 현상은 자독차 속도의 두 배 그리고 유체 밀도에 비례한다.

15 아래의 내용을 읽고 괄호 안에 들어갈 말로 가장 적절한 것을 고르면?

> 바이어스 타이어의 카커스는 1플라이씩 서로 번갈아 가면서 코드의 각도가 다른 방향으로 엇갈려 있어 코드가 교차하는 각도는 지면에 닿는 부분에서 원주방향에 대해 (   )전후로 되어 있다.

① 10도   ② 20도

③ 30도   ④ 40도

16 다음 중 스노 타이어에 관한 내용으로 바르지 않은 것은?

① 눈길에서 미끄러짐이 적게 주행할 수 있도록 제작된 타이어로 바퀴가 고정되면 제동거리가 길어진다.

② 트레드 부가 30% 이상 마멸되면 제 기능을 발휘하지 못한다.

③ 스핀을 일으키면 견인력이 감소하므로 출발을 천천히 해야 한다.

④ 구동 바퀴에 걸리는 하중을 크게 해야 한다.

정답 ▶ 14.② 15.④ 16.②

17 다음 중 판 스프링에 대한 설명은?

① 적당히 구부린 띠 모양의 스프링 강을 몇 장 겹쳐 그 중심에서 볼트로 조인 것을 말한다.

② 스프링 강을 코일 모양으로 감아서 제작한 것으로 외부의 힘을 받으면 비틀려진다.

③ 비틀었을 때 탄성에 의해 원위치하려는 성질을 이용한 스프링 강의 막대이다.

④ 공기의 탄성을 이용한 스프링으로 다른 스프링에 비해 유연한 탄성을 얻을 수 있고, 노면으로부터의 작은 진동도 흡수할 수 있다.

● Advice ② 코일 스프링
③ 토션바 스프링
④ 공기 스프링

18 다른 스프링에 비해 단위중량당 에너지 흡수율이 가장 크기 때문에 가볍게 할 수 있고 구조도 간단한 스프링은?

① 판 스프링
② 코일 스프링
③ 토션바 스프링
④ 공기 스프링

● Advice 스프링의 힘은 바의 길이와 단면적에 따라 결정되며 코일 스프링과 같이 진동의 감쇠작용이 없어 쇽업소버를 병용해야 된다. 그러나 토션바 스프링은 단위중량당 에너지 흡수율이 다른 스프링에 비해 가장 크기 때문에 가볍게 할 수 있고, 구조도 간단하다.

19 스노 타이어는 트레드 부가 몇 % 이상 마멸되면 제 기능을 발휘하지 못하는가?

① 30%　　　　② 50%
③ 70%　　　　④ 90%

● Advice 스노 타이어는 트레드 부가 50% 이상 마멸되면 제 기능을 발휘하지 못한다.

20 승차감이 우수하여 장거리 주행 자동차 및 대형 버스에 사용되는 스프링은?

① 판 스프링
② 코일 스프링
③ 토션바 스프링
④ 공기 스프링

● Advice 공기 스프링은 공기의 탄성을 이용한 스프링으로 다른 스프링에 비해 유연한 탄성을 얻을 수 있고, 노면으로부터의 작은 진동도 흡수할 수 있다.

21 다음 중 공기 스프링에 대한 설명으로 옳지 않은 것은?

① 노면으로부터의 작은 진동도 흡수할 수 있다.

② 장거리 주행 자동차 및 대형버스에 사용된다.

③ 차량무게의 증감에 따라 차체의 높이가 증감한다.

④ 구조가 복잡하고 제작비가 비싸다.

● Advice ③ 차량무게의 증감에 관계없이 언제나 차체의 높이를 일정하게 유지할 수 있다.

정답 ▶ 17.① 18.③ 19.② 20.④ 21.③

22 다음 중 조향 핸들이 한 쪽으로 쏠리는 원인으로 보기 가장 어려운 것은?

① 앞바퀴의 정렬 상태가 불량하다.
② 타이어의 공기압이 균일하다.
③ 허브 베어링의 마멸이 과다하다.
④ 쇽업 소버의 작동 상태가 불량하다.

● Advice ② 타이어의 공기압이 불균일하다.

23 쇽업소버에 대한 설명으로 옳지 않은 것은?

① 쇽업소버는 움직임을 멈추려고 하지 않는 스프링에 대하여 역 방향으로 힘을 발생시켜 진동의 흡수를 앞당긴다.
② 스프링이 수축하려 하면 쇽업소버는 수축하지 않도록 힘을 발생시킨다.
③ 스프링의 열에너지를 상·하 운동에너지로 변환시켜 준다.
④ 쇽업소버는 노면에서 발생하는 진동에 대해 일정 상태까지 그 진동을 정지시키는 힘인 감쇠력이 좋아야 한다.

● Advice ③ 스프링이 수축하려 하면 쇽업소버는 수축하지 않도록 힘을 발생시키고, 반대로 스프링이 늘어나려고 하면 늘어나지 않도록 하는 힘을 발생시키는 작용을 하므로 스프링의 상·하 운동에너지를 열에너지로 변환시켜 준다.

24 좌·우 바퀴가 동시에 상·하 운동을 할 때에는 작용을 하지 않으나 좌·우 바퀴가 서로 다르게 상·하 운동을 할 때 작용하여 차체의 기울기를 감소시켜 주는 장치는?

① 클러치
② 변속기
③ 쇽업소버
④ 스태빌라이저

● Advice 스태빌라이저는 좌·우 바퀴가 동시에 상·하 운동을 할 때에는 작용을 하지 않으나 좌·우 바퀴가 서로 다르게 상·하 운동을 할 때 작용하여 차체의 기울기를 감소시켜 주는 장치이다.

25 자동차의 진행 방향을 운전자가 의도하는 바에 따라서 임의로 조작할 수 있는 장치를 통틀어 일컫는 용어는?

① 동력전달장치
② 완충장치
③ 조향장치
④ 제동장치

● Advice ③ 조향장치는 자동차의 진행 방향을 운전자가 의도하는 바에 따라서 임의로 조작할 수 있는 장치이며 조향 핸들을 조작하면 조향 기어에 그 회전력이 전달되며 조향 기어에 의해 감속하여 앞바퀴의 방향을 바꿀 수 있도록 되어 있다.

정답 ▶ 22.② 23.③ 24.④ 25.③

26 주행 시에 수막현상이 나타나지 않는 속도(km/h)는 얼마인가?

① 60km/h로 주행시
② 80km/h로 주행시
③ 100km/h로 주행시
④ 120km/h로 주행시

● Advice 60km/h까지 주행할 경우에는 수막현상이 일어나지 않는다.

27 조향 핸들이 무거운 원인으로 가장 거리가 먼 것은?

① 타이어의 공기압이 불균일하다.
② 조향기어의 톱니바퀴가 마모되었다.
③ 앞바퀴의 정렬 상태가 불량하다.
④ 타이어의 마멸이 과다하다.

● Advice ① 타이어의 공기압이 불균일한 것은 조향 핸들이 한쪽으로 쏠리는 원인이 될 수 있다.

28 다음 중 휠 얼라인먼트가 필요한 시기로 가장 거리가 먼 경우는?

① 새 차를 샀을 때
② 사고가 발생한 경우
③ 타이어를 교환한 경우
④ 핸들의 중심이 어긋난 경우

● Advice 휠 얼라인먼트가 필요한 시기
㉠ 자동차 하체가 충격을 받았거나 사고 발생한 경우
㉡ 타이어를 교환한 경우
㉢ 핸들의 중심이 어긋난 경우
㉣ 타이어 편마모가 발생한 경우
㉤ 자동차가 한 쪽으로 쏠림현상이 발생한 경우
㉥ 자동차에서 롤링(좌·우진동)이 발생한 경우
㉦ 핸들이나 자동차의 떨림이 발생한 경우

29 동력조향장치의 장점이 아닌 것은?

① 조향 조작력이 작아도 된다.
② 노면에서 발생한 충격 및 진동을 흡수한다.
③ 기계식에 비해 구조가 단순하고 값이 싸다.
④ 앞바퀴가 펑크 났을 때 조향핸들이 갑자기 꺾이지 않아 위험도가 낮다.

● Advice ③ 동력조향장치는 기계식에 비해 구조가 복잡하고 값이 비싸다.

30 자동차를 앞에서 보았을 때 앞바퀴가 수직선에 대해 어떤 각도를 두고 설치되어 있는 것을 말하는 것은?

① 캠버
② 캐스터
③ 토인
④ 조향축 경사각

● Advice 캠버(camber)
㉠ 자동차를 앞에서 보았을 때 앞바퀴가 수직선에 대해 어떤 각도를 두고 설치되어 있는 것을 말한다.
㉡ 바퀴의 윗부분이 바깥쪽으로 기울어진 상태를 '정의 캠버', 바퀴의 중심선이 수직일 때를 '0의 캠버', 바퀴의 윗부분이 안쪽으로 기울어진 상태를 '부의 캠버'라 한다.

정답 ▶ 26.① 27.① 28.① 29.③ 30.①

31 자동차의 앞바퀴를 옆에서 보았을 때 앞 차축을 고정하는 조향축이 수직선과 어떤 각도를 두고 설치되어 있는 것을 말하는 것은?

① 캠버
② 캐스터
③ 토인
④ 조향축 경사각

● Advice 캐스터(caster)
ㄱ 자동차의 앞바퀴를 옆에서 보았을 때 앞 차축을 고정하는 조향축이 수직선과 어떤 각도를 두고 설치되어 있는 것을 말한다.
ㄴ 조향축 윗부분이 자동차의 뒤쪽으로 기울어진 상태를 '정의 캐스터', 조향축의 중심선이 수직선과 일치된 상태를 '0의 캐스터', 조향축의 윗부분이 앞쪽으로 기울어진 상태를 '부의 캐스터'라 한다.
ㄷ 주행 중 조향바퀴에 방향성을 부여한다. 조향하였을 때에는 직진 방향으로 복원력을 준다.

32 다음을 일컫는 용어는?

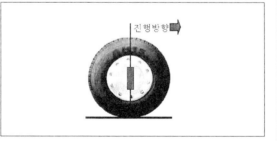

① 0의 캐스터
② 1의 캐스터
③ 정의 캐스터
④ 부의 캐스터

● Advice 조향축 윗부분이 자동차의 뒤쪽으로 기울어진 상태를 '정의 캐스터', 조향축의 중심선이 수직선과 일치된 상태를 '0의 캐스터', 조향축의 윗부분이 앞쪽으로 기울어진 상태를 '부의 캐스터'라 한다.

33 자동차 앞바퀴를 위에서 내려다보면 양쪽 바퀴의 중심선 사이의 거리가 앞쪽이 뒤쪽보다 약간 작게 되어 있는 것을 말하는 것은?

① 캠버
② 캐스터
③ 토인
④ 조향축 경사각

● Advice 토인(toe-in)
ㄱ 자동차 앞바퀴를 위에서 내려다보면 양쪽 바퀴의 중심선 사이의 거리가 앞쪽이 뒤쪽보다 약간 작게 되어 있는 것을 말한다.
ㄴ 토인은 앞바퀴를 평행하게 회전시키며, 앞바퀴가 옆 방향으로 미끄러지는 것과 타이어 마멸을 방지하고 조향 링키지의 마멸에 의해 토아웃(toe-out) 되는 것을 방지한다.

34 주행 시 타이어의 옆면으로 물이 파고들기 시작하여 부분적으로 수막현상을 일으키는 경우는 주행 시 몇 km/h인가?

① 50km/h로 주행 시
② 80km/h로 주행 시
③ 1300km/h로 주행 시
④ 180km/h로 주행 시

● Advice 80km/h로 주행 시 타이어의 옆면으로 물이 파고들기 시작하여 부분적으로 수막현상을 일으킨다.

정답 ▶ 31.② 32.① 33.③ 34.②

35 자동차 주행 중 제동할 때 타이어의 고착 현상을 미연에 방지하여 노면에 달라붙는 힘을 유지하므로 사전에 사고의 위험성을 감소시키는 예방 안전장치인 ABS(Anti-lock Brake System)에 관한 특징으로 바르지 않은 것을 고르면?

① 자동차의 방향 안정성, 조종성능을 확보해 준다.
② 노면이 비에 젖더라도 우수한 제동효과를 얻을 수 있다.
③ 바퀴의 미끄러짐이 없는 제동 효과를 얻을 수 있다.
④ 뒷바퀴의 고착에 의한 조향 능력 상실을 방지한다.

●Advice ④ 앞바퀴의 고착에 의한 조향 능력 상실을 방지한다.

36 엔진으로 공기압축기를 구동하여 발생한 압축공기를 동력원으로 사용하는 방식으로서 버스나 트럭 등 대형 차량에 주로 사용하는 브레이크는?

① 공기식 브레이크
② 유압 배력식 브레이크
③ 전자식 브레이크
④ 케이블식 브레이크

●Advice 공기식 브레이크는 엔진으로 공기압축기를 구동하여 발생한 압축공기를 동력원으로 사용하는 방식으로서 버스나 트럭 등 대형 차량에 주로 사용한다.

37 다음은 무엇에 대한 설명인가?

사이드 멤버에 설치되어 압축된 공기를 저장하며 탱크 내의 공기압력은 $5 \sim 7 kg/cm^2$이다. 안전밸브가 설치되어 탱크 내의 압력이 규정 압력 이상이 되면 자동으로 대기 중에 방출하여 안전을 유지한다.

① 공기압축기
② 공기 탱크
③ 브레이크 밸브
④ 릴레이 밸브

●Advice 제시된 내용은 공기식 브레이크의 구조 중 하나인 공기 탱크에 대한 설명이다.

38 다음 중 제3의 브레이크라고도 하는 감속 브레이크에 해당하지 않는 것은?

① 엔진 브레이크
② 배기 브레이크
③ 하이 브레이크
④ 제이크 브레이크

●Advice ③ 감속 브레이크에는 엔진 브레이크, 제이크 브레이크, 배기 브레이크, 리타터 브레이크 등이 있다.

정답 35.④ 36.① 37.② 38.③

39 공기식 브레이크의 장·단점에 대한 설명으로 잘못된 것은?

① 자동차 중량에 제한을 받는다.
② 베이퍼 록 현상이 발생할 염려가 없다.
③ 페달의 밟는 양에 따라 제동력이 조절된다.
④ 엔진출력을 사용하므로 연료소비량이 많다.

● Advice ① 공기식 브레이크는 자동차 중량에 제한을 받지 않는다.

40 다음 설명에 해당하는 감속 브레이크는?

> 엔진 내 피스톤 운동을 억제시키는 브레이크로 일부 피스톤 내부의 연료 분사를 차단하고 강제로 배기밸브를 개방하여 작동이 줄어든 피스톤 운동량만큼 엔진의 출력이 저하되어 제동력이 발생한다.

① 엔진 브레이크
② 제이크 브레이크
③ 배기 브레이크
④ 리타터 브레이크

● Advice 제시된 설명은 제이크 브레이크에 대한 설명이다.

05 자동차 검사 및 보험 등

01 자동차 검사

(1) 자동차 검사의 필요성

① 자동차 결함으로 인한 교통사고 예방으로 국민의 생명 보호

② 자동차 배출가스로 인한 대기환경 개선

③ 불법 개조 등 안전기준 위반 차량 색출로 운행질서 및 거래질서 확립

④ 자동차보험 미가입 자동차의 교통사고로부터 국민피해 예방

(2) 자동차 종합검사

① 자동차 종합검사 유효기간(자동차 종합검사의 시행 등에 관한 규칙 제9조)

　㉠ 검사 유효기간 계산 방법

　　• 자동차관리법에 따라 신규등록을 하는 경우 : 신규등록일부터 계산

　　• 종합검사 기간 내에 종합검사를 신청하여 적합 판정을 받은 자동차 : 직전 검사 유효기간 마지막 날의 다음 날부터 계산

　　• 종합검사 기간 전 또는 후에 종합검사를 신청하여 적합 판정을 받은 자동차 : 종합검사를 받은 날의 다음 날부터 계산

　　• 재검사결과 적합 판정을 받은 자동차 : 종합검사를 받은 것으로 보는 날의 다음날부터 계산

　㉡ 자동차 소유자가 종합검사를 받아야 하는 기간

　　• 검사 유효기간의 마지막 날(검사 유효기간을 연장하거나 검사를 유예한 경우에는 그 연장 또는 유예된 기간의 마지막 날) 전후 각각 31일 이내로 한다.

• 소유권 변동 또는 사용본거지 변경 등의 사유로 종합검사의 대상이 된 자동차 중 정기검사의 기간 중에 있거나 정기검사의 기간이 지난 자동차는 변경등록을 한 날부터 62일 이내에 종합검사를 받아야 한다.

② 자동차 종합검사 유효기간 연장(자동차 종합검사의 시행 등에 관한 규칙 제10조)

　㉠ 검사 유효기간 연장사유에 해당하는 경우

　　• 전시, 사변 또는 이에 준하는 비상사태로 인하여 관할지역에서 종합검사 업무를 수행할 수 없다고 판단되는 경우

　　• 자동차를 도난당한 경우, 사고 발생으로 인하여 자동차를 장기간 정비할 필요가 있는 경우, 자동차가 압수되어 운행할 수 없는 경우, 면허취소 등으로 인하여 자동차를 운행할 수 없는 경우 및 그 밖에 부득이한 사유로 자동차를 운행할 수 없다고 인정되는 경우

　　• 자동차 소유자가 폐차를 하려는 경우

(3) 튜닝 검사

① 튜닝 검사 신청 서류(자동차관리법 시행규칙 제78조)

　㉠ 말소등록사실증명서

　㉡ 발급받은 튜닝 승인서

　㉢ 튜닝 전, 후의 주요 제원 대비표

　㉣ 튜닝 전·후의 자동차 외관도(외관의 변경이 있는 경우만 해당)

　㉤ 튜닝하려는 구조 및 장치의 설계도

② 튜닝승인은 승인신청 접수일부터 10일 이내에 처리되며, 구조변경승인 신청 시 신청서류의 미비, 기재내용 오류 및 변경내용이 관련 법령에 부적합한 경우 접수가 반려 또는 취소될 수 있다.

(4) 신규 검사

① 신규 검사를 받아야 하는 경우
   ㉠ 여객자동차 운수사업법에 의하여 면허, 등록, 인가 또는 신고가 실효하거나 취소되어 말소한 경우
   ㉡ 자동차를 교육 및 연구목적으로 사용하는 등 대통령령이 정하는 사유에 해당하는 경우
   ㉢ 자동차의 차대번호가 등록원부상의 차대번호와 달라 직권 말소된 자동차
   ㉣ 속임수나 그 밖의 부정한 방법으로 등록되어 말소된 자동차
   ㉤ 수출을 위해 말소한 자동차
   ㉥ 도난당한 자동차를 회수한 경우

02 자동차 보험 및 공제

① 자동차보유자는 자동차의 운행으로 다른 사람이 사망하거나 부상한 경우에 피해자에게 대통령령으로 정하는 금액을 지급할 책임을 지는 책임보험이나 책임공제에 가입하여야 한다.

② 자동차보유자는 책임보험 등에 가입하는 것 외에 자동차의 운행으로 다른 사람의 재물이 멸실되거나 훼손된 경우에 피해자에게 대통령령으로 정하는 금액을 지급할 책임을 지는 보험이나 공제에 가입하여야 한다.

실전 연습문제

1 자동차 검사의 필요성으로 잘못된 것은?

① 자동차 결함으로 인한 교통사고 예방으로 국민의 생명보호
② 자동차 배출가스로 인한 대기환경 개선
③ 불법개조 등 안전기준 위반 차량 색출로 운행질서 및 거래질서 확립
④ 운전자보험 미가입 자동차의 교통사고로부터 국민피해 예방

● Advice ④ 자동차보험 미가입 자동차의 교통사고로부터 국민피해 예방

2 자동차 종합검사 유효기간 계산 방법이 잘못된 것은?

① 자동차관리법에 따라 신규등록을 하는 경우 : 신규등록일부터 계산
② 자동차 종합검사기간 내에 종합검사를 신청하여 적합 판정을 받은 경우 : 직전 검사 유효기간 마지막 날의 다음 날부터 계산
③ 자동차 종합검사기간 전 또는 후에 자동차 종합검사를 신청하여 적합 판정을 받은 경우 : 자동차 종합검사를 받은 날부터 계산
④ 재검사결과 적합 판정을 받은 경우 : 자동차 종합검사를 받은 것으로 보는 날의 다음 날부터 계산

● Advice ③ 자동차 종합검사기간 전 또는 후에 자동차 종합검사를 신청하여 적합 판정을 받은 경우 : 자동차 종합검사를 받은 날의 다음 날부터 계산

3 차령이 2년 초과인 사업용 대형화물자동차 검사 유효기간은?

① 3개월
② 6개월
③ 1년
④ 2년

● Advice

검사 대상		적용 차령(車齡)	검사 유효기간
승용자동차	비사업용	차령이 4년 초과인 자동차	2년
	사업용	차령이 2년 초과인 자동차	1년
경형 · 소형의 승합 및 화물자동차	비사업용	차령이 3년 초과인 자동차	1년
	사업용	차령이 2년 초과인 자동차	1년
사업용 대형화물자동차		차령이 2년 초과인 자동차	6개월
그 밖의 자동차	비사업용	차령이 3년 초과인 자동차	차령 5년까지는 1년, 이후부터는 6개월
	사업용	차령이 2년 초과인 자동차	차령 5년까지는 1년, 이후부터는 6개월

정답 ▶ 1.④ 2.③ 3.②

4 다음 빈칸에 들어갈 내용으로 알맞은 것은?

> 자동차 종합검사 유효기간의 마지막 날(검사 유효기간을 연장하거나 검사를 유예한 경우에는 그 연장 또는 유예된 기간의 마지막 날) 전후 각각 (   ) 이내에 받아야 한다.

① 7일
② 15일
③ 28일
④ 31일

● Advice 자동차 종합검사 유효기간의 마지막 날(검사 유효기간을 연장하거나 검사를 유예한 경우에는 그 연장 또는 유예된 기간의 마지막 날) 전후 각각 31일 이내에 받아야 한다.

5 수입자동차, 일시 말소 후 재등록하고자 하는 자동차 등 신규등록을 하고자 할 때 받는 검사는?

① 신규검사
② 튜닝검사
③ 임시검사
④ 정기검사

● Advice 신규검사는 수입자동차, 일시 말소 후 재등록하고자 하는 자동차 등 신규등록을 하고자 할 때 받는 검사이다.

6 다음 빈칸에 들어갈 내용으로 알맞은 것은?

> 자동차 종합검사 기간 내에 종합검사를 신청한 경우에는 부적합 판정을 받은 날부터 자동차 종합검사 기간 만료 후 (   ) 이내 재검사를 받아야 한다.

① 7일
② 10일
③ 20일
④ 30일

● Advice 자동차 종합검사 기간 내에 종합검사를 신청한 경우에는 부적합 판정을 받은 날부터 자동차 종합검사 기간 만료 후 10일 이내 재검사를 받아야 한다.

7 다음 빈칸에 들어갈 내용으로 알맞은 것은?

> 튜닝검사는 튜닝의 승인을 받은 날부터 (   ) 이내에 교통안전공단 자동차검사소에서 안전기준 적합 여부 및 승인받은 내용대로 변경하였는가에 대하여 검사를 받아야 하는 일련의 행정철차이다.

① 30일
② 35일
③ 40일
④ 45일

● Advice 튜닝검사는 튜닝의 승인을 받은 날부터 45일 이내에 교통안전공단 자동차검사소에서 안전기준 적합 여부 및 승인받은 내용대로 변경하였는가에 대하여 검사를 받아야 하는 일련의 행정철차이다.

정답 4.④ 5.① 6.② 7.④

8 다음 튜닝검사 신청서류에 해당하지 않는 것은?

① 튜닝 하려는 구조·장치의 설계도
② 튜닝승인서
③ 튜닝 전·후의 주요 제원 대비표
④ 피검사자 가족관계증명서

Advice 튜닝검사 신청 서류
  ㉠ 자동차등록증
  ㉡ 튜닝승인서
  ㉢ 튜닝 전·후의 주요 제원 대비표
  ㉣ 튜닝 전·후의 자동차 외관도(외관의 변경이 있는 경우)
  ㉤ 튜닝하려는 구조·장치의 설계도

9 다음 중 임시검사를 받는 경우로 가장 먼 것은?

① 불법튜닝 등에 대한 안전성 확보를 위한 경우
② 사업용 자동차의 차령연장을 위한 경우
③ 자동차 소유자의 신청을 받아 시행하는 경우
④ 도난당한 자동차를 회수한 경우

Advice ④ 도난당한 자동차를 회수한 경우 신규검사를 받아야 한다.

10 튜닝승인은 승인신청 접수일부터 몇일 이내에 처리되는가?

① 15일
② 14일
③ 12일
④ 10일

Advice 튜닝승인은 승인신청 접수일부터 10일 이내에 처리되며, 구조변경승인 신청 시 신청서류의 미비, 기재내용 오류 및 변경내용이 관련법령에 부적합한 경우 접수가 반려 또는 취소될 수 있다.

11 다음 (   )에 들어갈 말로 적절한 것은?

> 튜닝검사는 튜닝의 승인을 받은 날부터 (   )에 한국교통안전공단 자동차검사소에서 안전기준 적합여부 및 승인받은 내용대로 변경하였는가에 대하여 검사를 받아야 하는 일련의 행정절차이다.

① 45일 이내
② 50일 이내
③ 55일 이내
④ 60일 이내

Advice 튜닝검사는 튜닝의 승인을 받은 날부터 45일 이내에 한국교통안전공단 자동차검사소에서 안전기준 적합여부 및 승인받은 내용대로 변경하였는가에 대하여 검사를 받아야 하는 일련의 행정절차이다.

정답 8.④ 9.④ 10.④ 11.①

12 다음 ( )에 들어갈 말로 적절한 것은?

> 자동차 정기검사는 자동차관리법에 따라 종합검사 시행지역 외 지역에 대하여 안전도 분야에 대한 검사를 시행하며, 배출가스검사는 ( )상태에서 배출가스를 측정한다.

① 공회전

② 회전

③ 무시동

④ 시동

● Advice 자동차 정기검사는 자동차관리법에 따라 종합검사 시행 지역 외 지역에 대하여 안전도 분야에 대한 검사를 시행하며, 배출가스검사는 공회전상태에서 배출가스를 측정한다.

13 제조, 수리 또는 수입한 내압용기를 판매하거나 사용하기 전 실시하는 검사는?

① 튜닝검사

② 외압용기검사

③ 내압용기검사

④ 차령검사

● Advice 내압용기검사는 제조·수리 또는 수입한 내압용기를 판매하거나 사용하기 전 실시하는 검사를 말한다.

01 교통사고 요인과 운전자의 자세

01 교통사고의 제요인

① 교통사고의 위험요인은 교통의 구성요인인 인간, 도로환경 그리고 차량의 측면으로 구분할 수 있다.

② 교통사고는 차량 운행 전의 심신상태, 차량 정비요인, 날씨 등에 의한 도로 환경요인, 운전 중의 예측 및 판단 과정 등이 상호작용적으로 시간적으로 연쇄과정을 거치면서 발생한다.

③ 사고 직전 행동이나 상황은 다음 행동과 상황의 원인 및 결과가 되는 연쇄과정을 반복하는데 이 중 가장 기여도가 큰 요인은 인간 요인이다.

④ 인간에 의한 사고원인은 신체요인, 태도요인, 사회환경요인 그리고 운전기술요인으로 나눌 수 있다.

⑤ 신체·생리적 요인은 피로, 음주, 약물, 신경성 질환의 유무 등이 포함된다.

⑥ 사회 환경적 요인은 근무환경, 직업에 대한 만족도, 주행환경에 대한 친숙성 등이 있다.

⑦ 운전기술의 부족은 차로 유지 및 대상의 회피와 같은 두 과제의 처리에 있어 주의를 분할하거나 이를 통합하는 능력 등이 해당된다.

02 버스 교통사고의 주요 유형

① 버스의 길이는 승용차의 2배 정도이고, 무게는 10배 이상이나 된다.

② 버스 주위에 접근하더라도 버스의 운전석에서는 잘 볼 수 없는 부분이 승용차 등에 비해 훨씬 넓다.

③ 버스의 좌우회전 시의 내륜차는 승용차에 비해 훨씬 크다.

④ 버스의 급가속, 급제동은 승객의 안전에 영향을 바로 미친다.

⑤ 버스 운전자는 승객들의 운전방해 행위에 쉽게 주의가 분산된다.

⑥ 버스는 버스정류장에서 승객의 승하차 관련 위험에 노출되어 있다.

03 버스 운전자로서의 기본 자세

① 독일의 Klebelsberg(1975)는 객관적 안전(OS)과 주관적 안전(SS)이라는 용어를 사용하여 운전 중의 위험사태에 대한 판단과 관련한 '자기 능력의 과대평가'와 '위험사태의 과소평가'에 대해서 기술한 바 있다.

② 객관적 안전은 말 그대로 객관적으로 인정되는 안전이고, 주관적 안전은 실제의 안전 정도와 관계없이 운전자 스스로가 특정 상황에 대해 인식하는 안전의 정도이다.

③ 초심자는 주관적 안전이 객관적 안전보다도 낮게 인식되지만, 어느 정도 지나 운전에 대한 자신감을 갖게 되면 오히려 주관적 안전을 실제 객관적 안전의 정도보다 크게 지각함으로써 위험이 증가한다.

④ 버스 운전자는 수많은 승객의 안전을 책임지면서 서비스에 대한 만족도를 높여 주어야 하는 대중교통 서비스의 첨병이라는 사실을 잊지 말고 평생 안전운전을 배워나가는 자세를 유지해야 할 것이다.

실전 연습문제

1 아내와 싸우다 출근이 늦어 과속으로 운전하다가 교통사고가 발생하였다면, 이 사고에 가장 크게 기여한 교통사고 위험요인은?

① 인간요인
② 차량요인
③ 환경요인
④ 단순요인

● Advice 일상적으로 교통사고의 위험요인은 교통의 구성요인인 인간, 도로환경 그리고 차량의 측면으로 구분할 수 있다. 이들 각각이 단일 요인으로 사고에 직접적인 영향을 미치는 경우보다는 정도의 차이가 있을지라도 각 요인이 복합적으로 사고에 기여하는 것이 보통이다.

2 인간에 의한 사고원인 중 피로, 음주, 약물, 신경성 질환의 유무 등이 포함되는 요인은?

① 신체 · 생리적 요인
② 태도요인
③ 사회 환경적 요인
④ 운전기술 부족

● Advice 인간에 의한 사고원인
  ㉠ 신체요인
  ㉡ 태도요인
  ㉢ 사회환경요인
  ㉣ 운전기술요인

3 버스 교통사고에 대한 설명 중 바르지 않은 설명은?

① 버스는 다른 물체와 충돌하더라도 승용차의 10배 이상의 파괴력을 갖는다.
② 버스의 급가속, 급제동은 승객의 안전에 영향을 바로 미친다.
③ 버스는 버스정류장에서 승객의 승하차 관련 위험에 노출되어 있지 않다.
④ 버스의 좌우회전 시의 내륜차는 승용차에 비해 훨씬 크다.

● Advice 버스는 버스정류장에서 승객의 승하차 관련 위험에 노출되어 있다. 노약자의 경우는 승하차시에도 발을 잘못 디뎌 다칠 수가 있다. 연석에서 멀리 정차할 경우 이륜차 등이 옆으로 지나가다가 하차 중인 승객과 사고를 야기하기도 한다.

4 다음 중 버스 사고 빈도 1위의 유형은?

① 눈, 빗길 미끄러짐 사고
② 승하차 시 사고
③ 회전, 급정거 등으로 인한 차내 승객 사고
④ 교차로 신호위반 사고

● Advice 버스 사고 빈도 1위는 회전, 급정거 등으로 인한 차내 승객 사고 유형이다.

정답 ▶ 1.① 2.① 3.③ 4.③

5 다음은 독일의 Klebelsberg가 주장한 객관적 안전과 주관적 안전에 관한 그림이다. 운전경험의 축적에 의한 주관적 안전과 객관적 안전이 균형에 이르는 시점(A)은 주행거리가 얼마를 넘어설 때인가?

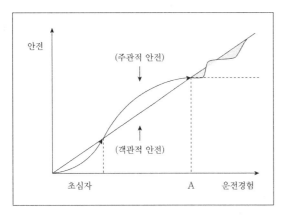

① 약 10,000km
② 약 50,000km
③ 약 100,000km
④ 약 200,000km

Advice Klebelsberg는 대략 개인의 주행거리가 약 10만 km가 넘어서게 되면 운전경험의 축적에 의해 주관적 안전과 객관적 안전이 균형을 이루게 됨으로써 사고 위험은 그만큼 줄어든다고 보았다.

02 운전자 요인과 안전운행

01 목적 및 정의

(1) 정지시력

① 일정 거리에서 일정한 시표를 보고 모양을 확인할 수 있는지를 가지고 측정하는 시력이다.

② 정지시력을 측정하는 대표적인 방법이 란돌트 시표 (Landolt's rings)에 의한 측정이다.

tip 우리나라의 운전면허를 취득하는데 필요한 시력기준

- 제1종 운전면허 : 두 눈을 동시에 뜨고 잰 시력이 0.8 이상이고, 두 눈의 시력이 각각 0.5 이상이어야 한다.
- 제2종 운전면허 : 두 눈을 동시에 뜨고 잰 시력이 0.5이상일 것. 다만, 한쪽 눈을 보지 못하는 사람은 다른 쪽 눈의 시력이 0.6 이상이어야 한다.

(2) 동체시력

① 움직이는 물체 또는 움직이면서 다른 자동차나 사람 등의 물체를 보는 시력을 말한다.

tip 동체시력의 특징

- 동체시력은 물체의 이동속도가 빠를수록 저하된다.
- 동체시력은 정지시력과 어느 정도 비례 관계를 갖는다.
- 동체시력은 조도(밝기)가 낮은 상황에서는 쉽게 저하 되며, 50대 이상에서는 야간에 움직이는 물체를 제대로 식별하지 못하는 것이 주요 사고 요인으로도 작용한다.

(3) 시야와 깊이지각

① 시야는 눈의 위치를 바꾸지 않고도 볼 수 있는 좌우의 범위이다.

② 정지상태에서의 시야는 정상인의 경우 한쪽 눈 기준 대략 160° 정도이며, 양안 시야는 보통 약 180°~200° 정도이다.

③ WHO에서 운전에 요구되는 최소한의 기준으로 한 쪽 눈 시야가 140° 이상 될 것을 권고하고 있다.

tip 깊이지각

깊이지각은 양안 또는 단안 단서를 이용하여 물체의 거리를 효과적으로 판단하는 능력을 말한다.

(4) 야간시력

tip 야간시력과 관련지어 지적되는 주요 현상

- 현혹현상 : 운행 중 갑자기 빛이 눈에 비치면 순간적으로 장애물을 볼 수 없는 현상으로 마주 오는 차량의 전조등 불빛을 직접 보았을 때 순간적으로 시력이 상실되는 현상을 말한다.
- 증발현상 : 야간에 대향차의 전조등 눈부심으로 인해 순간적으로 보행자를 잘 볼 수 없게 되는 현상으로 보행자가 교차하는 차량의 불빛 중간에 있게 되면 운전자가 순간적으로 보행자를 전혀 보지 못하는 현상을 말한다.

02 심신상태와 운전

(1) 감정과 운전

tip 감정이 운전에 미치는 영향

부주의와 집중력 저하, 정보 처리 능력의 저하

(2) 피로와 졸음운전

① 피로가 운전에 미치는 영향

구분		피로현상	운전과정에 미치는 영향
정신적	주의력	• 주의가 산만해진다. • 집중력이 저하된다.	교통표지를 간과하거나, 보행자를 알아보지 못한다.
	사고력, 판단력	• 정신활동이 둔화된다. • 사고 및 판단력이 저하된다.	긴급 상황에 필요한 조치를 제대로 하지 못한다.
	지구력	긴장이나 주의력이 감소한다.	운전에 필요한 몸과 마음상태를 유지할 수 없다.
	감정조절능력	사소한 일에도 필요 이상의 신경질적인 반응을 보인다.	• 사소한 일에도 당황하며, 판단을 잘못하기 쉽다. • 준법정신의 결여로 법규를 위반하게 된다.
	의지력	자발적인 행동이 감소한다.	• 당연히 해야 할 일을 태만하게 된다. • 방향지시등을 작동하지 않고 회전하게 된다.
신체적	감각능력	빛에 민감하고, 작은 소음에도 과민반응을 보인다.	교통신호를 잘못보거나 위험신호를 제대로 파악하지 못한다.
	운동능력	손 또는 눈꺼풀이 떨리고, 근육이 경직된다.	필요할 때에 손과 발이 제대로 움직이지 못해 신속성이 결여된다.
	졸음	시계변화가 없는 단조로운 도로를 운행하면 졸게 된다.	평상시보다 운전능력이 현저히 저하되고, 심하면 졸음운전을 하게 된다.

② 운전 중 피로를 푸는 법

㉠ 차 안에는 항상 신선한 공기가 충분히 유입되도록 한다.

㉡ 태양 빛이 강하거나 눈의 반사가 심할 때는 선글라스를 착용한다.

㉢ 지루하게 느껴지거나 졸음이 올 때는 라디오를 틀거나, 노래 부르기, 휘파람 불기 또는 혼자 소리 내어 말하기 등의 방법을 써 본다.

㉣ 정기적으로 차를 멈추어 차에서 나와, 몇 분 동안 산책을 하거나 가벼운 체조를 한다.

㉤ 운전 중에 계속 피곤함을 느끼게 된다면, 운전을 지속하기보다는 차를 멈추는 편이 낫다.

(3) 음주와 약물 운전의 회피

① 술에 대한 잘못된 상식

㉠ 운동을 하거나 사우나를 하는 것, 그리고 커피를 마시면 술이 빨리 깬다.

㉡ 알코올은 음식이나 음료일 뿐이다.

㉢ 술을 마시면 생각이 더 명료해진다.

㉣ 술 마시면 얼굴이 빨개지는 사람은 건강하기 때문이다.

㉤ 술 마실 때는 담배 맛이 좋다.

㉥ 간이 튼튼하면 아무리 술을 마셔도 괜찮다.

② 혈중알코올농도에 따른 행동적 증후

마신 양	혈중알코올농도(%)	취한 상태	취하는 기간 구분
2잔	0.02~0.04	• 기분이 상쾌해짐 • 피부가 빨갛게 됨 • 쾌활해짐 • 판단력이 조금 흐려짐	초기
3잔~5잔	0.05~0.10	• 얼큰히 취한 기분 • 압박에서 탈피하여 정신 이완 • 체온상승 • 맥박이 빨라짐	중기, 손상 가능기
6잔~7잔	0.11~0.15	• 마음이 관대해짐 • 상당히 큰소리를 냄 • 화를 자주 냄 • 서면 휘청거림	완취기
8잔~14잔	0.16~0.30	• 갈지자걸음 • 같은 말을 반복해서 함 • 호흡이 빨라짐 • 매스꺼움을 느낌	구토, 만취기

15 ~20잔	0.31~0.40	• 똑바로 서지 못함 • 같은 말을 반복해서 함 • 말할 때 갈피를 잡지 못함	혼수 상태
21잔 이상	0.41~0.50	• 흔들어도 일어나지 않음 • 대소변을 무의식중에 함 • 호흡을 천천히 깊게 함	사망 가능

③ 알코올이 운전에 끼치는 부정적인 영향
  ㉠ 심리–운동 협응능력 저하
  ㉡ 시력의 지각능력 저하
  ㉢ 주의 집중능력 감소
  ㉣ 정보 처리능력 둔화
  ㉤ 판단능력 감소
  ㉥ 차선을 지키는 능력 감소

④ 음주운전이 위험한 이유
  ㉠ 발견지연으로 인한 사고 위험 증가
  ㉡ 운전에 대한 통제력 약화로 과잉조작에 의한 사고 증가
  ㉢ 시력 저하와 졸음 등으로 인한 사고의 증가
  ㉣ 2차 사고 유발
  ㉤ 사고의 대형화
  ㉥ 마신 양에 따른 사고 위험도의 지속적 증가

⑤ 음주운전 차량의 증후
  ㉠ 경찰관이 정차 명령을 하였을 때 제대로 정차하지 못하거나 급정차하는 자동차
  ㉡ 단속현장을 보고 멈칫하거나 눈치를 보는 자동차
  ㉢ 야간에 아주 천천히 달리는 자동차
  ㉣ 깜깜한 밤에 미등만 켜고 주행하는 자동차
  ㉤ 기어를 바꿀 때 기어 소리가 심한 자동차
  ㉥ 전조등이 미세하게 좌, 우로 왔다 갔다 하는 자동차
  ㉦ 앞차의 뒤를 너무 가까이 따라가는 차량
  ㉧ 과도하게 넓은 반경으로 회전하는 차량
  ㉨ 2개 차로에 걸쳐서 운전하는 차량
  ㉩ 신호에 대한 반응이 과도하게 지연되는 차량
  ㉪ 운전행위와 반대되는 방향지시등을 조작하는 차량
  ㉫ 지그재그 운전을 수시로 하는 차량
  ㉬ 교통신호나 안전표지와 다른 반응을 보이는 차량

03 교통약자 등과의 도로 공유

(1) 보행자

① 보행자 보호의 주요 주의사항
  ㉠ 시야가 차단된 상황에서 나타나는 보행자를 특히 조심한다.
  ㉡ 차량 신호가 녹색이라도 완전히 비워있는지를 확인하지 않은 상태에서 횡단보도에 들어가서는 안 된다.
  ㉢ 신호에 따라 횡단하는 보행자의 앞뒤에서 그들을 압박하거나 재촉해서는 안 된다.
  ㉣ 회전할 때는 언제나 회전 방향의 도로를 건너는 보행자가 있을 수 있음을 유의한다.
  ㉤ 어린이보호구역 내에서는 특별히 주의한다.
  ㉥ 주거지역 내에서는 어린이의 존재 여부를 주의 깊게 관찰한다.
  ㉦ 맹인이나 장애인에게는 우선적으로 양보를 한다.

(2) 고령운전자와 안전운전

① 고령운전자의 특성
  ㉠ 시각적 특성 : 식별능력의 저하, 대비(對比)감도 감소, 조도 순응 및 색채지각 능력의 감소
  ㉡ 청각적 특성 : 청각능력은 인간의 가장 원초적인 감각 능력으로 인지반응시간을 가능한 짧게 하며, 인지한 정보에 반응하는 기능을 유지하게 한다. 청각은 시·지각과 독립적으로 작용하지 않으므로 청각기능이 약화되면 지각기능도 저하된다. 고령화와 함께 가장 빈번하게 수반되는 것이 청각기능의 상실 또는 약화 현상이다.

(3) 자전거와 이륜자동차

① 자전거, 이륜차에 대해서는 차로 내에서 점유할 공간을 내 주어야 한다.
② 자전거, 이륜차를 앞지를 때는 특별히 주의한다.
③ 교차로에서는 특별히 자전거나 이륜차가 있는지를 잘 살핀다.

④ 길가에 주정차를 하려고 하거나 주·정차 상태에서 출발하려고 할 때는 특별히 자전거, 이륜차의 접근 여부에 주의를 한다.

⑤ 이륜차나 자전거의 갑작스런 움직임에 대해 예측한다.

⑥ 야간에 가장자리 차로로 주행할 때는 자전거의 주행 여부에 주의한다.

(4) 대형자동차

① 다른 차와는 충분한 안전거리를 유지한다.

② 승용차 등이 대형차의 사각지점에 들어오지 않도록 주의한다.

③ 앞지를 때는 충분한 공간 간격을 유지한다.

④ 대형차로 회전할 때는 회전할 수 있는 충분한 공간 간격을 확보한다.

04 사업용 자동차 위험운전행태 분석

(1) 운행기록분석시스템 분석항목

① 자동차의 운행경로에 대한 궤적의 표기

② 운전자별·시간대별 운행속도 및 주행거리의 비교

③ 진로변경 횟수와 사고위험도 측정, 과속·급가속·급감속·급출발·급정지의 위험운전행동 분석

④ 그 밖에 자동차의 운행 및 사고발생 상황의 확인

(2) 운행기록분석결과의 활용

① 자동차의 운행관리

② 운전자에 대한 교육·훈련

③ 운전자의 운전습관 교정

④ 운송사업자의 교통안전관리 개선

⑤ 교통수단 및 운행체계의 개선

⑥ 교통행정기관의 운행계통 및 운행경로 개선

⑦ 그 밖에 사업용 자동차의 교통사고 예방을 위한 교통안전정책의 수립

(3) 사업용 자동차 운전자 위험운전 행태분석

① 위험운전 행동기준(11대 위험운전행동)

위험운전행동		정의	버스 기준
과속유형	과속	도로제한속도보다 20km/h 초과 운행한 경우	도로 제한속도 보다 20km/h 초과 운행한 경우
	장기과속	도로 제한속도보다 20km/h 초과해서 3분 이상 운행한 경우	도로 제한속도보다 20km/h 초과해서 3분 이상 운행한 경우
급가속유형	급가속	초당 11km/h 이상 가속 운행한 경우	6.0km/h 이상 속도에서 초당 6km/h 이상 가속 운행하는 경우
	급출발	정지상태에서 출발하여 초당 11km/h 이상 가속 운행한 경우	5.0km/h 이하에서 출발하여 초당 8km/h 이상 가속운행하는 경우
급감속유형	급감속	초당 7.5km/h이상 감속 운행한 경우	초당 9km/h이상 감속 운행하고 속도가 6.0km/h이상인 경우
	급정지	초당 7.5km/h 이상 감속하여 속도가 "0"이 된 경우	초당 9km/h 이상 감속하여 속도가 5.0km/h 이하가 된 경우
급차로변경유형 (초당회전각)	급진로변경 (15~30°)	속도가 30km/h 이상에서 진행방향이 좌/우측(15~30°)으로 차로를 변경하며가, 감속(초-5km/h~+5km/h) 하는 경우	속도가 30km/h 이상에서 진행방향이 좌/우측 8°sec 이상으로 차로변경하고, 5초 동안 누적각도가 ±2°/sec 이하, 가감속이 초당 ±2km/h 이하인 경우
	급앞지르기 (30~60°)	초당 11km/h 이상 가속하면서 진행방향이 좌/우측(30~60°)으로 차로를 변경하며 앞지르기한 경우	속도가 30km/h 이상에서 진행방향이 좌/우측 8°sec 이상으로 차로변경하고, 5초 동안 누적각도가 ±2°/sec 이하, 가속이 초당 3km/h 이상인 경우

급회전 유형 (누전 회전각)	급좌우 회전 (60~120°)	속도가 15km/h 이상이고, 2초 안에 좌측(60~120° 범위)으로 급회전한 경우	속도가 25km/h 이상이고, 4초 안에 좌/우측(누적회전각이 60~120° 범위)로 급회전하는 경우
	급U턴 (160~180°)	속도가 15km/h 이상이고, 3초 안에 좌/우측(160~180° 범위)으로 급하게 U턴한 경우	속도가 20km/h 이상이고, 8초 안에 좌측 또는 우측(160~180° 범위)으로 운행한 경우
연속운전		운행시간이 4시간 이상 운행 10분 이하 휴식일 경우 ※ 11대 위험운전행동에 포함되지 않음	

실전 연습문제

1 운전능력에 영향을 미치는 감각들 중에서 가장 중요한 감각은?

① 시각　　　　② 청각

③ 미각　　　　④ 촉각

> ●Advice 시각(시력)은 운전능력에 영향을 미치는 감각들 중에서 가장 중요하다.

2 일정한 거리에서 일정한 시표를 보고 모양을 확인할 수 있는지를 가지고 측정하는 시력은?

① 정지시력　　　② 동체시력

③ 시야　　　　④ 야간시력

> ●Advice 시력은 물체의 모양이나 위치를 분별하는 눈의 능력으로, 흔히 정지시력은 일정 거리에서 일정한 시표를 보고 모양을 확인할 수 있는지를 가지고 측정하는 시력이다.

3 우리나라 제1종 운전면허를 취득하는 데 필요한 시력기준은?

① 두 눈을 동시에 뜨고 잰 시력이 1.0 이상이고, 두 눈의 시력이 각각 0.8 이상이어야 한다.

② 두 눈을 동시에 뜨고 잰 시력이 1.0 이상이고, 두 눈의 시력이 각각 0.5 이상이어야 한다.

③ 두 눈을 동시에 뜨고 잰 시력이 0.8 이상이고, 두 눈의 시력이 각각 0.5 이상이어야 한다.

④ 두 눈을 동시에 뜨고 잰 시력이 0.8 이상이고, 두 눈의 시력이 각각 0.3 이상이어야 한다.

> ●Advice 우리나라 제1종 운전면허를 취득하기 위해서는 두 눈을 동시에 뜨고 잰 시력이 0.8 이상이고, 두 눈의 시력이 각각 0.5 이상이어야 한다.

4 다음 빈칸에 들어갈 내용이 바르게 연결된 것은?

> 우리나라 제2종 운전면허를 취득하는 데 필요한 시력기준은 두 눈을 동시에 뜨고 잰 시력이 (　) 이상이어야 한다. 다만, 한쪽 눈을 보지 못하는 사람은 다른 쪽 눈의 시력이 (　) 이상이어야 한다.

① 0.5 − 1.0

② 0.5 − 0.8

③ 0.5 − 0.7

④ 0.5 − 0.6

> ●Advice 우리나라 제2종 운전면허를 취득하는 데 필요한 시력기준은 두 눈을 동시에 뜨고 잰 시력이 0.5 이상이어야 한다. 다만, 한쪽 눈을 보지 못하는 사람은 다른 쪽 눈의 시력이 0.6 이상이어야 한다.

정답 ▶ 1.① 2.① 3.③ 4.④

5 다음은 동체시력의 특성에 관한 설명이다. 이 중 옳지 않은 것은?

① 동체시력은 물체의 이동속도가 빠를수록 저하된다.

② 동체시력은 정지시력과 어느 정도 비례 관계를 갖는다.

③ 동체시력은 조도(밝기)가 높은 상황에서는 쉽게 저하된다.

④ 50대 이상에서는 야간에 움직이는 물체를 제대로 식별하지 못하는 것이 주요 사고 요인으로도 작용한다.

● Advice ③ 동체시력은 조도(밝기)가 낮은 상황에서는 쉽게 저하된다.

6 인간이 전방의 어떤 사물을 주시할 때, 그 사물을 분명하게 볼 수 있게 하는 눈의 영역을 무엇이라고 하는가?

① 주변시 ② 중심시

③ 시작시 ④ 마무리시

● Advice 인간이 전방의 어떤 사물을 주시할 때, 그 사물을 분명하게 볼 수 있게 하는 눈의 영역을 중심시라고 한다.

7 정지 상태에서 정상인의 한쪽 눈 기준 시야는?

① 90° ② 120°

③ 160° ④ 180°

● Advice 정지 상태에서 정상인의 경우 한쪽 눈 기준 시야는 대략 160° 정도이다.

8 중심시와 주변시를 포함해서 주위의 물체를 확인할 수 있는 범위는?

① 정지시력

② 동체시력

③ 시야

④ 야간시력

● Advice 시야란 중심시와 주변시를 포함해서 주위의 물체를 확인할 수 있는 범위로, 눈의 위치를 바꾸지 않고도 볼 수 있는 좌우의 범위이다.

9 정지 상태에서 정상인의 양안 시야는?

① 120°~140°

② 140°~160°

③ 160°~180°

④ 180°~200°

● Advice 정지 상태에서 정상인의 양안 시야는 보통 약 180°~200° 정도이다.

10 WHO에서 운전에 요구되는 최소한의 기준으로 권고하고 있는 한쪽 눈의 시야는?

① 120° 이상

② 140° 이상

③ 160° 이상

④ 180° 이상

● Advice WHO에서 운전에 요구되는 최소한의 기준으로 한쪽 눈 시야가 140° 이상 될 것을 권고하고 있다.

정답 ▶ 5.③ 6.② 7.③ 8.③ 9.④ 10.②

11 양안 또는 단안 단서를 이용하여 물체의 거리를 효과적으로 판단하는 능력은?

① 깊이지각   ② 넓이지각

③ 거리지각   ③ 속도지각

● Advice 깊이지각은 양안 또는 단안 단서를 이용하여 물체의 거리를 효과적으로 판단하는 능력으로 흔히 입체시라고도 부른다.

12 운전자의 시각기능을 섬광을 마주하기 전 단계로 되돌리는 신속성의 정도로 야간시력의 중요요소는?

① 시력복구력

② 시력회복력

③ 섬광복구력

④ 섬광회복력

● Advice 섬광은 시각이미지 상에 덧씌워진 장막을 형성하기 때문에 시각의 장애요소이다. 섬광회복력은 운전자의 시각기능을 섬광을 마주하기 전 단계로 되돌리는 신속성 정도로, 섬광회복력이 느린 사람은 빠른 사람에 비해 도로선형이나 보행자 횡단 등을 감지하는 데 많은 시간을 요하게 된다.

13 좌우로 움직이는 물체 등을 인식할 수 있게 하는 눈의 영역을 무엇이라고 하는가?

① 마무리시

② 순간시

③ 중심시

④ 주변시

● Advice 좌우로 움직이는 물체 등을 인식할 수 있게 하는 눈의 영역을 주변시라고 한다.

14 다음 피로가 운전에 미치는 영향 중 사소한 일에도 당황하며, 판단을 잘못하기 쉬운 것은 어떠한 피로현상 때문인가?

① 운동능력

② 감정조절 능력

③ 주의력

④ 지구력

● Advice ② 사소한 일에도 필요 이상의 신경질적인 반응을 보이는 것은 감정조절 능력으로 인한 현상으로 이러한 경우 준법정신의 결여로 인해 법규를 위반하게 된다.

15 다음에서 설명하고 있는 현상은?

> 야간에 대향차의 전조등 눈부심으로 인해 순간적으로 보행자를 잘 볼 수 없게 되는 현상

① 현혹현상

② 증발현상

③ 착시현상

④ 실종현상

● Advice 증발현상 … 야간에 대향차의 전조등 눈부심으로 인해 순간적으로 보행자를 잘 볼 수 없게 되는 현상으로 보행자가 교차하는 차량의 불빛 중간에 있게 되면 운전자가 순간적으로 보행자를 전혀 보지 못하는 현상을 말한다.

16 운전 중의 스트레스와 흥분을 최소화하는 방법으로 옳지 않은 것은?

① 사전에 주행 계획을 세우고 여유 있게 출발한다.
② 타운전자의 실수를 예상하고 받아들일 필요가 있다.
③ 자신이 의기소침하거나 화가 난 것을 부정한다.
④ 기분이 나쁘거나 우울한 상태에서는 운전을 피한다.

●Advice ③ 운전하기 전에 흥분을 가라앉히는 첫 단계는 자신이 의기소침하거나 화가 난 것을 스스로가 인정하는 것이다. 스스로의 상태를 인정한다면 감정은 점차 진정된다.

17 피로가 운전에 미치는 신체적 영향이 아닌 것은?

① 당연히 해야 할 일을 태만하게 된다.
② 교통신호를 잘못보거나 위험신호를 제대로 파악하지 못한다.
③ 필요할 때에 손과 발이 제대로 움직이지 못해 신속성이 결여된다.
④ 평상시보다 운전능력이 현저하게 저하되고 심하면 졸음운전을 하게 된다.

●Advice ① 피로가 운전에 미치는 정신적 영향이다.

18 다음 중 정신적 피로현상에 해당하지 않는 것은?

① 감각능력   ② 지구력
③ 의지력   ④ 주의력

●Advice ① 신체적 피로현상에 해당한다.

19 알코올이 운전에 미치는 영향으로 옳지 않은 것은?

① 심리-운동 협응능력 상승
② 시력의 지각능력 저하
③ 판단능력 감소
④ 정보 처리능력 둔화

●Advice 알코올이 운전에 미치는 영향
㉠ 심리-운동 협응능력 저하
㉡ 시력의 지각능력 저하
㉢ 주의 집중능력 감소
㉣ 정보 처리능력 둔화
㉤ 판단능력 감소
㉥ 차선을 지키는 능력 감소

20 음주운전이 위험한 이유가 아닌 것은?

① 발견지연으로 인한 사고 위험 증가
② 2차 사고 유발
③ 사고의 소형화
④ 마신 양에 따른 사고 위험도의 지속적 증가

●Advice ③ 음주운전은 다른 법규위반으로 인한 사고에 비해 사망에 이를 가능성이 매우 높은 대형사고로 연결된다.

21 빛을 적게 받아들여 어두운 부분까지 볼 수 있게 하는 과정을 무엇이라고 하는가?

① 명순응   ② 암순응
③ 시순응   ④ 광순응

●Advice 운전자가 눈에 들어오는 불빛을 직접 보는지의 여부에 관계없이 운전자 눈의 동공은 밝은 빛에 맞추어 좁아진다. 이렇게 빛을 적게 받아들여 어두운 부분까지 볼 수 있게 하는 과정을 명순응이라고 한다.

정답 ▶ 16.③ 17.① 18.① 19.① 20.③ 21.①

22 고령운전자의 특성으로 잘못 설명된 것은?

① 사물과 사물을 구별하는 대비능력이 저하된다.

② 광선 혹은 섬광에 대한 민감성이 감소한다.

③ 핸들조작이나 브레이크 및 가속페달을 밟는 행위에 정확도가 떨어질 확률이 높다.

④ 선택적 주의력과 다중적 주의력이 급격히 감소한다.

● Advice ② 광선 혹은 섬광에 대한 민감성이 <u>증가한다</u>.

24 운행 중 갑자기 빛이 눈에 비치면 순간적으로 장애물을 볼 수 없는 현상으로 마주 오는 차량의 전조등 불빛을 직접 보았을 때 순간적으로 시력이 상실되는 현상은?

① 현혹현상　　　　② 상황현상

③ 증발현상　　　　④ 중심현상

● Advice 현혹현상은 운행 중 갑자기 빛이 눈에 비치면 순간적으로 장애물을 볼 수 없는 현상으로 마주 오는 차량의 전조등 불빛을 직접 보았을 때 순간적으로 시력이 상실되는 현상을 말한다.

23 다음 중 졸음운전이 기본적 증후에 해당하지 않는 것은?

① 하품이 자주 난다.

② 순간적으로 차도에서 갓길로 벗어나가거나 거의 사고 직전에 이르기도 한다.

③ 눈이 스르르 감기지는 않으나 후방을 제대로 주시할 수 없어진다.

④ 머리를 똑바로 유지하기가 힘들어진다.

● Advice ③ 눈이 스르르 감기거나 전방을 제대로 주시할 수 없어진다.

25 대형 버스나 트럭 운전에 대한 설명으로 잘못된 것은?

① 크면 클수록 운전자들이 볼 수 없는 곳이 줄어든다.

② 크면 클수록 정지하는 데 더 많은 시간이 걸린다.

③ 크면 클수록 움직이는 데 점유하는 공간이 늘어난다.

④ 크면 클수록 다른 차를 앞지르는 데 걸리는 시간이 길어진다.

● Advice ① 대형버스나 트럭은 크면 클수록 운전자들이 볼 수 없는 곳(사각)이 늘어난다.

정답 ▶ 22.② 23.③ 24.① 25.①

03 자동차요인과 안전운행

01 자동차의 물리적 현상

(1) 원심력

차가 길모퉁이나 커브를 돌 때에 핸들을 돌리면 주행하던 차로나 도로를 벗어나려는 힘이 작용하게 되고, 이러한 힘이 노면과 타이어 사이에서 발생하는 마찰저항보다 커지면 차는 옆으로 미끄러져 차로나 도로를 벗어나게 될 위험이 증가한다.

(2) 스탠딩 웨이브 현상(Standing wave)

고속으로 주행할 때에는 타이어의 회전속도가 빨라지면 접지면에서 발생한 타이어의 변형이 다음 접지 시점까지 복원되지 않고 진동의 물결로 남게 되는 현상을 스탠딩 웨이브라 한다.

> **tip 스탠딩 웨이브 현상 예방**
>
> - 주행 중인 속도를 줄인다.
> - 타이어 공기압을 평소보다 높인다.
> - 과다 마모된 타이어나 재생타이어를 사용하지 않는다.

(3) 수막현상(Hydroplaning)

자동차가 물이 고인 노면을 고속으로 주행할 때 타이어의 트레드 홈 사이에 있는 물을 헤치는 기능이 감소되어 노면 접지력을 상실하게 되는 현상으로 타이어 접지면 앞 쪽에서 들어오는 물의 압력에 의해 타이어가 노면으로부터 떠올라 물위를 미끄러지는 현상을 말한다.

> **tip 수막현상을 예방하기 위한 조치**
>
> - 고속으로 주행하지 않는다.
> - 과다 마모된 타이어를 사용하지 않는다.
> - 공기압을 평소보다 조금 높게 한다.
> - 배수효과가 좋은 타이어 패턴(리브형 타이어)을 사용한다.

(4) 페이드(Fade) 현상

내리막길을 내려갈 때 브레이크를 반복하여 사용하면 마찰열이 라이닝에 축적되어 브레이크의 제동력이 저하되는 현상을 페이드라 한다.

(5) 베이퍼 록(Vapour lock) 현상

긴 내리막길에서 풋 브레이크를 지나치게 사용하면 차륜 부분의 마찰열 때문에 휠 실린더나 브레이크 파이프 속에서 브레이크액이 기화되고, 브레이크 호스 내에 공기가 유입된 것처럼 기포가 발생하여 브레이크 페달1을 밟아도 스펀지를 밟는 것 같고 유압이 제대로 전달되지 않아 브레이크가 작용하지 않는 현상을 베이퍼 록이라 한다.

> **tip 베이퍼 록 현상이 발생하는 주요 원인**
>
> - 긴 내리막길에서 계속 풋 브레이크를 사용하여 브레이크 드럼이 과열되었을 때
> - 브레이크 드럼과 라이닝 간격이 작아 라이닝이 끌리게 됨에 따라 드럼이 과열되었을 때
> - 불량한 브레이크액을 사용하였을 때
> - 브레이크액의 변질로 비등점이 저하되었을 때

(6) 모닝 록(Morning lock) 현상

비가 자주오거나 습도가 높은 날 또는 오랜 시간 주차한 후에는 브레이크 드럼에 미세한 녹이 발생하게 되는데 이러한 현상을 모닝 록(Morning Lock)이라 한다.

(7) 타이어 마모에 영향을 주는 요소

타이어 공기압, 차의 하중, 차의 속도, 커브, 브레이크, 노면, 정비불량, 기온, 운전자의 운전습관, 타이어의 트레드 패턴 등

02 자동차의 정지거리

(1) 공주거리와 공주시간

운전자가 자동차를 정지시켜야 할 상황임을 인지하고 브레이크 페달로 발을 옮겨 브레이크가 작동을 시작하기 전까지 이동한 거리를 공주거리라 하며, 이 때 자동차가 공주거리만큼 진행한 시간을 공주시간이라 한다.

(2) 제동거리와 제동시간

운전자가 브레이크 페달에 발을 올려 브레이크가 작동을 시작하는 순간부터 자동차가 완전히 정지할 때까지 이동한 거리를 제동거리라 하며, 이 때 자동차가 완전히 정지하기 전까지 제동거리만큼 진행한 시간을 제동시간이라 한다.

(3) 정지거리와 정지시간

운전자가 위험을 인지하고 자동차를 정지시키려고 시작하는 순간부터 자동차가 완전히 정지할 때까지 이동한 거리를 정지거리라 하며, 이 정지거리 동안 자동차가 진행한 시간을 정지시간이라 한다.

실전 연습문제

1 차가 길모퉁이나 커브를 돌 때에 핸들을 돌리면 주행하던 차로나 도로를 벗어나려는 힘이 작용하게 되는데, 이 힘을 무엇이라고 하는가?

① 중력
② 지구력
③ 원심력
④ 마찰력

● **Advice** 차가 길모퉁이나 커브를 돌 때에 핸들을 돌리면 주행하던 차로나 도로를 벗어나려는 힘인 원심력이 작용하게 되고, 이러한 힘이 노면과 타이어 사이에서 발생하는 마찰저항보다 커지면 차는 옆으로 미끄러져 차로나 도로를 벗어나게 될 위험이 증가한다.

2 일반적으로 매시 50km로 커브를 도는 차는 매시 25km로 도는 차보다 몇 배의 원심력이 발생하는가?

① 2배
② 3배
③ 4배
④ 5배

● **Advice** ③ 일반적으로 매시 50km로 커브를 도는 차는 매시 25km로 도는 차보다 4배의 원심력이 발생한다.
※ 원심력은 속도가 빠를수록, 커브 반경이 작을수록, 차의 중량이 무거울수록 커지게 되며, 특히 속도의 제곱에 비례해서 커진다.

3 스탠딩 웨이브 현상을 예방하기 위한 방법으로 옳지 않은 것은?

① 주행 중인 속도를 줄인다.
② 타이어 공기압을 평소보다 높인다.
③ 과다 마모된 타이어를 사용하지 않는다.
④ 재생타이어를 사용한다.

● **Advice** ④ 재생타이어를 사용하지 않는다.
※ **스탠딩 웨이브 현상** … 타이어가 노면에 맞닿는 부분에서는 차의 하중에 의해 타이어의 찌그러짐 현상이 발생하지만 타이어가 회전하면 타이어의 공기압에 의해 곧 회복된다. 이러한 현상이 주행 중에 반복되며 고속으로 주행할 때에는 타이어의 회전속도가 빨라지면서 접지면에서 발생한 타이어의 변형이 다음 접지 시점까지 복원되지 않고 진동의 물결로 남게 되는 현상이 나타나는데 이것을 스탠딩 웨이브 현상이라고 한다.

4 수막 현상에 대한 설명으로 잘못된 것은?

① 수막 현상 시 물의 압력은 자동차 속도의 두 배, 유체밀도에 비례한다.
② 수막 현상은 수상스키를 타는 것과 같은 현상이다.
③ 수막 현상이 일어나면 자동차는 마찰력만으로 활주하게 된다.
④ 수막 현상을 예방하기 위해서는 고속으로 주행하지 않는 것이 좋다.

● **Advice** ③ 수막 현상이 일어나면 구동력이 전달되지 않는 축의 타이어는 물과의 저항에 의해 회전속도가 감소되어 구동축은 공회전과 같은 상태가 되고 자동차는 관성력만으로 활주하게 된다.

정답 1.③ 2.③ 3.④ 4.③

5 내리막길을 내려갈 때 브레이크를 반복하여 사용하면 마찰열이 라이닝에 축적되어 브레이크의 제동력이 저하되는 현상을 무엇이라고 하는가?

① 스탠딩 웨이브 현상
② 수막 현상
③ 페이드 현상
④ 모닝 록 현상

> ● Advice 페이드 현상 … 내리막길을 내려갈 때 브레이크를 반복하여 사용하면 마찰열이 라이닝에 축적되어 브레이크의 제동력이 저하되는 현상으로, 브레이크 라이닝의 온도 상승으로 과열되어 라이닝의 마찰계수가 저하됨에 따라 페달을 강하게 밟아도 제동이 잘 되지 않는 것이다.

6 베이퍼 록 현상이 발생하는 주요 원인이 아닌 것은?

① 긴 내리막길에서 엔진 브레이크를 사용하였을 때
② 브레이크 드럼과 라이닝 간격이 작아 라이닝이 끌리게 됨에 따라 드럼이 과열되었을 때
③ 불량한 브레이크액을 사용하였을 때
④ 브레이크액의 변질로 비등점이 저하되었을 때

> ● Advice 베이퍼 록 현상은 긴 내리막길에서 풋 브레이크를 지나치게 사용하면 차륜 부분의 마찰열 때문에 휠 실린더나 브레이크 파이프 속에서 브레이크액이 기화되고, 브레이크 호스 내에 공기가 유입된 것처럼 기포가 발생하여 브레이크 페달을 밟아도 스펀지를 밟는 것 같고 유압이 제대로 전달되지 않아 브레이크가 작용하지 않는 현상을 말한다.

7 비가 자주오거나 습도가 높은 날 또는 오랜 시간 주차한 후에는 브레이크 드럼에 미세한 녹이 발생하게 되는데 이로 인해 브레이크 드럼과 라이닝, 브레이크 패드와 디스크의 마찰계수가 높아져 평소보다 브레이크가 지나치게 예민하게 작동하는 현상은?

① 스탠딩 웨이브 현상
② 베이퍼 록 현상
③ 페이드 현상
④ 모닝 록 현상

> ● Advice 모닝 록 현상이 발생하였을 때 평소의 감각대로 브레이크를 밝게 되면 급제동이 되어 사고가 발생할 수 있다. 아침에 운행을 시작할 때나 장시간 주차한 다음 운행을 시작하는 경우에는 출발 시 서행하면서 브레이크를 몇 차례 밟아주면 녹이 자연스럽게 제거되면서 모닝 록 현상이 해소된다.

8 정지거리란?

① 제동거리-공주거리
② 공주거리+제동거리
③ 주행거리+공주거리
④ 주행거리-제동거리

> ● Advice ② 정지거리=공주거리+제동거리

9 고속으로 주행할 때에는 타이어의 회전속도가 빨라지면 접지면에서 발생한 타이어의 변형이 다음 접지 시점까지 복원되지 않고 진동의 물결로 남게 되는 현상은?

① 스탠딩 웨이브 현상
② 페이드 현상
③ 수막현상
④ 원심력

● Advice 타이어가 노면과 맞닿는 부분에서는 차의 하중에 의해 타이어의 찌그러짐 현상이 발생하지만 타이어가 회전하면 타이어의 공기압에 의해 곧 회복되는데 이러한 현상은 주행 중에 반복되며 고속으로 주행할 때에는 타이어의 회전속도가 빨라지면 접지면에서 발생한 타이어의 변형이 다음 접지 시점까지 복원되지 않고 진동의 물결로 남게 되는 현상을 스탠딩 웨이브라 한다.

10 다음 A, B, C에 들어갈 내용이 바르게 연결된 것은?

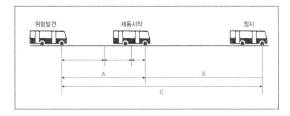

① A : 제동거리, B : 공주거리, C : 주행거리
② A : 제동거리, B : 공주거리, C : 정지거리
③ A : 공주거리, B : 제동거리, C : 주행거리
④ A : 공주거리, B : 제동거리, C : 정지거리

● Advice
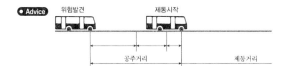

04 도로요인과 안전운행

01 용어의 정의 및 설명

(1) 가변차로

방향별 교통량이 특정 시간대에 현저하게 차이가 발생하는 도로에서 교통량이 많은 쪽으로 차로 수가 확대될 수 있도록 신호기에 의해 차로의 진행방향을 지시하는 차로를 말한다.

(2) 양보차로

양방향 2차로 앞지르기 금지구간에서 자동차의 원활한 소통을 도모하고, 도로 안전성을 제고하기 위해 길어깨(갓길) 쪽으로 설치하는 저속 자동차의 주행차로를 말한다.

(3) 앞지르기차로

저속 자동차로 인한 뒤차의 속도감소를 방지하고, 반대차로를 이용한 앞지르기가 불가능할 경우 원활한 소통을 위해 도로 중앙 측에 설치하는 고속 자동차의 주행차로를 말한다.

(4) 오르막차로

오르막 구간에서 저속자동차와의 안전사고를 예방하기 위하여 저속자동차와 다른 자동차를 분리하여 통행시키기 위해 설치하는 차로이다.

(5) 회전차로

교차로 등에서 자동차가 우회전, 좌회전 또는 유턴을 할 수 있도록 직진차로와는 별도로 설치하는 차로를 말한다.

(6) 변속차로

고속 주행하는 자동차가 감속하여 다른 도로로 유입할 경우 또는 저속의 자동차가 고속주행하고 있는 자동차들 사이로 유입할 경우에 본선의 다른 고속 자동차의 주행을 방해하지 않고 안전하게 감속 또는 가속하도록 설치하는 차로를 말한다.

(7) 기타 용어

① 차로 수 : 양방향 차로의 수를 합한 것을 말한다.

② 측대 : 갓길 또는 중앙분리대의 일부분으로 포장 끝부분 보호, 측방의 여유 확보, 운전자의 시선을 유도하는 기능을 갖는다.

③ 주 · 정차대 : 자동차의 주차 또는 정차에 이용하기 위하여 차도에 설치하는 도로의 부분을 말한다.

④ 분리대 : 자동차의 통행 방향에 따라 분리하거나 성질이 다른 같은 방향의 교통을 분리하기 위하여 설치하는 도로의 부분이나 시설물을 말한다.

⑤ 편경사 : 평면곡선부에서 자동차가 원심력에 저항할 수 있도록 하기 위하여 설치하는 횡단경사를 말한다.

⑥ 도류화 : 자동차와 보행자를 안전하고 질서 있게 이동시킬 목적으로 회전차로, 변속차로, 교통섬, 노면표시 등을 이용하여 상충하는 교통류를 분리시키거나 통제하여 명확한 통행경로를 지시해 주는 것을 말한다.

⑦ 교통섬 : 자동차의 안전하고 원활한 교통처리나 보행자 도로횡단의 안전을 확보하기 위하여 교차로 또는 차도의 분기점 등에 설치하는 섬 모양의 시설을 말한다.

⑧ 시거(視距) : 운전자가 자동차 진행 방향에 있는 장애물 또는 위험 요소를 인지하고 제동하여 정지하거나 또는 장애물을 피해서 주행할 수 있는 거리를 말한다.

⑨ 상충 : 2개 이상의 교통류가 동일한 도로 공간을 사용하려 할 때 발생되는 교통류의 교차, 합류 또는 분류되는 현상을 말한다.

02 도로의 선형과 교통사고

(1) 평면선형과 교통사고

(2) 종단선형과 교통사고

자동차는 동일한 도로조건의 주행상태가 유지되는 것이 바람직하나, 급한 오르막 구간 또는 내리막 구간에서는 교통사고 발생의 주요원인 중 하나가 자동차 속도 변화가 큰 경우이다. 일반적으로 종단경사(오르막 내리막 경사)가 커짐에 따라 자동차 속도 변화가 커 사고 발생이 증가할 수 있으며, 내리막길에서의 사고율이 오르막길에서보다 높은 것으로 나타나고 있다.

03 도로의 횡단면과 교통사고

(1) 중앙분리대

① 중앙분리대의 기능

  ㉠ 상, 하행 차도의 교통을 분리시켜 차량의 중앙선 침범에 의한 치명적인 정면충돌 사고를 방지하고, 도로 중심축의 교통마찰을 감소시켜 원활한 교통소통을 유지 한다.

  ㉡ 광폭분리대의 경우 사고 및 고장차량이 정지할 수 있는 여유 공간을 제공한다.

  ㉢ 필요에 따라 유턴 등을 방지하여 교통 혼잡이 발생하지 않도록 하여 안전성을 높인다.

  ㉢ 도로표지 및 기타 교통관제시설 등을 설치할 수 있는 공간을 제공한다.

  ㉣ 평면교차로가 있는 도로에서는 폭이 충분할 때 좌회전 차로로 활용할 수 있어 교통소통에 유리하다.

  ㉤ 횡단하는 보행자에게 안전섬이 제공됨으로써 안전한 횡단이 확보된다.

  ㉥ 야간에 주행할 때 발생하는 전조등 불빛에 의한 눈부심이 방지된다.

② 중앙분리대는 대향하는 차량 간의 정면충돌을 방지하기 위하여 도로면보다 높게 콘크리트 방호벽 또는 방호울타리를 설치하는 것을 말하며, 분리대와 측대로 구성된다.

(2) 길 어깨(갓길)

① 길 어깨(갓길)의 기능
  ㉠ 고장차가 대피할 수 있는 공간을 제공하여 교통
    혼잡을 방지하는 역할을 한다.
  ㉡ 도로 측방의 여유 폭은 교통의 안전성과 쾌적성을
    확보할 수 있다.
  ㉢ 도로관리 작업공간이나 지하매설물 등을 설치할
    수 있는 장소를 제공한다.
  ㉣ 곡선도로의 시거가 증가하여 교통의 안전성이 확
    보된다.
  ㉤ 보도가 없는 도로에서는 보행자의 통행 장소로 제
    공된다.

② 포장된 길어깨(갓길)의 장점
  ㉠ 긴급자동차의 주행을 원활하게 한다.
  ㉡ 차도 끝의 처짐이나 이탈을 방지한다.
  ㉢ 물의 흐름으로 인한 노면 패임을 방지한다.
  ㉣ 보도가 없는 도로에서는 보행의 편의를 제공한다.

---

04 회전교차로

(1) 회전교차로

① 회전교차로의 일반적 특징
  ㉠ 회전교차로로 진입하는 자동차가 교차로 내부 회
    전차로에서 주행하는 자동차에게 양보한다.
  ㉡ 일반적인 교차로에 비해 상충 횟수가 적다.
  ㉢ 교차로 진입은 저속으로 운영하여야 한다.
  ㉣ 교차로 진입과 대기에 대한 운전자의 의사결정이
    간단하다.
  ㉤ 교통상황의 변화로 인한 운전자 피로를 줄일 수
    있다.
  ㉥ 신호 교차로에 비해 유지관리 비용이 적게 든다.
  ㉦ 인접 도로 및 지역에 대한 접근성을 높여 준다.
  ㉧ 사고빈도가 낮아 교통안전 수준을 향상시킨다.

  ㉨ 지체시간이 감소되어 연료 소모와 배기가스를 줄
    일 수 있다.
② 회전교차로란 교통류가 신호등 없이 교차로 중앙의
  원형교통섬을 중심으로 회전하여 교차부를 통과하도
  록 하는 평면교차로의 일종이다.

(2) 회전교차로와 로터리(교통서클)의 차이점

구분	회전교차로(Roundabout)	로터리(Rotary) 또는 교통서클(Traffic circle)
진입 방식	• 진입자동차가 양보 • 회전자동차에게 통행우선권	• 회전자동차가 양보 • 진입자동차에게 통행우선권
진입부	저속 진입	고속 진입
회전부	• 고속으로 회전차로 운행 불가 • 소규모 회전반지름 위주	• 고속으로 회전차로 운행 가능 • 대규모 회전반지름 위주
분리 교통섬	감속 또는 방향분리를 위해 필수 설치	선택 설치

---

05 도로의 안전시설

(1) 시선유도시설

시선유도시설이란 주간 또는 야간에 운전자의 시선을
유도하기 위해 설치된 안전시설로 시선유도표지, 갈매기
표지, 표지병, 시인성 증진 안전시설 등이 있다.

(2) 방호울타리

방호울타리는 주행중에 진행 방향을 잘못 잡은 차량이
도로 밖, 대향차로 또는 보도 등으로 이탈하는 것을 방
지하거나 차량이 구조물과 직접 충돌하는 것을 방지하여
탑승자의 상해 및 자동차의 파손을 최소한도로 줄이고
자동차를 정상 진행 방향으로 복귀시키도록 설치된 시설
을 말한다.

(3) 충격흡수시설

충격흡수시설은 주행 차로를 벗어난 차량이 도로상의 구조물 등과 충돌하기 전에 자동차의 충격에너지를 흡수하여 정지하도록 하거나, 자동차의 방향을 교정하여 본래의 주행 차로로 복귀시켜주는 기능을 한다.

(4) 과속방지시설

과속방지시설은 도로 구간에서 낮은 주행 속도가 요구되는 일정지역에서 통행 자동차의 과속 주행을 방지하기 위해 설치하는 시설을 말한다.

(5) 도로반사경

도로반사경은 운전자의 시거 조건이 양호하지 못한 장소에서 거울면을 통해 사물을 비추어줌으로써 운전자가 적절하게 전방의 상황을 인지하고 안전한 행동을 취할 수 있도록 하기 위해 설치하는 시설을 말한다.

(6) 조명시설

조명시설은 도로이용자가 안전하고 불안감 없이 통행할 수 있도록 적절한 조명환경을 확보해줌으로써 운전자에게 심리적 안정감을 제공하는 동시에 운전자의 시선을 유도해 준다.

tip 조명시설의 주요 기능

- 주변이 밝아짐에 따라 교통안전에 도움이 된다.
- 도로이용자인 운전자 및 보행자의 불안감을 해소해 준다.
- 운전자의 피로가 감소한다.
- 범죄 발생을 방지하고 감소시킨다.
- 운전자의 심리적 안정감 및 쾌적감을 제공한다.
- 운전자의 시선 유도를 통해 보다 편안하고 안전한 주행 여건을 제공한다.

06 도로의 부대시설

(1) 버스정류시설

버스정류시설은 노선버스가 승객의 승 · 하차를 위하여 전용으로 이용하는 시설물로 이용자의 편의성과 버스가 무리 없이 진출입할 수 있는 위치에 설치한다.

(2) 비상주차대

비상주차대는 우측 길어깨(갓길)의 폭이 협소한 장소에서 고장 난 차량이 도로에서 벗어나 대피할 수 있도록 제공되는 공간을 말한다.

(3) 휴게시설

휴게시설이란 출입이 제한된 도로에서 안전하고 쾌적한 여행을 하기 위해 장시간의 연속주행으로 인한 운전자의 생리적 욕구 및 피로 해소와 주유 등의 서비스를 제공하는 장소를 말한다.

① 규모에 따른 휴게시설
  ㉠ 일반휴게소 : 사람과 자동차가 필요로 하는 서비스를 제공할 수 있는 시설로 주차장, 녹지 공간, 화장실, 급유소, 식당, 매점 등으로 구성된다.
  ㉡ 간이휴게소 : 짧은 시간 내에 차의 점검 및 운전자의 피로회복을 위한 시설로 주차장, 녹지 공간, 화장실 등으로 구성된다.
  ㉢ 화물차 전용휴게소 : 화물차 운전자를 위한 전용 휴게소로 이용자 특성을 고려하여 식당, 숙박시설, 샤워실, 편의점 등으로 구성된다.
  ㉣ 쉼터휴게소(소규모 휴게소) : 운전자의 생리적 욕구만 해소하기 위한 시설로 최소한의 주차장, 화장실과 최소한의 휴식공간으로 구성된다.

1 방향별 교통량이 특정시간대에 현저하게 차이가 발생하는 도로에서 교통량이 많은 쪽으로 차로수가 확대될 수 있도록 신호기에 의하여 차로의 진행방향을 지시하는 차로는?

① 가변차로   ② 양보차로

③ 회전차로   ④ 변속차로

● Advice ② **양보차로** : 양방향 2차로 앞지르기 금지구간에서 자동차의 원활한 소통을 도모하고, 도로 안전성을 제고하기 위해 길어깨(갓길) 쪽으로 설치하는 저속 자동차의 주행차로

③ **회전차로** : 교차로 등에서 자동차가 우회전·좌회전 또는 유턴을 할 수 있도록 직진차로와는 별도로 설치하는 차로

④ **변속차로** : 고속 주행하는 자동차가 감속하여 다른 도로로 유입할 경우 또는 저속의 자동차가 고속 주행하고 있는 자동차들 사이로 유입할 경우에 본선의 다른 고속 자동차의 주행을 방해하지 않고 안전하게 감속 또는 가속하도록 설치하는 차로

2 다음 중 가변차로 시행 시 필요한 개선책이 아닌 것은?

① 가로변 주·정차 금지

② 충분한 신호시설의 설치

③ 우회전 통행 제한

④ 차선 도색

● Advice ③ 가변차로를 시행할 때에는 가로변 주·정차 금지, 좌회전 통행 제한, 충분한 신호시설의 설치, 차선 도색 등 노면표시에 대한 개선이 필요하다.

3 자동차와 보행자의 안전하고 질서 있게 이동시킬 목적으로 회전차로, 변속차로, 교통섬, 노면표시 등을 이용하여 상충하는 교통류를 분리시키거나 통제하여 명확한 통행경로를 지시해 주는 것은?

① 측대

② 주·정차대

③ 편경사

④ 도류화

● Advice ① **측대** : 길어깨(갓길) 또는 중앙분리대의 일부분으로 포장 끝부분 보호, 측방의 여유 확보, 운전자의 시선을 유도하는 기능을 갖는다.

② **주·정차대** : 자동차의 주차 또는 정차에 이용하기 위하여 차도에 설치하는 도로의 부분을 말한다.

③ **편경사** : 평면곡선부에서 자동차가 원심력에 저항할 수 있도록 하기 위하여 설치하는 횡단경사를 말한다.

4 도류화의 목적이 아닌 것은?

① 두 개 이상 자동차 진행방향이 교차하지 않도록 통행경로를 제공한다.

② 교차로 면적을 조정함으로써 자동차 간에 상충되는 면적을 늘린다.

③ 자동차의 통행속도를 안전한 상태로 통제한다.

④ 분리된 회전차로는 회전차량의 대기장소를 제공한다.

● Advice ② 교차로 면적을 조정함으로써 자동차 간에 상충되는 면적을 줄인다.

정답 ▶ 1.① 2.③ 3.④ 4.②

5 자동차의 안전하고 원활한 교통처리나 보행자 도로횡단의 안전을 확보하기 위하여 교차로 또는 차도의 분기점 등에 설치하는 섬 모양의 시설은?

① 도로섬　　　　② 교통섬

③ 교차섬　　　　④ 차량섬

> **Advice** ② 교통섬은 도로교통의 흐름을 안전하게 유도하고 보행자가 도로를 횡단할 때 대피섬을 제공하며 신호등, 도로표지, 안전표지, 조명 등 노상시설의 설치장소를 제공한다.

6 방호울타리의 주요기능으로 옳지 않은 것은?

① 자동차의 차도 이탈을 방지한다.
② 탑승자의 상해 및 자동차의 파손을 증가시킨다.
③ 자동차를 정상적인 진행방향으로 복귀시킨다.
④ 운전자의 시선을 유도한다.

> **Advice** ② 탑승자의 상해 및 자동차의 파손을 <u>감소시킨다.</u>

7 다음 중 회전차로에 해당하지 않는 것은?

① 유턴차로
② 우회전차로
③ 좌회전차로
④ 직진차로

> **Advice** ④ 교차로 등에서 자동차가 우회전, 좌회전 또는 유턴을 할 수 있도록 직진차로와는 별도로 설치하는 차로이며 좌회전차로, 우회전차로, 유턴차로 등이 있다.

8 길어깨(갓길)의 기능으로 잘못된 것은?

① 고장차가 대피할 수 있는 공간을 제공하여 교통 혼잡을 방지하는 역할을 한다.
② 도로관리 작업공간이나 지하매설물 등을 설치할 수 있다.
③ 보도가 없는 도로에서는 보행자의 통행 장소로 제공된다.
④ 곡선도로의 시거가 감소하여 교통의 안전성이 확보된다.

> **Advice** ④ 곡선도로의 시거가 <u>증가하여</u> 교통의 안전성이 확보된다.

9 2차로 도로에서 주행속도를 확보하기 위해 오르막차로와 교량 및 터널구간을 제외한 구간에 설치되는 차로는?

① 회전차로
② 양보차로
③ 앞지르기차로
④ 가변차로

> **Advice** 앞지르기차로는 저속 자동차로 인한 뒤차의 속도감소를 방지하고, 반대차로를 이용한 앞지르기가 불가능할 경우 원활한 소통을 위해 도로 중앙 측에 설치하는 고속 자동차의 주행차로를 말하며, 이러한 앞지르기차로는 2차로 도로에서 주행속도를 확보하기 위해 오르막차로와 교량 및 터널구간을 제외한 구간에 설치된다.

정답 5.② 6.② 7.④ 8.④ 9.③

10 회전교차로의 일반적인 특징에 대한 설명으로 옳지 않은 것은?

① 회전교차로로 진입하는 자동차가 교차로 내부의 회전차로에서 주행하는 자동차에게 양보한다.
② 일반적인 교차로에 비해 상충 횟수가 많다.
③ 교통상황의 변화로 인한 운전자 피로를 줄일 수 있다.
④ 인접 도로 및 지역에 대한 접근성을 높여 준다.

● Advice ② 일반적인 교차로에 비해 상충 횟수가 <u>적다</u>.

11 운전자가 자동차 진행방향에 있는 장애물 또는 위험 요소를 인지하고 제동하여 정지하거나 또는 장애물을 피해서 주행할 수 있는 거리는?

① 상충
② 편경사
③ 측대
④ 시거(視距)

● Advice 시거(視距)는 운전자가 자동차 진행방향에 있는 장애물 또는 위험 요소를 인지하고 제동하여 정지하거나 또는 장애물을 피해서 주행할 수 있는 거리를 말하며, 이러한 시거는 주행상의 안전과 쾌적성을 확보하는데 매우 중요한 요소로 정지시거와 앞지르기시거가 있다.

12 교통이 복잡한 네거리 같은 곳에 교통정리를 위하여 원형으로 만들어 놓은 교차로는?

① 로터리
② 회전교차로
③ 트래픽잼
④ 교통스퀘어

● Advice 로터리(rotary) 또는 교통서클(traffic circle)이란 교통이 복잡한 네거리 같은 곳에 교통정리를 위하여 원형으로 만들어 놓은 교차로이다.

13 회전교차로와 로터리의 차이점으로 틀린 것은?

	구분	회전교차로	로터리 또는 교통서클
①	진입방식	진입자동차가 양보	회전자동차가 양보
②	진입부	고속 진입	저속 진입
③	회전부	소규모 회전반지름 위주	대규모 회전반지름 위주
④	분리교통섬	감속 또는 방향분리를 위해 필수 설치	선택 설치

● Advice ② 회전교차로는 진입부에서 저속 진입해야 하고 로터리 또는 교통서클은 고속 진입할 수 있다.

정답 ● 10.② 11.④ 12.① 13.②

14 교통안전 측면을 고려할 때 회전교차로 설치를 통해 교차로 안전성을 향상시킬 수 있는 곳으로 가장 적절하지 않은 곳은?

① 교통사고 잦은 곳으로 지정된 교차로
② 교차로의 사고유형 중 직각 충돌사고 및 정면 충돌사고가 빈번하게 발생하는 교차로
③ 주도로와 부도로의 통행 속도차가 작은 교차로
④ 부상, 사망사고 등의 심각도가 높은 교통사고 발생 교차로

● Advice ③ 주도로와 부도로의 통행 속도차가 큰 교차로

15 조명시설에 대한 설명 중 옳지 않은 것은?

① 주변이 밝아짐에 따라 교통안전에 도움이 된다.
② 도로이용자인 운전자 및 보행자의 불안감을 해소해 준다.
③ 운전자의 피로가 증가한다.
④ 운전자의 시선을 유도해 준다.

● Advice ③ 운전자의 피로가 감소한다.

16 다음 중 시선유도시설에 대한 설명이 잘못된 것은?

① 시선유도표지 : 직선 및 곡선 구간에서 운전자에게 전방의 도로조건이 변화되는 상황을 반사체를 사용하여 안내해 줌으로써 안전하고 원활한 차량주행을 유도하는 시설물이다.
② 갈매기표지 : 급한 오르막 도로에서 운전자의 시선을 명확히 유도하기 위해 곡선 정도에 따라 갈매기표지를 사용하여 운전자의 원활한 차량주행을 유도하는 시설물이다.
③ 표지병 : 야간 및 악천후에 운전자의 시선을 명확히 유도하기 위해 도로 표면에 설치하는 시설물이다.
④ 시인성 증진 안전시설 : 장애물 표적표지, 구조물 도색 및 빗금표지, 시선유도봉이 있다.

● Advice ② 갈매기표지 : 급한 곡선 도로에서 운전자의 시선을 명확히 유도하기 위해 곡선 정도에 따라 갈매기표지를 사용하여 운전자의 원활한 차량주행을 유도하는 시설물이다.

정답 14.③ 15.③ 16.②

17 자동차가 도로 밖으로 이탈하는 것을 방지하기 위하여 도로의 길어깨(갓길) 측에 설치하는 방호울타리는?

① 노측용 방호울타리
② 중앙분리대용 방호울타리
③ 보도용 방호울타리
④ 교량용 방호울타리

> **Advice** ② **중앙분리대용 방호울타리** : 왕복방향으로 통행하는 자동차들이 대향차도 쪽으로 이탈하는 것을 방지하기 위해 도로 중앙의 분리대 내에 설치하는 방호울타리
> ③ **보도용 방호울타리** : 자동차가 도로 밖으로 벗어나 보도를 침범하여 일어나는 교통사고로부터 보행자 등을 보호하기 위하여 설치하는 방호울타리
> ④ **교량용 방호울타리** : 교량 위에서 자동차가 차도로부터 교량 바깥, 보도 등으로 벗어나는 것을 방지하기 위해서 설치하는 방호울타리

18 2개 이상의 교통류가 동일한 도로공간을 사용하려 할 때 발생되는 교통류의 교차, 합류 또는 분류되는 현상은?

① 도류화
② 상충
③ 측대
④ 교통섬

> **Advice** 상충은 2개 이상의 교통류가 동일한 도로 공간을 사용하려 할 때 발생되는 교통류의 교차, 합류 또는 분류되는 현상을 말한다.

19 버스승객의 승·하차를 위하여 본선의 오른쪽 차로를 그대로 이용하는 공간은?

① 버스정류장
② 버스정류소
③ 간이버스정류장
④ 버스승차장

> **Advice** 버스정류시설의 종류 및 의미
> ㉠ **버스정류장**(bus bay) : 버스승객의 승·하차를 위하여 본선 차로에서 분리하여 설치된 띠 모양의 공간을 말한다.
> ㉡ **버스정류소**(bus stop) : 버스승객의 승·하차를 위하여 본선의 오른쪽 차로를 그대로 이용하는 공간을 말한다.
> ㉢ **간이버스정류장** : 버스승객의 승·하차를 위하여 본선 차로에서 분리하여 최소한의 목적을 달성하기 위하여 설치하는 공간을 말한다.

20 교차로 통과 후 버스전용차로상의 교통량이 많을 때 발생할 수 있는 혼잡을 최소화할 수 있으며, 버스가 출발할 때 교차로를 가속거리로 이용할 수 있는 장점이 있는 중앙버스전용차로의 버스정류소는?

① Near-side 정류소
② Far-side 정류소
③ Mid-block 정류소
④ Mid-side 정류소

> **Advice** 교차로 통과 후 버스전용차로상의 교통량이 많을 때 발생할 수 있는 혼잡을 최소화할 수 있으며, 버스가 출발할 때 교차로를 가속거리로 이용할 수 있는 장점이 있는 중앙버스전용차로의 버스정류소 교차로 통과 전 (Near-side) 정류소이다.

정답 17.① 18.② 19.② 20.①

05 안전운전의 기술

01 인지, 판단의 기술

(1) 예측

운전 중의 판단의 기본 요소는 시인성, 시간, 거리, 안전공간 및 잠재적 위험원 등에 대한 평가이다. 평가의 내용은 다음과 같다.

① **주행로** : 다른 차의 진행 방향과 거리

② **행동** : 다른 차의 운전자가 할 것으로 예상되는 행동

③ **타이밍** : 다른 차의 운전자가 행동하게 될 시점

④ **위험원** : 특정 차량, 자전거 이용자 또는 보행자의 잠재적 위험

⑤ **교차지점** : 교차하는 문제가 발생하는 정확한 지점

(2) 실행

결정된 행동을 실행에 옮기는 단계에서 중요한 것은 요구되는 시간 안에 필요한 조작을 가능한 부드럽고, 신속하게 해내는 것이다. 상황에 따라서는 핸들, 액셀, 브레이크 등과 관련한 조작의 우선순위가 매우 중요할 수 있다. 이 과정에서 기본적인 조작기술이지만 가•감속, 제동 및 핸들조작 기술을 제대로 구사하는 것은 매우 중요하다.

02 안전운전의 5가지 기본 기술

① 전방 가까운 곳을 보고 운전할 때의 징후들
  ㉠ 교통의 흐름에 맞지 않을 정도로 너무 빠르게 차를 운전한다.
  ㉡ 차로의 한편으로 치우쳐서 주행한다.
  ㉢ 우회전, 좌회전 차량 등에 대한 인지가 늦어서 급브레이크를 밟는다던가, 회전차량에 진로를 막혀버린다.
  ㉣ 우회전할 때 넓게 회전한다.
  ㉤ 시인성이 낮은 상황에서 속도를 줄이지 않는다.

② 시야 고정이 많은 운전자의 특성
  ㉠ 위험에 대응하기 위해 경적이나 전조등을 좀처럼 사용하지 않는다.
  ㉡ 더러운 창이나 안개에 개의치 않는다.
  ㉢ 거울이 더럽거나 방향이 맞지 않는데도 개의치 않는다.
  ㉣ 정지선 등에서 정지 후, 다시 출발할 때 좌우를 확인하지 않는다.
  ㉤ 회전하기 전에 뒤를 확인하지 않는다.
  ㉥ 자기 차를 앞지르려는 차량의 접근 사실을 미리 확인하지 못한다.

03 방어운전의 기본 기술

① 대향차량과의 사고를 회피하는 법
   ㉠ 전방의 도로 상황을 파악한다.
   ㉡ 정면으로 마주칠 때 핸들조작은 오른쪽으로 한다.
   ㉢ 속도를 줄인다.
   ㉣ 오른쪽으로 방향을 조금 틀어 공간을 확보한다.

② 단독사고 : 차 주변의 모든 것을 제대로 판단하지 못하는 빈약한 판단에서 비롯된다. 피곤해 있거나 음주 또는 약물의 영향을 받고 있을 때 많이 발생한다. 따라서 단독사고를 야기하지 않기 위해서는 심신이 안정된 상태에서 운전해야 하며, 낯선 곳 등의 주행에 있어서는 사전에 주행정보를 수집하여 여유 있는 주행이 가능하도록 해야 한다.

04 시가지 도로에서의 방어 운전

① 교차로에서의 방어운전
   ㉠ 신호는 운전자의 눈으로 직접 확인한 후 선신호에 따라 진행하는 차가 없는지 확인하고 출발한다.
   ㉡ 신호에 따라 진행하는 경우에도 신호를 무시하고 갑자기 달려드는 차 또는 보행자가 있다는 사실에 주의한다.
   ㉢ 좌, 우회전할 때에는 방향지시등을 정확히 점등한다.
   ㉣ 성급한 우회전은 횡단하는 보행자와 충돌할 위험이 증가한다.
   ㉤ 통과하는 앞차를 맹목적으로 따라가면 신호를 위반할 가능성이 높다.
   ㉥ 교통정리가 행하여지고 있지 아니하고 좌·우를 확인할 수 없거나 교통이 빈번한 교차로에 진입할 때에는 일시정지하여 안전을 확인한 후 출발한다.
   ㉦ 내륜차에 의한 사고에 주의한다.

② 교차로 황색신호에서의 방어운전
   ㉠ 황색신호일 때에는 멈출 수 있도록 감속하여 접근한다.
   ㉡ 황색신호일 때 모든 차는 정지선 바로 앞에 정지하여야 한다.
   ㉢ 이미 교차로 안으로 진입하여 있을 때 황색신호로 변경된 경우에는 신속히 교차로 밖으로 빠져 나간다.
   ㉣ 교차로 부근에는 무단 횡단하는 보행자 등 위험요인이 많으므로 돌발 상황에 대비한다.
   ㉤ 가급적 딜레마 구간에 도달하기 전에 속도를 줄여 신호가 변경되면 바로 정지할 수 있도록 준비한다.

05 지방 도로에서의 방어 운전

① 철길 건널목 방어운전
   ㉠ 철길건널목에 접근할 때에는 속도를 줄여 접근한다.
   ㉡ 일시정지 후에는 철도 좌·우의 안전을 확인한다.
   ㉢ 건널목을 통과할 때에는 기어를 변속하지 않는다.
   ㉣ 건널목 건너편 여유 공간을 확인한 후에 통과한다.

② 언덕 내리막길에서의 방어 운전
   ㉠ 내리막길을 내려갈 때에는 엔진 브레이크로 속도를 조절하는 것이 바람직하다.
   ㉡ 엔진 브레이크를 사용하면 페이드(Fade) 현상 및 베이퍼 록(Vapour lock) 현상을 예방하여 운행 안전도를 높일 수 있다.
   ㉢ 도로의 오르막길 경사와 내리막길 경사가 같거나 비슷한 경우라면, 변속기 기어의 단수도 오르막과 내리막에서 동일하게 사용하는 것이 바람직하다
   ㉣ 커브길을 주행할 때와 마찬가지로 경사길 주행 중간에 불필요하게 속도를 줄이거나 급제동하는 것은 주의해야 한다.
   ㉤ 비교적 경사가 가파르지 않은 긴 내리막길을 내려 갈 때에 운전자의 시선은 먼 곳을 바라보고, 무심코 가속 페달을 밟아 순간 속도를 높일 수 있으므로 주의해야 한다.

06 고속도로에서의 방어 운전

① 고속도로 진입부에서의 방어운전
  ㉠ 본선 진입의도를 다른 차량에게 방향지시등으로 알린다.
  ㉡ 본선 진입 전 충분히 가속하여 본선 차량의 교통 흐름을 방해하지 않도록 한다.
  ㉢ 진입을 위한 가속차로 끝부분에서 감속하지 않도록 주의한다.
  ㉣ 고속도로 본선을 저속으로 진입하거나 진입 시기를 잘못 맞추면 추돌사고 등 교통사고가 발생할 수 있다.

② 고속도로 진출부에서의 안전 운전
  ㉠ 본선 진출 의도를 다른 차량에게 방향지시등으로 알린다.
  ㉡ 진출부 진입 전에 본선 차량에게 영향을 주지 않도록 주의한다.
  ㉢ 본선 차로에서 천천히 진출부로 진입하여 출구로 이동한다.

07 앞지르기

① 앞지르기 순서 및 방법 주의사항
  ㉠ 앞지르기 금지장소 여부를 확인한다.
  ㉡ 전방의 안전을 확인하는 동시에 후사경으로 좌측 및 좌후방을 확인한다.
  ㉢ 좌측 방향지시등을 켠다.
  ㉣ 최고속도의 제한범위 내에서 가속하여 진로를 서서히 좌측으로 변경한다.
  ㉤ 차가 일직선이 되었을 때 방향지시등을 끈 다음 앞지르기 당하는 차의 좌측을 통과한다.
  ㉥ 앞지르기 당하는 차를 후사경으로 볼 수 있는 거리까지 주행한 후 우측 방향지시등을 켠다.
  ㉦ 진로를 서서히 우측으로 변경한 후 차가 일직선이 되었을 때 방향지시등을 끈다.

② 앞지르기를 해서는 안 되는 경우
  ㉠ 앞차가 좌측으로 진로를 바꾸려고 하거나 다른 차를 앞지르려고 할 때
  ㉡ 앞차의 좌측에 다른 차가 나란히 가고 있을 때
  ㉢ 뒤차가 자기 차를 앞지르려고 할 때
  ㉣ 마주 오는 차의 진행을 방해하게 될 염려가 있을 때
  ㉤ 앞차가 교차로나 철길건널목 등에서 정지 또는 서행하고 있을 때
  ㉥ 앞차가 경찰공무원 등의 지시에 따르거나 위험방지를 위하여 정지 또는 서행하고 있을 때
  ㉦ 어린이 통학버스가 어린이 또는 유아를 태우고 있다는 표시를 하고 도로를 통행할 때

08 야간, 악천후 시의 운전

① 안개길 운전의 위험성
  ㉠ 안개로 인해 운전시야 확보가 곤란하다.
  ㉡ 주변의 교통안전표지 등 교통정보 수집이 곤란하다.
  ㉢ 다른 차량 및 보행자의 위치 파악이 곤란하다.

② 빗길 운전의 위험성
  ㉠ 비로 인해 운전 시야 확보가 곤란하다.
  ㉡ 타이어와 노면 사이의 마찰력이 감소하여 정지거리가 길어진다.
  ㉢ 수막현상 등으로 인해 조향 조작 및 브레이크 기능이 저하될 수 있다.
  ㉣ 보행자의 주의력이 약해지는 경향이 있다. 비가 오면 보행자는 우산을 받쳐 들고 노면을 바라보며 걷는 경향이 있으며, 자동차나 신호기에 대한 주의력이 평상시보다 떨어질 수 있다.
  ㉤ 젖은 노면에 토사가 흘러내려 진흙이 깔려 있는 곳은 다른 곳보다 더욱 미끄럽다.

09 경제운전

① 경제운전의 기본적인 방법
  ㉠ 가·감속을 부드럽게 한다.
  ㉡ 불필요한 공회전을 피한다.
  ㉢ 급회전을 피한다. 차가 전방으로 나가려는 운동에
    너지를 최대한 활용해서 부드럽게 회전한다.
  ㉣ 일정한 차량속도를 유지한다.

② 경제운전의 효과
  ㉠ 차량관리 비용, 고장수리 비용, 타이어 교체비용
    등의 감소 효과
  ㉡ 고장수리 작업 및 유지관리 작업 등의 시간 손실
    감소 효과
  ㉢ 공해 배출 등 환경문제의 감소 효과
  ㉣ 교통안전 증진 효과
  ㉤ 운전자 및 승객의 스트레스 감소 효과

10 기본 운행 수칙

① 진로변경 위반에 해당하는 경우
  ㉠ 두 개의 차로에 걸쳐 운행하는 경우
  ㉡ 한 차로로 운행하지 않고 두 개 이상의 차로를
    지그재그로 운행하는 행위
  ㉢ 갑자기 차로를 바꾸어 옆 차로로 끼어드는 행위
  ㉣ 여러 차로를 연속적으로 가로지르는 행위
  ㉤ 진로변경이 금지된 곳에서 진로를 변경하는 행위

② 차량에 대한 점검이 필요할 때
  ㉠ 운행시작 전 또는 종료 후에는 차량 상태를 철저
    히 점검한다.
  ㉡ 운행 중간 휴식 시간에는 차량의 외관 및 적재함
    에 실려 있는 화물의 보관 상태를 확
  인한다.
  ㉢ 운행 중에 차량의 이상이 발견된 경우에는 즉시
    관리자에게 연락하여 조치를 받는다.

11 계절별 안전운전

① 봄철에는 보행자의 통행 및 교통량이 증가하고 특히
  입학시즌을 맞이하여 어린이 관련 교통사고가 많이
  발생한다. 춘곤증에 의한 졸음운전도 주의해야 한다.

② 여름철에 발생되는 교통사고는 무더위, 장마, 폭우
  등의 열악한 교통 환경을 운전자들이 극복하지 못하
  여 발생되는 경우가 많다.

12 고속도로 교통안전

① 고속도로 안전운전 방법
  ㉠ 전방주시
  ㉡ 진입은 안전하게 천천히, 진입 후 가속은 빠르게
  ㉢ 주변 교통흐름에 따라 적정속도 유지
  ㉣ 주행차로로 주행
  ㉤ 전 좌석 안전띠 착용
  ㉥ 후부 반사판 부착

② 터널 내 화재 시 행동 요령
  ㉠ 운전자는 차량과 함께 터널 밖으로 신속히 이동한다.
  ㉡ 터널 밖으로 이동이 불가능한 경우 최대한 갓길
    쪽으로 정차한다.
  ㉢ 엔진을 끈 후 키를 꽂아둔 채 신속하게 하차한다.
  ㉣ 비상벨을 누르거나 비상전화로 화재 발생을 알려
    줘야 한다.
  ㉤ 사고 차량의 부상자에게 도움을 준다.
  ㉥ 터널에 비치된 소화기나 설치되어 있는 소화전으
    로 조기 진화를 시도한다.
  ㉦ 조기 진화가 불가능할 경우 젖은 수건이나 손등으
    로 코와 입을 막고 낮은 자세로 화재 연기를 피
    해 유도등을 따라 신속히 터널 외부로 대피한다.

실전 연습문제

1 다음에서 운전 중 판단의 기본요소에 해당하지 않는 것은?

① 시인성   ② 금전
③ 시간   ④ 거리

● Advice 운전 중 판단의 기본 요소
    ㉠ 시인성
    ㉡ 시간
    ㉢ 거리
    ㉣ 안전공간 및 잠재적 위험원 등에 대한 평가

2 안전운전을 하는 데 필수적 과정에 대한 설명으로 잘못된 것은?

① 확인이란 주변의 모든 것을 빠르게 보고 한 눈에 파악하는 것을 말한다.
② 예측한다는 것은 운전 중에 확인한 정보를 모으고, 사고가 발생할 수 있는 지점을 판단하는 것이다.
③ 운전 중 수집된 정보에 대한 판단 과정에서는 운전자의 경험이 판단 요인으로 작용하며 성격, 태도, 동기 등은 제외된다.
④ 결정된 행동을 실행에 옮기는 단계에서 중요한 것은 요구되는 시간 안에 필요한 조작을 가능한 한 부드럽고 신속하게 해내는 것이다.

● Advice ③ 운전 중 수집된 정보에 대한 판단 과정에서는 운전자의 경험뿐 아니라 성격, 태도, 동기 등 다양한 요인이 작용한다.

3 도로상의 위험을 발견하고 운전자가 반응하는 시간은 문제발견 후 몇 초 정도인가?

① 0.1초~0.3초 정도
② 0.5초~0.7초 정도
③ 0.9초~1.2초 정도
④ 1.5초~2.0초 정도

● Advice 도로상의 위험을 발견하고 운전자가 반응하는 시간은 문제발견 후 0.5초~0.7초 정도이다.

4 운전행동 유형에 대한 비교로 잘못된 것은?

	행동특성	예측 회피 운전행동	지연 회피 운전행동
①	적응유형	사전 적응적	사후 적응적
②	행동통제	조급함	조급하지 않음
③	사고 관여율	낮은 사고 관여율	높은 사고 관여율
④	성격유형	내향적	외향적

● Advice ② 행동통제 : 예측 회피 운전행동 – 조급하지 않음, 지연 회피 운전행동 – 조급함

정답 ▶ 1.② 2.③ 3.② 4.②

5 해롤드 스미스가 제안한 안전운전의 5가지 기본 기술로 잘못된 것은?

① 운전 중에 전방을 멀리 본다.
② 부분적으로 살펴본다.
③ 눈을 계속해서 움직인다.
④ 차가 빠져나갈 공간을 확보한다.

●Advice 안전운전의 5가지 기본 기술
㉠ 운전 중에 전방 멀리 본다.
㉡ 전체적으로 살펴본다.
㉢ 눈을 계속해서 움직인다.
㉣ 다른 사람들이 자신을 볼 수 있게 한다.
㉤ 차가 빠져나갈 공간을 확보한다.

6 시야 확보가 적은 징후로 볼 수 없는 것은?

① 급정거
② 앞차에서 멀리 떨어져 가는 경우
③ 좌·우회전 등의 차량에 진로를 방해 받음
④ 급차로 변경 등이 많은 경우

●Advice ② 앞차에 바짝 붙어 가는 경우

7 타인의 부정확한 행동과 악천후 등에 관계없이 사고를 미연에 방지하는 운전은?

① 방어운전
② 안전운전
③ 방지운전
④ 공격운전

●Advice 방어운전이란 용어는 미국의 전미안전협회(NSC) 운전자 개선 프로그램에서 비롯한 것으로 타인의 부정확한 행동과 악천후 등에 관계없이 사고를 미연에 방지하는 운전을 의미한다.

8 대향차량과의 사고를 회피하는 법으로 옳지 않은 것은?

① 내 차로로 들어오거나 앞지르려고 하는 차나 보행자에 대해 주의한다.
② 정면으로 마주칠 때 핸들조작은 왼쪽으로 한다.
③ 속도를 줄인다.
④ 필요하다면 차도를 벗어나 길 가장자리 쪽으로 주행한다.

●Advice ② 정면으로 마주칠 때 핸들조작은 오른쪽으로 한다.

9 후미 추돌사고를 피하는 데 참고할 수 있는 내용으로 틀린 것은?

① 앞차에 대한 주의를 늦추지 않는다.
② 상황을 멀리까지 살펴본다.
③ 충분한 거리를 유지한다.
④ 상대보다 더 천천히 속도를 줄인다.

●Advice ④ 상대보다 더 빠르게 속도를 줄인다. 위험상황이 전개될 경우 바로 엑셀에서 발을 떼서 브레이크를 밟는다.

10 다음 중 전방 가까운 곳을 보고 운전할 때의 징후로 보기 가장 어려운 것은?

① 교통의 흐름에 맞지 않을 정도로 너무 빠르게 차를 운전한다.
② 시인성이 낮은 상황에서 속도를 줄이지 않는다.
③ 차로의 한 편으로 치우쳐서 주행하지 않는다.
④ 우회전할 때 넓게 회전한다.

●Advice ③ 차로의 한 편으로 치우쳐서 주행한다.

정답 5.② 6.② 7.① 8.② 9.④ 10.③

11 자신이 도로의 장애물 등을 확인하는 능력과 다른 운전자나 보행자가 자신을 볼 수 있게 하는 능력은?

① 시인성
② 가시성
③ 인식성
④ 가독성

● Advice 시인성은 자신이 도로의 장애물 등을 확인하는 능력과 다른 운전자나 보행자가 자신을 볼 수 있게 하는 능력이다.

12 속도와 추종거리를 조절해서 비상 시에 멈추거나 회피핸들 조작을 하기 위해 적어도 몇 초 정도의 시간을 가져야 하는가?

① 1~2초
② 4~5초
③ 7~8초
④ 9~13초

● Advice 속도와 추종거리를 조절해서 비상 시에 멈추거나 회피핸들 조작을 하기 위해 적어도 4~5초 정도의 시간을 가져야 한다.

13 다음은 커브길 주행방법이다. 순서대로 바르게 나열한 것은?

> ㉠ 가속 페달을 밟아 속도를 서서히 높인다.
> ㉡ 회전이 끝나는 부분에 도달하였을 때에는 핸들을 바르게 한다.
> ㉢ 엔진 브레이크만으로 속도가 충분히 줄지 않으면 풋 브레이크를 사용하여 회전 중에 더 이상 감속하지 않도록 줄인다.
> ㉣ 감속된 속도에 맞는 기어로 변속한다.
> ㉤ 커브길에 진입하기 전에 경사도나 도로의 폭을 확인하고 엔진 브레이크를 작동시켜 속도를 줄인다.

① ㉤ → ㉡ → ㉢ → ㉣ → ㉠
② ㉤ → ㉡ → ㉣ → ㉢ → ㉠
③ ㉤ → ㉢ → ㉣ → ㉡ → ㉠
④ ㉤ → ㉢ → ㉡ → ㉣ → ㉠

● Advice 커브길 주행방법
㉤ 커브길에 진입하기 전에 경사도나 도로의 폭을 확인하고 엔진 브레이크를 작동시켜 속도를 줄인다.
㉢ 엔진 브레이크만으로 속도가 충분히 줄지 않으면 풋 브레이크를 사용하여 회전 중에 더 이상 감속하지 않도록 줄인다.
㉣ 감속된 속도에 맞는 기어로 변속한다.
㉡ 회전이 끝나는 부분에 도달하였을 때에는 핸들을 바르게 한다.
㉠ 가속 페달을 밟아 속도를 서서히 높인다.

정답 11.① 12.② 13.③

14 다음은 무엇에 대한 설명인가?

> 신호기가 설치되어 있는 교차로에서 운전자가 황색신호를 인식하였으나 정지선 앞에 정지할 수 없어 계속 진행하여 황색신호가 끝날 때까지 교차로를 빠져나오지 못한 경우 황색신호의 시작 지점에서부터 끝난 지점까지 차량이 존재하고 있는 구간

① 딜레마 구간   ② 딜레이 구간
③ 스테이 구간   ④ 디렉션 구간

● Advice 딜레마 구간 … 신호기가 설치되어 있는 교차로에서 운전자가 황색신호를 인식하였으나 정지선 앞에 정지할 수 없어 계속 진행하여 황색신호가 끝날 때까지 교차로를 빠져나오지 못한 경우 황색신호의 시작 지점에서부터 끝난 지점까지 차량이 존재하고 있는 구간

15 오르막과 내리막에서의 안전운전 및 방어운전에 대한 설명으로 옳지 않은 것은?

① 내리막길을 내려갈 때에는 엔진 브레이크로 속도를 조절하는 것이 바람직하다.
② 도로의 오르막길 경사와 내리막길 경사가 같거나 비슷한 경우라면 변속기 기어의 단수도 동일하게 사용하는 것이 바람직하다.
③ 오르막길에서 정차해 있을 때에는 가급적 풋 브레이크만 사용한다.
④ 오르막길에서 부득이하게 앞지르기 할 때에는 힘과 가속이 좋은 저단 기어를 사용하는 것이 안전하다.

● Advice ③ 오르막길에서 정차해 있을 때에는 가급적 풋 브레이크와 핸드 브레이크를 동시에 사용한다.

16 철길 건널목에서의 방어운전에 대한 설명으로 옳지 않은 것은?

① 철길 건널목에 접근할 때에는 속도를 줄여 접근한다.
② 일시정지 후에는 철도 좌·우의 안전을 확인한다.
③ 건널목을 통과할 때에는 기어를 변속한다.
④ 건널목 건너편 여유 공간을 확인한 후에 통과한다.

● Advice ③ 건널목을 통과할 때에는 기어를 변속하지 않는다. 시동이 꺼지지 않도록 가속 페달을 조금 힘주어 밟아 통과하고, 수동변속기의 경우에는 건널목을 통과하는 중에 기어 변속 과정에서 엔진이 멈출 수 있으므로 가급적 기어 변속을 하지 않고 통과한다.

17 커브길 주행 시의 주의사항에 대한 설명으로 잘못된 것은?

① 커브길에서는 기상상태, 노면상태 및 회전속도 등에 따라 차량이 미끄러지거나 전복될 위험이 증가하므로 부득이한 경우가 아니면 급핸들 조작이나 급제동은 하지 않는다.
② 중앙선을 침범하거나 도로의 중앙선으로 치우친 운전을 하지 않는다.
③ 시야가 제한되어 있다면 주간에는 전조등, 야간에는 경음기를 사용하여 내 차의 존재를 반대 차로 운전자에게 알린다.
④ 급커브길 등에서의 앞지르기는 대부분 규제표지 및 노면표시 등 안전표지로 금지하고 있으나, 금지표지가 없다고 하더라도 전방의 안전이 확인 안 되는 경우에는 절대 하지 않는다.

● Advice ③ 시야가 제한되어 있다면 주간에는 경음기, 야간에는 전조등을 사용하여 내 차의 존재를 반대 차로 운전자에게 알린다.

정답 ▶ 14.① 15.③ 16.③ 17.③

18 고속도로에서의 방어운전에 대한 설명으로 옳지 않은 것은?

① 차로 변경이나 고속도로 진입·진출 시에는 진행하기에 앞서 항상 자신의 의도를 신호로 알린다.

② 고속도로를 빠져나갈 때에는 가능한 한 천천히 진출 차로로 들어가야 한다.

③ 차로를 변경하기 위해서는 핸들을 점진적으로 튼다.

④ 앞지르기를 마무리 할 때 앞지르기 한 차량의 앞으로 너무 일찍 들어가지 않도록 한다.

● Advice ② 고속도로를 빠져나갈 때에는 가능한 한 빨리 진출 차로로 들어가야 한다. 진출 차로에 실제로 진입할 때까지는 차의 속도를 낮추지 말고 주행하여야 한다.

19 앞지르기할 때의 방어운전에 대한 설명으로 잘못된 것은?

① 앞지르기에 필요한 속도가 그 도로의 최고속도 범위를 넘어설 때 앞지르기를 시도한다.

② 앞지르기에 필요한 충분한 거리와 시야가 확보되었을 때 앞지르기를 시도한다.

③ 앞차가 앞지르기를 하고 있는 때는 앞지르기를 시도하지 않는다.

④ 점선으로 되어 있는 중앙선을 넘어 앞지르기를 하는 때는 대향차의 움직임에 주의한다.

● Advice ① 앞지르기에 필요한 속도가 그 도로의 <u>최고속도 범위 이내</u>일 때 앞지르기를 시도한다. 과속은 금물이다.

20 철길 건널목 통과 중 시동이 꺼졌을 때의 조치방법으로 잘못된 것은?

① 즉각적으로 동승자를 대피시킨다.

② 차량을 건널목 밖으로 이동시키기 위해 노력한다.

③ 뒤따라오는 운전자에게 알리고 그들의 지시에 따른다.

④ 건널목 내에서 움직일 수 없을 때에는 열차가 오고 있는 방향으로 뛰어가면서 옷을 벗어 흔드는 등 기관사에게 위급상황을 알려 열차가 정지할 수 있도록 안전조치를 취한다.

● Advice ③ 철도공무원, 건널목 관리원이나 경찰에게 알리고 지시에 따른다.

21 운전 중 접하게 되는 여러 가지 외적 조건에 따라 운전방식을 맞추어 감으로써 연료 소모율을 낮추고 공해배출을 최소화하며 안전의 효과를 가져 오고자 하는 운전방식은?

① 경제운전

② 경영운전

③ 안전운전

④ 방어운전

● Advice 경제운전… 운전 중 접하게 되는 여러 가지 외적 조건에 따라 운전방식을 맞추어 감으로써 연료 소모율을 낮추고 공해배출을 최소화하며 안전의 효과를 가져오고자 하는 운전방식으로 에코드라이빙이라고도 한다.

22 경제운전의 기본적인 방법이 아닌 것은?

① 가 · 감속을 부드럽게 한다.
② 불필요한 공회전을 피한다.
③ 급회전을 한다.
④ 일정한 차량속도를 유지한다.

●Advice ③ 급회전을 피하고 차가 전방으로 나가려는 운동에너지를 최대한 활용해서 부드럽게 회전한다.

23 출발하고자 할 때의 기본 운행 수칙이 아닌 것은?

① 매일 운행을 시작할 때에는 후사경이 제대로 조정되어 있는지 확인한다.
② 기어가 들어가 있는 상태에서는 클러치를 밟지 않고 시동을 걸지 않는다.
③ 운전석은 운전자의 체형에 맞게 조절하여 운전자세가 자연스럽도록 한다.
④ 출발 후 진로변경이 끝나기 전에 신호를 중지한다.

●Advice ④ 출발 후 진로변경이 끝나기 전에 신호를 중지하지 않으며, 진로변경이 끝난 후에도 신호를 계속하고 있지 않는다.

24 폭우로 가시거리가 100m 이내인 경우, 최고속도의 몇 %를 줄인 속도로 운행해야 하는가?

① 20%
② 30%
③ 40%
④ 50%

●Advice 폭우로 가시거리가 100m 이내인 경우, 최고속도의 몇 50%를 줄인 속도로 운행해야 한다.

25 고속도로 진출입부에서의 안전운전에 관한 설명으로 옳지 않은 것은?

① 본선 진입의도를 다른 차량에게 비상등으로 알린다.
② 본선 진입 전 충분히 가속하여 본선 차량의 교통흐름을 방해하지 않도록 한다.
③ 진입을 위한 가속차로 끝부분에서 감속하지 않도록 주의한다.
④ 고속도로 본선을 저속으로 진입하거나 진입 시기를 잘못 맞추면 추돌사고 등 교통사고가 발생할 수 있다.

●Advice ① 본선 진입의도를 다른 차량에게 방향지시등으로 알린다.

26 교차로 통행에서 좌 · 우로 회전할 때 주의사항에 대한 설명으로 옳지 않은 것은?

① 회전이 허용된 차로에서만 회전하고, 회전하고자 하는 지점에 이르기 전 50m(고속도로에서는 200m) 이상의 지점에 이르렀을 때 방향지시등을 작동시킨다.
② 좌회전 차로가 2개 설치된 교차로에서 좌회전할 때에는 1차로(중 · 소형승합자동차), 2차로(대형승합자동차) 통행기준을 준수한다.
③ 대향차가 교차로를 통과하고 있을 때에는 완전히 통과시킨 후 좌회전한다.
④ 회전할 때에는 원심력이 발생하여 차량이 이탈하지 않도록 감속하여 진입한다.

●Advice ① 회전이 허용된 차로에서만 회전하고, 회전하고자 하는 지점에 이르기 전 <u>30m</u>(고속도로에서는 <u>100m</u>) 이상의 지점에 이르렀을 때 방향지시등을 작동시킨다.

정답 22.③ 23.④ 24.④ 25.① 26.①

27 차량점검 및 자기 관리에 내용으로 가장 잘못된 것은?

① 운행시작 전 또는 종료 후에는 차량상태를 철저히 점검한다.

② 운행 중에 차량의 이상이 발견된 경우에는 즉시 관리자에게 연락하여 조치를 받는다.

③ 운행 중 다른 운전자의 나쁜 운전행태에 대해 감정적으로 대응하지 않는다.

④ 술이나 약물의 영향이 있더라도 배차 변경을 요청하지 않는다.

● **Advice** ④ 술이나 약물의 영향이 있는 경우에는 관리자에게 배차 변경을 요청한다.

28 봄철 자동차관리에 대한 설명으로 옳지 않은 것은?

① 환절기의 심한 온도차는 자동차 도장부위에 심한 손상을 줄 수 있기 때문에 자주 세차하는 것은 바람직하지 못하다.

② 겨우내 사용했던 스노타이어는 휠과 분리하여 습기가 없는 공기가 잘 통하는 곳에 보관한다.

③ 추운 날씨로 인해 엔진오일이 변질될 수 있기 때문에 엔진오일 상태를 점검하여 필요 시 엔진오일과 오일필터 등을 교환한다.

④ 더워지기 전에 겨우내 사용하지 않았던 에어컨을 작동시켜 정상적으로 작동되는지 확인한다.

● **Advice** ② 겨우내 사용했던 스노타이어는 모양이 변형되지 않도록 가급적 휠에 끼워 습기가 없는 공기가 잘 통하는 곳에 보관한다.

29 여름철 자동차관리에 대한 설명으로 잘못된 것은?

① 무더운 날씨로 인해 엔진이 과열되기 쉬우므로 냉각수의 양은 충분한지, 냉각수가 새는 부분이 없는지 수시로 확인한다.

② 와이퍼가 작동하지 않을 때에는 퓨즈의 단선 여부를 확인하고, 정상이라면 와이퍼 배선을 점검한다.

③ 차량 내부에 습기가 있는 경우에는 습기를 제거하여 차체의 부식이나 악취 발생을 방지한다.

④ 해수욕장 또는 해안 근처를 주행한 경우에는 따로 세차를 하지 않아도 무방하다.

● **Advice** ④ 해수욕장 또는 해안 근처는 소금기가 강하고, 이 소금기는 금속의 산화작용을 일으키기 때문에 해안 부근을 주행한 경우에는 세차를 통해 소금기를 제거해야 한다.

30 다음 중 앞지르기 순서 및 방법 등의 주의사항으로 바르지 않은 것은?

① 앞지르기 금지장소 여부를 확인한다.

② 우측 방향지시등을 켠다.

③ 최고속도의 제한범위 내에서 가속하여 진로를 서서히 좌측으로 변경한다.

④ 진로를 서서히 우측으로 변경한 후 차가 일직선이 되었을 때 방향지시등을 끈다.

● **Advice** ② 좌측 방향지시등을 켠다.

정답 27.④ 28.② 29.④ 30.②

31 가을철 교통사고 위험요인에 대한 설명으로 옳지 않은 것은?

① 추석명절 귀성객 등으로 전국 도로가 교통량이 증가하여 지·정체가 발생한다.

② 다른 계절에 비하여 도로조건이 양호하지 못하다.

③ 추수철 국도 주변에는 저속으로 운행하는 경운기·트랙터 등의 통행이 증가한다.

④ 맑은 날씨, 단풍 등 계절적 요인으로 인해 보행자의 교통신호에 대한 집중력이 분산될 수 있다.

● Advice ② 가을철은 추석명절 귀성객 등으로 전국 도로가 교통량이 증가하여 지·정체가 발생하지만 다른 계절에 비하여 도로조건은 비교적 양호한 편이다.

32 겨울철 주행할 때 주의사항으로 옳지 않은 것은?

① 겨울철은 밤이 길고 약간의 비나 눈만 내려도 물체를 판단할 수 있는 능력이 감소하므로 전·후방의 교통 상황에 대한 주의가 필요하다.

② 주행 중에 차체가 미끄러질 때에는 핸들을 미끄러지는 반대 방향으로 틀어주면 스핀현상을 방지할 수 있다.

③ 주행 중 노면의 동결이 예상되는 그늘진 장소를 주의한다.

④ 미끄러운 오르막길에서는 앞서가는 자동차가 정상에 오르는 것을 확인한 후 올라가야 한다.

● Advice ② 주행 중에 차체가 미끄러질 때에는 핸들을 <u>미끄러지는 방향으로</u> 틀어주면 스핀현상을 방지할 수 있다.

33 다음 앞지르기 할 때의 방어운전에 관한 내용 중 자신의 차가 다른 차를 앞지르기 할 때에 관한 설명으로 적절하지 않은 것은?

① 앞지르기에 필요한 속도가 그 도로의 최고속도 범위 이내일 때 앞지르기를 시도한다.(과속은 금물이다.)

② 앞차가 앞지르기를 하고 있는 때는 앞지르기를 시도하지 않는다.

③ 앞차의 오른쪽으로 앞지르기 한다.

④ 점선으로 되어 있는 중앙선을 넘어 앞지르기 하는 때에는 대향차의 움직임에 주의한다.

● Advice ③ 앞차의 오른쪽으로 앞지르기 하지 않는다.

34 고속도로 교통사고의 특성으로 옳지 않은 것은?

① 다른 도로에 비해 치사율이 낮다

② 2차사고 발생 가능성이 높아지고 있다.

③ 장거리 운행으로 인한 과로로 졸음운전이 발생할 가능성이 매우 높다.

④ 화물차의 적재불량과 과적이 도로상 낙하물을 발생시키고 교통사고의 원인이 된다.

● Advice ① 고속도로는 빠르게 달리는 도로의 특성상 다른 도로에 비해 치사율이 높다.

35 고속도로 안전운전 방법에 대한 설명으로 옳지 않은 것은?

① 운전자는 앞차의 뒷부분만 주시한다.
② 고속도로에 진입할 때는 방향지시등으로 진입 의사를 표시한 후 가속차로에서 충분히 속도를 높이고 진입한다.
③ 고속도로에서는 주변 차량들과 함께 교통흐름에 따라 운전하는 것이 중요하다.
④ 교통사고로 인한 인명피해를 예방하기 위해 전 좌석 안전띠를 착용해야 한다.

● Advice ① 고속도로 교통사고 원인의 대부분은 전방주시 의무를 게을리 한 탓이다. 운전자는 앞차의 뒷부분만 봐서는 안 되면 앞차의 전방까지 시야를 두면서 운전한다.

36 교통사고 발생 시 대처 요령으로 잘못된 것은?

① 다른 차의 소통에 방해가 되지 않도록 길 가장자리나 공터 등 안전한 장소에 차를 정차시키고 엔진을 끈다.
② 주간에는 100m, 야간에는 200m 뒤에 안전삼각대 및 불꽃 등을 설치해서 500m 후방에서 확인이 가능하도록 해야 한다.
③ 2차사고의 우려가 있더라도 부상자를 움직여서는 안 된다.
④ 사고를 낸 운전자는 사고 발생 장소, 사상자 수, 부상 정도 및 그 밖의 조치상황을 경찰공무원에게 신고하여야 한다.

● Advice ③ 함부로 부상자를 움직여서는 안 되며, 특히 두부에 상처를 입었을 때에는 움직이지 말아야 한다. 그러나 2차사고의 우려가 있을 경우에는 부상자를 안전한 장소로 이동시킨다.

37 고속도로 본선, 갓길에 멈춰 2차 사고가 우려되는 소형차량을 안전지대까지 견인하는 제도로서 한국도로공사에서 비용을 부담하는 무료서비스 번호는?

① 1588-2501
② 1588-2502
③ 1588-2053
④ 1588-2504

● Advice 고속도로 2504 긴급견인 서비스 번호는 1588-2504로 승용차, 16인 이하 승합차, 1.4톤 이하 화물차를 대상으로 시행한다.

38 다음 중 야간운전의 위험성에 관한 설명으로 가장 옳지 않은 것은?

① 밤에는 낮보다 장애물이 잘 보이는 관계로 발견이 빠르며 조치시간이 감소된다.
② 원근감과 속도감이 저하되어 과속으로 운행하는 경향이 발생할 수 있다.
③ 커브길이나 길모퉁이에서는 전조등 불빛이 회전하는 방향을 제대로 비춰지지 않는 경향이 있으므로 속도를 줄여 주행한다.
④ 술 취한 사람이 갑자기 도로에 뛰어들거나 도로에 누워 있는 경우가 발생하므로 주의해야 한다.

● Advice 밤에는 낮보다 장애물이 잘 보이지 않거나 발견이 늦어 조치시간이 지연될 수 있다.

<figure>
정답 ▶ 35.① 36.③ 37.④ 38.①
</figure>

PART

04 운송서비스

01 여객 운수 종사자의 기본자세

01 서비스의 개념과 필요성

(1) 서비스의 개념

서비스는 행위, 과정, 성과로 정의할 수 있다. 운수 종사자의 서비스는 승객의 요구, 필요를 충족시켜주기 위해 제공되는 서비스라 할 수 있다. 버스 이용 승객이 원하는 서비스는 정해진 시간에 버스가 도착하고, 목적지까지 안전하게 가는 것, 쾌적한 버스 환경, 운수종사자의 친절한 응대이다. 승객이 목적지까지 편안하고 안전하게 이동할 수 있도록 책임과 의무를 다하는 것이다.

(2) 서비스의 필요성

① 서비스의 특성

서비스의 특성	내용	문제해결 방안
무형성	보여지는 것이 아니라 기억에 새겨지는 것이다. 즉 고객의 욕구를 충족시키기 위해 수행되는 활동	• 실제적인 단서를 제공하여 이미지를 개선해야 함 • 구전을 통한 호감이미지 확대
이질성	제공자와 수혜자의 상호작용으로 다양함과 이질성의 심화되므로 서비스 표준화가 어렵다.	• 표준화된 서비스를 제공 • 서비스 품질 관리의 노력
소멸성	• 서비스는 1회성이며 생방송이다. • 서비스는 저장, 재활용 할 수 없다. • 순간, 순간의 느낌이 남는 것이다.	• 수요와 공급을 고려한 편리성 증진 • 전 직원의 좋은 서비스(100-1= ?)
비분리성	• 생산과 소비가 동시에 발생한다. • 고객과 서비스 제공자와의 상호작용으로 발생된다.	• 감동을 주는 서비스 • 좋은 인적자원 확보

02 승객 만족

(1) 승객 만족

① 승객 만족은 승객이 무엇을 원하고 있으며 무엇이 불만인지 알아내어 승객의 기대에 부응하는 양질의 서비스를 제공함으로써 승객이 만족감을 느끼게 하는 것이다.

	내용
승객 만족	• 직무에 책임을 다한다. • 단정한 용모를 유지한다. • 시간을 엄수한다. • 매사에 성실하고 성의를 다한다. • 공손하고 친절하게 응대한다. • 예의 바른 말씨를 사용한다. • 자기를 제어한다. • 조심성 있게 행동하고 일을 정확히 처리한다. • 조직이 추구하는 목표와 윤리기준에 부합하기 위해 최선을 다한다. • 명랑한 태도로 모든 일을 의욕적으로 한다.

② 100명의 운수 종사자 중 99명의 운수 종사자가 바람직한 서비스를 제공한다 하더라도 「승객」이 접해본 단 한 명이 불만족스러웠다면 승객은 그 한 명을 통하여 회사 전체를 평가하게 된다.

> **tip 승객의 요구**
>
> • 자신의 불만 제기가 정당한 것이라는 것을 인정해 주기를
> • 자신의 감정에 대해 공감하고 이해하는 태도를 보여주길
> • 잘못된 점을 시정하도록 돕겠다는 말을 해 주길
> • 피해를 입게 되었을 때 진정성 있는 사과와 보상을 기대
> • 개선할 의지의 말과 더불어 변화를 보여주길

(2) 승객 만족 서비스

① 3S
- ㉠ 스마일(Smile) : 호감을 주는 표정으로
- ㉡ 서비스(Service) : 승객의 입장에서 생각하고
- ㉢ 스피드(Speed) : 신속한 응대 및 성의있는 행동을 한다.

② 책임과 의무 : 쾌적하고 안전한 버스 환경 점검, 건강한 심신 유지, 단정한 용모와 복장 확인, 온화한 표정과 좋은 음성관리, 승차 및 하차시 인사표현 연습, 상황별 인사표현, 성의 있는 반응을 보이기 **예** 질문에 정성껏 응대 **예** 공감적, 수용적 응대

03 승객 만족을 위한 긍정 표현

(1) 태도(Attitude)

① 운수 종사자는 자신의 용모와 복장 상태를 청결하고 단정하게 하며, 쾌적한 버스 환경을 제공해야 한다. 버스의 청결도(좌석, 천장, 바닥, 손잡이 등), 쾌적성(적당한 온도, 좋은 냄새 등)을 체크한다. 특히 코로나19 감염병 확산으로 인해 승객이 안심하고 버스를 이용할 수 있도록 방역소독과 환경관리에 신경 써야 한다.

(2) 승객 만족을 위한 자세

① 승객 맞이 인사
승하차 시 "안녕하세요?"/ "어서 오세요."/ "천천히 올라오세요."/ "감사합니다."/ "안녕히 가세요."/ "좋은 하루 보내세요." 등 밝은 목소리로 반갑게 인사한다.

② 근무복(유니폼) 착용
단정한 용모와 근무복(유니폼) 착용은 직업인으로서의 준비된 자세를 표현하며, 승객에게 신뢰감을 준다. 따라서 회사에서 지급한 근무복(유니폼) 착용을 의무화하고 용모를 깔끔하게 관리한다.

③ 승·하차 승객 확인
승객의 안전을 지키기 위해 승·하차 승객을 확인 후 출발한다. 이는 끼임 사고를 예방하고 "개문발차"를 하지 않을 수 있다.

tip 접점별 점검

승차시	• 승객 쪽을 보면서 경쾌한 음성으로 말하면서 인사 표현하기 • 승차한 승객의 안전을 확인(착석 및 손잡이 잡기) 한 후 이동하기
이동중	• 운전 중 고객에게 필요한 정보 주기 • 승객의 질문이나 요청사항에 가급적 빨리 응대하기 • 불만을 제기하는 승객의 얘기를 수용해주고, 가능하면 빠른 해결책 제시하기
하차시	• 하차 승객에게 인사하기("안녕히 가세요") • 승객이 하차한 것을 확인 후 출입문 닫고 출발하기

④ 호감을 주는 언어표현
〈대화 시의 표정 및 태도〉

구분	듣는 입장	말하는 입장
눈	• 상대방을 정면으로 바라본다. • 시선을 자주 마주친다.	• 듣는 사람을 정면으로 바라보고 말한다. • 상대방 눈을 부드럽게 주시한다.
몸	• 정면을 향해 조금 앞으로 내미는듯한 자세를 취한다. • 손이나 다리를 꼬지 않는다. • 끄덕끄덕하거나 메모하는 태도를 유지한다.	• 표정을 밝게 한다. • 등을 펴고 똑바른 자세를 취한다. • 자연스런 몸짓이나 손짓을 사용한다. • 웃음이나 손짓이 지나치지 않도록 주의한다.
입	• 맞장구를 친다. • 모르면 질문하여 물어본다. • 대화의 핵심사항을 재확인하며 말한다.	• 입은 똑바로, 정확한 발음으로, 자연스럽고 상냥하게 말한다. • 쉬운 용어를 사용하고, 경어를 사용하며, 말끝을 흐리지 않는다. • 적당한 속도와 맑은 목소리를 사용한다.
마음	• 흥미와 성의를 가진다. • 말하는 사람의 입장에서 생각하는 마음을 가진다.(역지사지의 마음)	• 성의를 가지고 말한다. • 최선을 다하는 마음으로 말한다.

- "개문발차"하지 않기
- "끼임사고" 예방(0.2 초의 여유)
- "급제동", "급출발" 하지 않기
- "무정차" 하지 않기
- "곡예운전" 하지 않기

(3) 직업관

① 직업의 개념 : 직업은 경제적 소득을 얻거나 사회적 가치를 이루기 위해 참여하는 계속적인 활동으로 삶의 한 과정이다.

tip 직업의 의미

- 경제적 의미
- 직업을 통해 안정된 삶을 영위해 나갈 수 있어 중요한 의미를 가진다.
- 직업은 인간 개개인에게 일할 기회를 제공한다.
- 일의 대가로 임금을 받아 본인과 가족의 경제생활을 영위한다.
- 인간이 직업을 구하려는 동기 중의 하나는 바로 노동의 대가, 즉 임금을 얻는 소득 측면이 있다.
- 사회적 의미
- 직업을 통해 원만한 사회생활, 인간관계 및 봉사를 하게 되며, 자신이 맡은 역할을 수행하여 능력을 인정받는 것이다.
- 직업을 갖는다는 것은 현대사회의 조직적이고 유기적인 분업 관계 속에서 분담된 기능의 어느 하나를 맡아 사회적 분업 단위의 지분을 수행하는 것이다.
- 사람은 누구나 직업을 통해 타인의 삶에 도움을 주기도 하고, 사회에 공헌하며 사회발전에 기여하게 된다.
- 직업은 사회적으로 유용한 것이어야 하며, 사회발전 및 유지에 도움이 되어야 한다.
- 심리적 의미
- 삶의 보람과 자기실현에 중요한 역할을 하는 것으로 사명감과 소명의식을 갖고 정성과 정열을 쏟을 수 있는 것이다.
- 인간은 직업을 통해 자신의 이상을 실현한다.
- 인간의 잠재적 능력, 타고난 소질과 적성 등이 직업을 통해 계발되고 발전된다.
- 직업은 인간 개개인의 자아실현의 매개인 동시에 장이 되는 것이다.
- 자신이 갖고 있는 제반 욕구를 충족하고 자신의 이상이나 자아를 직업을 통해 실현함으로써 인격의 완성을 기하는 것이다.

② 직업관에 대한 이해
  - ㉠ 직업관은 특정한 개인이나 사회의 구성원들이 직업에 대해 갖고 있는 태도나 가치관을 말한다.
  - ㉡ 생계유지의 수단, 개성발휘의 장, 사회적 역할의 실현 등 서로 상응관계에 있는 3가지 측면에서 직업을 인식할 수 있으나, 어느 측면을 보다 강조하느냐에 따라서 각기 특유의 직업관이 성립된다.

tip 바람직한 직업관

- 소명의식을 지닌 직업관 : 항상 소명의식을 가지고 일하며, 자신의 직업을 천직으로 생각한다.
- 사회구성원으로서의 역할 지향적 직업관 : 사회구성원으로서의 직분을 다하는 일이자 봉사하는 일이라 생각한다.
- 미래 지향적 전문능력 중심의 직업관 : 자기 분야의 최고 전문가가 되겠다는 생각으로 최선을 다해 노력한다

③ 올바른 직업윤리
  - ㉠ 소명의식 : 직업에 종사하는 사람이 어떠한 일을 하든지 자신이 하는 일에 전력을 다하는 것이 하늘의 뜻에 따르는 것이라고 생각하는 것이다.
  - ㉡ 천직의식 : 자신이 하는 일보다 다른 사람의 직업이 수입도 많고 지위가 높더라도 자신의 직업에 긍지를 느끼며, 그 일에 열성을 가지고 성실히 임하는 직업의식을 말한다.
  - ㉢ 직분의식 : 사람은 각자의 직업을 통해서 사회의 각종 기능을 수행하고, 직접 또는 간접으로 사회구성원으로서 마땅히 해야 할 본분을 다해야 한다.
  - ㉣ 봉사정신 : 현대 산업사회에서 직업 환경의 변화와 직업의식의 강화는 자신의 직무 수행과정에서 협동정신 등이 필요로 하게 되었다.
  - ㉤ 전문의식 : 직업인은 자신의 직무를 수행하는데 필요한 전문적 지식과 기술을 갖추어야 한다.
  - ㉥ 책임의식 : 직업에 대한 사회적 역할과 직무를 충실히 수행하고, 맡은 바 임무나 의무를 다해야 한다.

실전 연습문제

1 서비스 특성 중 보여지는 것이 아니라 기억에 새겨지는 것을 의미하는 것은?

① 소멸성

② 이질성

③ 무형성

④ 비분리성

● Advice 무형성은 보여지는 것이 아니라 기억에 새겨지는 것이다. 즉 고객의 욕구를 충족시키기 위해 수행되는 활동이다.

2 올바른 서비스 제공을 위한 5요소가 아닌 것은?

① 화려한 복장

② 밝은 표정

③ 공손한 인사

④ 따뜻한 응대

● Advice 올바른 서비스 제공을 위한 5요소
ㄱ 단정한 용모 및 복장
ㄴ 밝은 표정
ㄷ 공손한 인사
ㄹ 친근한 말
ㅁ 따뜻한 응대

3 서비스의 특징이 아닌 것은?

① 유형성

② 동시성

③ 인적 의존성

④ 소멸성

● Advice ① 서비스는 형태가 없는 무형의 상품으로서 제품과 같이 누구나 볼 수 있는 형태로 제시되지 않는다.
※ 서비스의 특징
ㄱ 무형성
ㄴ 동시성
ㄷ 인적 의존성
ㄹ 소멸성
ㅁ 무소유권
ㅂ 변동성
ㅅ 다양성

4 서비스는 재고가 없고 불량 서비스가 나와도 다른 제품처럼 반품할 수도 없으며 고치거나 수리할 수도 없는 특징을 가진다. 이는 서비스의 어떤 특성으로 인한 것인가?

① 다양성

② 인적 의존성

③ 동시성

④ 변동성

● Advice ③ 서비스는 생산과 소비가 동시에 발생하므로 재고가 발생하지 않는다. 서비스 공급자에 의해 제공됨과 동시에 승객에 의해 소비되기 때문에 불량 서비스가 나와도 다른 제품처럼 반품할 수도 없으며 고치거나 수리할 수도 없는 특징을 가진다.

정답 1.③ 2.① 3.① 4.③

5 승객만족 서비스의 3S가 아닌 것은?

① service

② speed

③ smile

④ sure

> **Advice** 승객만족 서비스의 3S로는 스마일(Smile), 서비스(Service), 스피드(Speed) 등이 있다.

6 자신이 하는 일보다 다른 사람의 직업이 수입도 많고 지위가 높더라도 자신의 직업에 긍지를 느끼며, 그 일에 열성을 가지고 성실히 임하는 직업윤리를 무엇이라고 하는가?

① 전문의식

② 책임의식

③ 천직의식

④ 직분의식

> **Advice** 천직의식은 자신이 하는 일보다 다른 사람의 직업이 수입도 많고 지위가 높더라도 자신의 직업에 긍지를 느끼며, 그 일에 열성을 가지고 성실히 임하는 직업의식을 말한다.

7 일반적인 승객의 욕구가 아닌 것은?

① 기억되지 않고 싶어 한다.

② 환영받고 싶어 한다.

③ 편안해지고 싶어 한다.

④ 관심을 받고 싶어 한다.

> **Advice** ① 기억되고 싶어 한다.

8 승객만족을 위한 기본예절로 잘못된 것은?

① 승객의 여건, 능력, 개인차를 인정하고 배려한다.

② 항상 변함없는 진실한 마음으로 승객을 대한다.

③ 모든 인간관계는 성실을 바탕으로 한다.

④ 좋은 인간관계를 위해서 약간의 어려움도 감수하지 않는다.

> **Advice** ④ 약간의 어려움을 감수하는 것은 좋은 인간관계 유지를 위한 투자이다.

9 긍정적인 이미지를 만들기 위한 요소가 아닌 것은?

① 시선처리   ② 음성관리

③ 시간관리   ④ 표정관리

> **Advice** 긍정적인 이미지를 만들기 위한 3요소
> ⊙ 시선처리(눈빛)
> ⓒ 음성관리(목소리)
> ⓒ 표정관리(미소)

10 인사에 대한 설명으로 잘못된 것은?

① 인사는 서비스의 첫 동작이자 마지막 동작이다.

② 인사는 평범하고 쉬운 행동이며 생활화되지 않아도 실천에 옮기기 쉽다.

③ 인사는 애사심, 존경심, 우애, 자신의 교양 및 인격의 표현이다.

④ 인사는 승객에 대한 서비스 정신의 표시이다.

> **Advice** ② 인사는 평범하고도 대단히 쉬운 행동이지만 생활화되지 않으면 실천에 옮기기 어렵다.

정답 5.④ 6.③ 7.① 8.④ 9.③ 10.②

11 다음 중 가벼운 인사(목례)의 인사 각도는?

① 5도

② 10도

③ 15도

④ 20도

> **Advice** ③ 기본적인 예의 표현인 가벼운 인사(목례)의 각도는 15도이다.

12 인간은 직업을 통해 자신의 이상을 실현한다는 것은 직업의 어떠한 의미와 관련이 깊은가?

① 심리적 의미

② 법률적 의미

③ 기술적 의미

④ 사회적 의미

> **Advice** 인간은 직업을 통해 자신의 이상을 실현하는 것은 삶의 보람과 자기실현에 중요한 역할을 하는 것으로 사명감과 소명의식을 갖고 정성과 정열을 쏟을 수 있는 심리적 의미인 것이다.

13 좋은 표정이 아닌 것은?

① 밝고 상쾌한 표정

② 얼굴 전체가 웃는 표정

③ 입을 일자로 굳게 다문 표정

④ 입의 양 꼬리가 올라간 표정

> **Advice** ③ 입을 일자로 굳게 다문 표정은 인상을 굳어 보이게 한다.

14 승객 응대 마음가짐으로 바르지 않은 것은?

① 사명감을 가진다.

② 항상 긍정적으로 생각한다.

③ 공사를 구분하지 않는다.

④ 예의를 지켜 겸손하게 대한다.

> **Advice** ③ 공사를 구분하고 공평하게 대한다.

15 악수에 대한 설명으로 잘못된 것은?

① 악수는 상대방과의 신체접촉을 통한 친밀감을 표현하는 행위이다.

② 상대방이 악수를 청할 경우 먼저 가볍게 목례를 한 후 오른손을 내민다.

③ 손끝만 잡는 것은 좋은 태도가 아니다.

④ 악수하는 도중 다른 곳을 응시하여도 상관없다.

> **Advice** ④ 악수하는 도중 상대방의 시선을 피하거나 다른곳을 응시하여서는 아니 된다.

16 복장의 기본원칙에 대한 설명으로 틀린 것은?

① 깨끗하게   ② 단정하게

③ 개성을 살려서   ④ 계절에 맞게

> **Advice** 복장의 기본원칙
> ㉠ 깨끗하게
> ㉡ 단정하게
> ㉢ 품위 있게
> ㉣ 규정에 맞게
> ㉤ 통일감 있게
> ㉥ 계절에 맞게
> ㉦ 편한 신발을 신되, 샌들이나 슬리퍼는 삼가야 한다.

17 다음 중 표정의 중요성으로 옳지 않은 것은?

① 표정은 첫인상을 좋게 만든다.
② 업무 효과를 높일 수 있다.
③ 첫인상은 대면 이전 결정되는 경우가 많다.
④ 상대방에 대한 호감도를 나타낸다.

Advice ③ 첫인상은 대면 직후 결정되는 경우가 많다.

18 승객에 대한 호칭과 지칭에 대한 설명으로 옳지 않은 것은?

① '승객'이나 '손님'보다는 '고객'을 사용하는 것이 좋다.
② 할아버지, 할머니 등 나이가 드신 분들은 '어르신'으로 호칭하거나 지칭한다.
③ '아줌마', '아저씨'는 상대방을 높이는 느낌이 들지 않으므로 호칭이나 지칭으로 사용하지 않는다.
④ 중·고등학생은 ○○○승객이나 손님으로 성인에 준하여 호칭하거나 지칭한다.

Advice ① '고객'보다는 '차를 타는 손님'이라는 뜻이 담긴 '승객'이나 '손님'을 사용하는 것이 좋다.

19 대화를 나눌 때의 표정 및 예절로 잘못된 것은?

① 눈은 상대방을 정면으로 바라보며 경청한다.
② 자연스런 몸짓이나 손짓을 사용하며 말한다.
③ 모르는 내용이라도 질문하지 않는다.
④ 최선을 다하는 마음으로 말한다.

Advice ③ 모르는 내용은 질문하여 물어보는 것이 듣는 사람의 바른 자세이다.

20 듣는 입장에서의 주의사항으로 잘못된 것은?

① 침묵으로 일관하는 등 무관심한 태도를 취하지 않는다.
② 불가피한 경우를 제외하고 가급적 논쟁은 피한다.
③ 다른 곳을 바라보면서 듣지 않는다.
④ 팔짱을 끼고 앉아서 듣는다.

Advice ④ 팔짱을 끼거나 손장난을 치면서 듣는 것은 듣는 입장의 바른 자세가 아니다.

21 말하는 입장에서의 주의사항으로 잘못된 것은?

① 불평불만을 함부로 말하지 않는다.
② 남을 중상모략하는 언동은 조심한다.
③ 도전적으로 말하는 태도를 가진다.
④ 자기 이야기만 일방적으로 말하지 않는다.

Advice ③ 도전적으로 말하는 태도나 버릇은 조심한다.

22 다음 중 직업의 경제적 의미는?

① 직업은 사회적으로 유용한 것이어야 한다.
② 일의 대가로 임금을 받아 본인과 가족의 경제생활을 영위한다.
③ 사회발전 및 유지에 도움이 되어야 한다.
④ 인간은 직업을 통해 자신의 이상을 실현한다.

Advice ①③ 사회적 의미
④ 심리적 의미

정답 17.③ 18.① 19.③ 20.④ 21.③ 22.②

23 잘못된 인사가 아닌 것은?

① 턱을 쳐들거나 눈을 치켜뜨고 하는 인사
② 무표정한 인사
③ 말과 자세가 일치하는 인사
④ 머리만 까닥거리는 인사

●Advice ③ 인사를 할 때는 성의 있는 말과 함께 예의바른 자
세가 일치해야 한다. 성의 없이 말로만 하는 인사나 자
세가 흐트러진 인사는 잘못된 인사이다.

24 다음 중 밝은 표정의 효과에 관한 내용으로 바르
지 않은 것은?

① 상대방과의 호감 형성에 도움을 준다.
② 상대방으로부터 느낌을 직접 받아들여 상대
방과 자신이 서로 통한다고 느끼는 감정 이
입 효과가 있다.
③ 업무능률 향상에 도움이 된다.
④ 타인의 건강증진에 도움이 된다.

●Advice ④ 자신의 건강증진에 도움이 된다.

정답 23.③ 24.④

02 운수종사자 준수사항 및 운전예절

01 운송사업자 준수사항

〈여객자동차 운수사업법 시행규칙 별표 4〉

(1) 일반적 준수사항

① 운송사업자는 노약자·장애인 등에 대해서는 특별한 편의를 제공해야 한다.

② 운송사업자는 여객에 대한 서비스의 향상 등을 위하여 관할관청이 필요하다고 인정하는 경우에는 운수종사자로 하여금 단정한 복장 및 모자를 착용하게 해야 한다.

③ 운송사업자는 자동차를 항상 깨끗하게 유지하여야 하며, 관할관청이 단독으로 실시하거나 관할관청과 조합이 합동으로 실시하는 청결 상태 등의 검사에 대한 확인을 받아야 한다.

④ 운송사업자는 회사명, 자동차번호, 운전자 성명, 불편사항 연락처 및 차고지 등을 적은 표지판, 운행계통도(노선 운송사업자만 해당)의 사항을 승객이 자동차 안에서 쉽게 볼 수 있는 위치에 게시하여야 한다.

⑤ 전세버스 운송사업자 및 특수 여객 자동차 운송사업자는 운임 또는 요금을 받았을 때에는 영수증을 발급해야 한다.

(2) 자동차의 장치 및 설비 등에 관한 준수사항

① 노선버스 및 수요응답형 여객 자동차(승합자동차만 해당)
  ㉠ 하차문이 있는 노선버스는 여객이 하차 시 하차문이 닫힘으로써 여객에게 상해를 줄 수 있는 경우에 하차문의 동작이 멈추거나 열리도록 하는 압력 감지기 또는 전자 감응 장치를 설치하고, 하차문이 열려 있으면 가속페달이 작동하지 않도록 하는 가속페달 잠금장치를 설치해야 한다.
  ㉡ 난방장치 및 냉방장치를 설치해야 한다.
  ㉢ 시내버스, 농어촌버스 및 수요응답형 여객 자동차의 차 안에는 안내방송 장치를 갖춰야 하며, 정차 신호용 버저를 작동시킬 수 있는 스위치를 설치해야 한다.
  ㉣ 시내버스, 농어촌버스, 마을버스, 일반형시외버스 및 수요응답형 여객 자동차의 차실에는 입석 여객의 안전을 위하여 손잡이대 또는 손잡이를 설치해야 한다.
  ㉤ 버스의 앞바퀴에는 재생한 타이어를 사용해서는 안 된다.
  ㉥ 시외 우등고속버스, 시외 고속버스 및 시외 직행버스의 앞바퀴의 타이어는 튜브리스 타이어를 사용해야 한다.
  ㉦ 버스의 차체에는 목적지를 표시할 수 있는 설비를 설치해야 한다.
  ㉧ 시외버스의 차 안에는 휴대 물품을 둘 수 있는 선반과 차 밑부분에 별도의 휴대 물품 적재함을 설치해야 한다.
  ㉨ 시내버스운송사업용 자동차 중 시내 일반버스와 수요응답형 여객 자동차의 경우에는 국토교통부장관이 정하여 고시하는 설치기준에 따라 운전자의 좌석 주변에 운전자를 보호할 수 있는 구조의 칸막이벽시설을 설치하여야 한다.
  ㉩ 수요응답형 여객 자동차에는 시·도지사가 정하는 수요응답 시스템을 갖추어야 한다.

② 전세버스
  ㉠ 난방장치 및 냉방장치를 설치해야 한다.
  ㉡ 앞바퀴는 재생한 타이어를 사용해서는 안 된다.
  ㉢ 앞바퀴의 타이어는 튜브리스 타이어를 사용해야 한다.
  ㉣ 13세 미만의 어린이의 통학을 위하여 학교 및 보육시설의 장과 운송계약을 체결하고 운행하는 전세버스의 경우에는 「도로교통법」에 따른 어린이통학버스의 신고를 하여야 한다.

③ 장의자동차
　㉠ 관은 차 외부에서 싣고 내릴 수 있도록 해야 한다.
　㉡ 관을 싣는 장치는 차 내부에 있는 장례에 참여하는 사람이 접촉할 수 없도록 완전히 격리된 구조로 해야 한다.
　㉢ 운구전용 장의자동차에는 운전자의 좌석 및 장례에 참여하는 사람이 이용하는 두 종류 이하의 좌석을 제외하고는 다른 좌석을 설치해서는 안 된다.
　㉣ 차 안에는 난방장치를 설치해야 한다.
　㉤ 일반 장의자동차의 앞바퀴에는 재생한 타이어를 사용해서는 안 된다.

02 운수 종사자 준수사항

〈여객자동차 운수사업법 시행규칙 별표 4〉

(1) 운수 종사자 준수사항

① 여객의 안전과 사고 예방을 위하여 운행 전 사업용 자동차의 안전설비 및 등화장치 등의 이상 유무를 확인해야 한다.
② 질병·피로·음주나 그 밖의 사유로 안전한 운전을 할 수 없을 때에는 그 사정을 해당 운송사업자에게 알려야 한다.
③ 자동차의 운행 중 중대한 고장을 발견하거나 사고가 발생할 우려가 있다고 인정될 때에는 즉시 운행을 중지하고 적절한 조치를 해야 한다.
④ 운전업무 중 해당 도로에 이상이 있었던 경우에는 운전업무를 마치고 교대할 때에 다음 운전자에게 알려야 한다.
⑤ 관계 공무원으로부터 운전면허증, 신분증 또는 자격증의 제시 요구를 받으면 즉시 이에 따라야 한다.
⑥ 여객자동차운송사업에 사용되는 자동차 안에서 담배를 피워서는 안 된다.

⑦ 사고로 인하여 사상자가 발생하거나 사업용 자동차의 운행을 중단할 때에는 사고의 상황에 따라 적절한 조치를 취해야 한다.
⑧ 관할관청이 필요하다고 인정하여 복장 및 모자를 지정할 경우에는 그 지정된 복장과 모자를 착용하고, 용모를 항상 단정하게 해야 한다.
⑨ 전세버스운송사업의 운수종사자는 대열운행을 해서는 안 된다.
⑩ 노선 여객자동차운송사업 및 전세버스 운송사업의 운수종사자는 휴식시간을 준수하여 차량을 운행해야 한다.
⑪ 그 밖에 여객자동차 운수사업법 시행규칙에 따라 운송사업자가 지시하는 사항을 이행해야 한다.

03 운전 예절

(1) 사업용 운전자의 자세

① 운전자가 가져야 할 기본 자세 : 교통법규 이해와 준수, 여유 있는 양보 운전, 주의력 집중, 심신상태 안정, 추측운전 금지, 운전기술 과신은 금물, 배출가스로 인한 대기오염 및 소음공해 최소화 노력
② 교통질서의 중요성
　㉠ 제한된 도로 공간에서 많은 운전자가 안전한 운전을 하기 위해서는 운전자의 질서의식이 제고되어야 한다.
　㉡ 타인도 쾌적하고 자신도 쾌적한 운전을 하기 위해서는 모든 운전자가 교통질서를 준수해야 한다.
　㉢ 교통사고로부터 국민의 생명 및 재산을 보호하고, 원활한 교통흐름을 유지하기 위해서는 운전자 스스로 교통질서를 준수해야 한다.

(2) 올바른 운전 예절

① 운전자가 삼가야 하는 행동

   ㉠ 지그재그 운전으로 다른 운전자를 불안하게 만드는 행동을 하지 않는다.

   ㉡ 과속으로 운행하며 급브레이크를 밟는 행위를 하지 않는다.

   ㉢ 운행 중에 갑자기 끼어들거나 다른 운전자에게 욕설을 하지 않는다.

   ㉣ 도로상에서 사고가 발생한 경우 차량을 세워 둔 채로 시비, 다툼 등의 행위로 다른 차량의 통행을 방해하지 않는다.

   ㉤ 운행 중에 갑자기 오디오 볼륨을 크게 작동시켜 승객을 놀라게 하거나, 경음기 버튼을 작동시켜 다른 운전자를 놀라게 하지 않는다.

   ㉥ 신호등이 바뀌기 전에 빨리 출발하라고 전조등을 깜빡이거나 경음기로 재촉하는 행위를 하지 않는다.

   ㉦ 교통 경찰관의 단속에 불응하거나 항의하는 행위를 하지 않는다.

   ㉧ 갓길로 통행하지 않는다.

② 운전예절의 중요성

   ㉠ 사람은 일상생활의 대인관계에서 예의범절을 중시하고 있다.

   ㉡ 사람의 됨됨이는 그 사람이 얼마나 예의 바른가에 따라 가늠하기도 한다.

   ㉢ 예절 바른 운전습관은 명랑한 교통질서를 유지하고, 교통사고를 예방할 뿐만 아니라 교통문화 선진화의 지름길이 될 수 있다

04 운전자 주의사항

(1) 교통 관련 법규 및 사내 안전관리 규정 준수

① 배차지시 없이 임의 운행금지

② 정당한 사유 없이 지시된 운행노선을 임의로 변경 운행금지

③ 승차 지시된 운전자 이외의 타인에게 대리운전 금지

④ 사전승인 없이 타인을 승차시키는 행위 금지

⑤ 운전에 악영향을 미치는 음주 및 약물복용 후 운전 금지

⑥ 철길건널목에서는 일시 정지 준수 및 정차 금지

⑦ 도로교통법에 따라 취득한 운전면허로 운전할 수 있는 차종 이외의 차량 운전금지

⑧ 자동차 전용도로, 급한 경사길 등에서는 주·정차 금지

⑨ 기타 사회적인 물의를 일으키거나 회사의 신뢰를 추락시키는 난폭운전 등의 운전 금지

⑩ 차는 이동하는 회사(이동을 하면서 회사를 홍보해주는) 도구로써 청결 유지, 차의 내, 외부를 청결하게 관리하여 쾌적한 운행환경 유지

(2) 운행 전 준비

① 용모 및 복장 확인(단정하게)

② 승객에게는 항상 친절하게 불쾌한 언행 금지

③ 차의 내, 외부를 항상 청결하게 유지

④ 운행 전 일상점검을 철저히 하고 이상이 발견되면 관리자에게 즉시 보고하여 조치 받은 후 운행

⑤ 배차사항, 지시 및 전달사항 등을 확인한 후 운행

(3) 운행 중 주의

① 주·정차 후 출발할 때에는 차량 주변의 보행자, 승·하차자 및 노상 취객 등을 확인한 후 안전하게 운행한다.

② 내리막길에서는 풋 브레이크를 장시간 사용하지 않고, 엔진 브레이크 등을 적절히 사용하여 안전하게 운행한다.

③ 보행자, 이륜차, 자전거 등과 교행, 나란히 진행할 때에는 서행하며 안전거리를 유지하면서 운행한다.

④ 후진할 때에는 유도 요원을 배치하여 수신호에 따라 안전하게 후진한다.

⑤ 후방카메라를 설치한 경우에는 카메라를 통해 후방의 이상 유무를 확인한 후 안전하게 후진한다.

⑥ 눈길, 빙판길 등은 체인이나 스노타이어를 장착한 후 안전하게 운행한다

⑦ 뒤따라오는 차량이 추월하는 경우에는 감속 등을 통해 양보운전을 한다.

(4) 교통사고에 따른 조치

① 교통사고를 발생시켰을 때에는 도로교통법령에 따라 현장에서의 인명 구호, 관할 경찰서 신고 등의 의무를 성실히 이행한다.

② 어떤 사고라도 임의로 처리하지 말고, 사고 발생 경위를 육하원칙에 따라 거짓 없이 정확하게 회사에 보고한다.

③ 사고처리 결과에 대해 개인적으로 통보를 받았을 때에는 회사에 보고한 후 회사의 지시에 따라 조치한다.

(5) 운전자 신상 변동 등에 따른 보고

① 결근, 지각, 조퇴가 필요하거나, 운전면허증 기재사항 변경, 질병 등 신상 변동이 발생한 때에는 즉시 회사에 보고한다.

② 운전면허 정지 및 취소 등의 행정처분을 받았을 때에는 즉시 회사에 보고하여야 하며, 어떠한 경우라도 운전을 해서는 아니 된다.

실전 연습문제

1 운전자의 운행 전 준비사항으로 가장 거리가 먼 것은?

① 뒤따라오는 차량이 추월하는 경우에는 감속 등을 통해 양보운전을 한다

② 배차사항, 지시 및 전달사항 등을 확인한 후 운행

③ 승객에게는 항상 친절하게 불쾌한 언행 금지

④ 차의 내, 외부를 항상 청결하게 유지

●Advice ①은 운전자의 운행 중 주의사항에 해당하는 내용이다.

2 시외버스운송사업자가 운임을 받을 때 발행해야 하는 승차권 양식에 포함되는 내용이 아닌 것은?

① 사업자의 명칭

② 운수종사자의 성명

③ 사용기간

④ 운임액

●Advice 시외버스운송사업자(승차권의 판매를 위탁받은 자 포함)는 운임을 받을 때에는 사업자의 명칭, 사용구간, 사용기간, 운임액, 반환에 관한 사항을 적은 일정한 양식의 승차권을 발행해야 한다.

3 노선버스의 장치 및 설비 등에 관한 준수사항으로 잘못된 것은?

① 시내버스 및 농어촌버스의 차 안에는 안내방송장치를 갖춰야 한다.

② 버스의 앞바퀴에는 재생한 타이어를 사용할 수 있다.

③ 버스의 차체에는 목적지를 표시할 수 있는 설비를 설치해야 한다.

④ 난방장치 및 냉방장치를 설치해야 한다.

●Advice ② 버스의 앞바퀴에는 재생한 타이어를 사용해서는 안 된다.

4 장의자동차의 장치 및 설비 등에 관한 준수사항으로 잘못된 것은?

① 관은 차 외부에서 싣고 내릴 수 있도록 해야 한다.

② 관을 싣는 장치는 차 내부에 있는 장례에 참여하는 사람이 접촉할 수 있도록 개방된 구조로 해야 한다.

③ 운구전용 장의자동차에는 운전자의 좌석 및 장례에 참여하는 사람이 이용하는 두 종류 이하의 좌석을 제외하고는 다른 좌석을 설치해서는 안 된다.

④ 일반장의자동차의 앞바퀴에는 재생한 타이어를 사용해서는 안 된다.

●Advice ② 관을 싣는 장치는 차 내부에 있는 장례에 참여하는 사람이 접촉할 수 없도록 완전히 격리된 구조로 해야 한다.

정답 1.① 2.② 3.② 4.②

5 운수종사자의 준수사항으로 옳지 않은 것은?

① 일정한 장소에 오랜 시간 정차하여 여객을 유치하는 행위를 하면 안 된다.

② 기점 및 경유지에서 승차하는 여객에게 자동차의 출발 전에 좌석안전띠를 착용하도록 음성방송이나 말로 안내하여야 한다.

③ 여객자동차운송사업에 사용되는 자동차 안에서 담배를 피울 수 있다.

④ 사고로 인하여 사상자가 발생하거나 사업용 자동차의 운행을 중단할 때에는 사고의 상황에 따라 적절한 조치를 취해야 한다.

● Advice ③ 여객자동차운송사업에 사용되는 자동차 안에서 담배를 피워서는 안 된다.

6 다음 중 안전운행과 다른 승객의 편의를 위하여 제지하여야 할 대상이 아닌 것은?

① 시각장애인의 보조견

② 폭발성 물질

③ 인화성 물질

④ 자동차의 통로를 막을 우려가 있는 커다란 물품

● Advice ① 다른 여객에게 위해를 끼치거나 불쾌감을 줄 우려가 있는 동물을 자동차 안으로 데리고 들어오는 행위는 제지하고 필요한 사항을 안내해야 한다. 단, 장애인 보조견 및 전용 운반 상자에 넣은 애완동물은 제외한다.

7 운송사업자는 운수 종사자로 하여금 여객을 운송할 때 성실하게 지키도록 하고, 항상 지도 및 감독해야 하는 내용으로 옳지 않은 것은?

① 정비가 불량한 개인용 자동차를 운행하지 않도록 할 것

② 자동차의 차체가 헐었거나 망가진 상태로 운행하지 않도록 할 것

③ 교통사고를 일으켰을 때에는 긴급조치 및 신고의 의무를 충실하게 이행하도록 할 것

④ 정류소에서 주차 또는 정차할 때에는 질서를 문란하게 하는 일이 없도록 할 것

● Advice 정비가 불량한 사업용 자동차를 운행하지 않도록 해야 한다.

8 운전자가 가져야 할 기본자세가 아닌 것은?

① 교통법규 이해와 준수

② 여유 있는 양보운전

③ 주의력 집중

④ 추측운전

● Advice ④ 운전자는 운행 중에 발생하는 각종 상황에 대해 자신에게만 유리한 판단이나 행동은 조심해야 한다. 추측운전보다는 교통상황 변화를 파악하고 운행하는 것이 바람직하다.

정답 5.③ 6.① 7.① 8.④

9 운전자가 삼가야 하는 행동에 대한 설명으로 잘못된 것은?

① 지그재그 운전으로 다른 운전자를 불안하게 만드는 행동은 하지 않는다.

② 운행 중에 갑자기 끼어들거나 다른 운전자에게 욕설을 하지 않는다.

③ 신호등이 바뀌기 전에 빨리 출발하라고 전조등을 깜박거리거나 경음기로 재촉하는 행위를 하지 않는다.

④ 차내가 소란할 때에는 갑자기 오디오 볼륨을 크게 작동시킨다.

> **● Advice** ④ 운행 중에 갑자기 오디오 볼륨을 크게 작동시켜 승객을 놀라게 하거나, 경음기 버튼을 작동시켜 다른 운전자를 놀라게 하지 않는다.

10 운전자의 주의사항에 대한 설명으로 옳지 않은 것은?

① 배차지시 없이 임의 운행을 하지 않는다.

② 승객에게는 항상 친절하며, 불쾌한 언행을 금한다.

③ 뒤따라오는 차량이 추월하는 경우에는 함께 가속한다.

④ 후진할 때에는 유도요원을 배치하여 수신호에 따라 안전하게 후진한다.

> **● Advice** ③ 뒤따라오는 차량이 추월하는 경우에는 감속 등을 통한 양보운전을 한다.

정답 ▶ 9.④ 10.③

03 교통시스템에 대한 이해

01 버스준공영제

(1) 개요

① 공영제와 민영제 장단점 비교

	공영제	민영제
장점	• 종합적 도시교통계획 차원에서 운행 서비스 공급이 가능 • 노선의 공유화로 수요의 변화 및 교통수단 간 연계차원에서 노선 조정, 신설, 변경 등이 용이 • 연계 · 환승시스템, 정기권 도입 등 효율적 운영체계의 시행이 용이 • 서비스의 안정적 확보와 개선이 용이 • 수익 노선 및 비수익 노선에 대해 동등한 양질의 서비스 제공이 용이 • 저렴한 요금을 유지할 수 있어 서민 대중을 보호하고 사회적 분배 효과 고양	• 민간이 버스노선 결정 및 운행 서비스를 공급함으로 공급 비용을 최소화 • 업무성과 보상이 연관되어 있고 엄격한 지출통제를 받지 않기 때문에 민간 회사가 보다 효율적 • 민간 회사들이 보다 혁신적 • 버스 시장의 수요 · 공급체계의 유연성 • 정부 규제 최소화 및 행정비용, 정부 재정 지원의 최소화
단점	• 책임 의식 결여로 생산성 저하 • 요금 인상에 대한 이용자들의 압력을 정부가 직접 받게 되어 요금조정이 어려움 • 운전자 등 근로자들이 공무원화 될 경우 인건비 증가 우려 • 노선 신설, 정류소 설치, 인사 청탁 등 외부 간섭의 증가로 비효율성 증대	• 노선의 사유화로 노선의 합리적 개편이 적시 적소에 이루어지기 어려움 • 노선의 독점적 운영으로 업체 간 수입 격차가 극심하여 서비스 개선 곤란 • 비수익 노선의 운행 서비스 공급 애로 • 타 교통수단과의 연계교통체계 구축이 어려움 • 과도한 버스 운임의 상승

② 준공영제의 특징

㉠ 버스의 소유 · 운영은 각 버스업체가 유지

㉡ 버스노선 및 요금의 조정, 버스 운행 관리에 대해서는 지방자치단체가 개입

㉢ 지방자치단체의 판단에 의해 조정된 노선 및 요금으로 인해 발생된 운송수지 적자에 대해서는 지방자치단체가 보전

㉣ 노선체계의 효율적인 운영

㉤ 표준운송원가를 통한 경영효율화 도모

㉥ 수준 높은 버스 서비스 제공

(2) 버스준공영제의 유형

① 형태에 의한 분류 : 노선 공동관리형, 수입금 공동관리형, 자동차 공동관리형

② 버스업체 지원 형태에 의한 분류

㉠ **직접 지원형** : 운영비용이나 자본비용을 보조하는 형태

㉡ **간접 지원형** : 기반시설이나 수요증대를 지원하는 형태

02 버스요금 제도

(1) 버스요금의 관할관청

구분		운임의 기준·요율 결정	신고
노선 운송 사업	시내 버스	시·도지사 (광역급행형 : 국토교통부 장관)	시장·군수
	농어촌 버스	시·도지사	시장·군수
	시외 버스	국토교통부 장관	시·도지사
	고속 버스	국토교통부 장관	시·도지사
	마을 버스	시장·군수	시장·군수
구역 운송 사업	전세 버스	자율요금	
	특수 여객	자율요금	

(2) 버스요금체계

① 버스요금체계의 유형
  ㉠ 단일(균일)운임제 : 이용 거리와 관계없이 일정하게 설정된 요금을 부과하는 요금체계이다.
  ㉡ 구역운임제 : 운행구간을 몇 개의 구역으로 나누어 구역별로 요금을 설정하고, 동일구역 내에서는 균일하게 요금을 부과하는 요금체계이다.
  ㉢ 거리운임요율제 : 거리운임요율에 운행거리를 곱해 요금을 산정하는 요금체계이다.
  ㉣ 거리체감제 : 이용 거리가 증가함에 따라 단위당 운임이 낮아지는 요금체계이다.

② 업종별 요금체계
  ㉠ 시내 및 농어촌버스 : 동일 특별시, 광역시, 시 및 군 내에서는 단일운임제, 시(읍)계 외 지역에서는 구역제, 구간제, 거리비례제
  ㉡ 시외버스 : 거리운임요율제(기본구간 10km 기준 최저 기본 운임), 거리체감제
  ㉢ 고속버스 : 거리체감제

㉣ 마을버스 : 단일운임제
㉤ 전세버스 / 특수여객 : 자율요금

02 간선급행버스체계(BRT ; Bus Rapid Transit)

(1) 개념

① 도심과 외곽을 잇는 주요 간선도로에 버스전용차로를 설치하여 급행버스를 운행하게 하는 대중교통시스템을 말한다.

② 요금정보시스템과 승강장·환승정류소·환승터미널·정보체계 등 도시철도시스템을 버스운행에 적용한 것으로 '땅 위의 지하철'로도 불린다.

(2) 간선급행버스체계의 도입 배경

① 도로와 교통시설 증가의 둔화

② 대중교통 이용률 하락

③ 교통체증의 지속

④ 도로 및 교통시설에 대한 투자비의 급격한 증가

⑤ 신속하고, 양질의 대량수송에 적합한 저렴한 비용의 대중교통 시스템 필요

(3) 간선급행버스체계의 특성

① 중앙버스차로와 같은 분리된 버스전용차로 제공

② 효율적인 사전 요금징수 시스템 채택

③ 신속한 승차 및 하차 가능

④ 정류소 및 승차대의 쾌적성 향상

⑤ 지능형 교통시스템(ITS ; Intelligent Transportation system)을 활용한 첨단신호체계 운영

⑥ 실시간으로 승객에게 버스운행정보 제공 가능

⑦ 환승 정류소 및 터미널을 이용하여 다른 교통수단과의 연계 가능

⑧ 환경친화적인 고급버스를 제공함으로써 버스에 대한 이미지 혁신 가능

⑨ 대중교통에 대한 승객 서비스 수준 향상

(4) 간선급행버스체계 운영을 위한 구성요소

① **통행권 확보** : 독립된 전용도로 또는 차로 등을 활용한 이용통행권 확보

② **교차로 시설 개선** : 버스우선신호, 버스전용 지하 또는 고가 등을 활용한 입체교차로 운영

③ **자동차 개선** : 저공해, 저소음, 승객들의 수평 승하차 및 대량수송

④ **환승시설 개선** : 편리하고 안전한 환승시설 운영

⑤ **운행관리시스템** : 지능형 교통시스템을 활용한 운행관리

02 버스정보시스템(BIS) 및 버스운행관리시스템(BMS)

(1) 버스정보시스템(BIS) 및 버스운행관리시스템(BMS)의 개요

① 버스정보시스템(BIS ; Bus Information System)은 버스와 정류소에 무선 송수신기를 설치하여 버스의 위치를 실시간으로 파악하고, 이를 이용해 이용자에게 정류소에서 해당 노선버스의 도착 예정시간을 안내하고 이와 동시에 인터넷 등을 통하여 운행정보를 제공하는 시스템이다.

② 버스운행관리시스템(BMS : Bus Management System)은 차내 장치를 설치한 버스와 종합사령실을 유·무선 네트워크로 연결해 버스의 위치나 사고 정보 등을 버스회사, 운전자에게 실시간으로 보내주는 시스템이다.

③ BIS와 BMS의 비교

구분	버스정보시스템(BIS)	버스운행관리시스템(BMS)
정의	이용자에게 버스 운행 상황 정보제공	버스 운행상황 관제
제공 매체	정류소 설치 안내기, 인터넷, 모바일	버스회사 단말기, 상황판, 차량단말기
제공 대상	버스이용승객	버스운전자, 버스회사, 시 및 군
기대 효과	버스 이용승객에게 편의 제공	배차관리, 안전운행, 정시성 확보
데이터	정류소 출발 및 도착 데이터	일정 주기 데이터, 운행기록데이터

(2) 버스정보시스템(BIS) 운영

① **정류소** : 대기 승객에게 정류소 안내기를 통하여 도착 예정 시간 등을 제공

② **차내** : 다음 정류소 안내, 도착예정 시간 안내

③ **그 외 장소** : 유무선 인터넷을 통한 특정 정류소 버스 도착예정시간 정보 제공

④ **주목적** : 버스이용자에게 편의 제공과 이를 통한 활성화

(3) 버스운행관리시스템(BMS) 운영

① 버스운행관리센터 또는 버스회사에서 버스운행 상황과 사고 등 돌발적인 상황 감지

② 관계기관, 버스회사, 운수 종사자를 대상으로 정시성 확보

③ 버스운행관제, 운행상태(위치, 위반사항) 등 버스정책 수립 등을 위한 기초자료 제공

④ **주목적** : 버스운행관리, 이력관리 및 버스운행정보제공 등

(2) 버스정보시스템 및 버스운행관리시스템의 주요 기능

① 버스정보시스템의 주요 기능
   버스도착 정보제공 : 정류소별 도착예정 정보 표출, 정류소 간 주행시간 표출, 버스운행 및 종료 정보 제공

② 버스운행관리시스템의 주요 기능
   ㉠ 실시간 운행상태 파악 : 버스운행의 실시간 관제, 정류소별 도착시간 관제, 배차 간격 미준수 버스 관제
   ㉡ 전자지도 이용 실시간 관제 : 노선 임의변경 관제, 버스위치 표시 및 관리, 실제 주행 여부 관제
   ㉢ 버스운행 및 통계관리 : 누적 운행시간 및 횟수 통계관리, 기간별 운행통계관리, 버스, 노선, 정류소별 통계관리

(3) 버스정보시스템 및 버스운행관리시스템의 이용 주체별 기대효과

① 버스정보시스템의 기대효과
   ㉠ 이용자(승객) : 버스운행정보 제공으로 만족도 향상, 불규칙한 배차와 결행 및 무정차 통과에 의한 불편해소, 과속 및 난폭운전으로 인한 불안감 해소, 버스 도착 예정시간 사전확인으로 불필요한 대기시간 감소
   ㉡ 추가

② 버스운행관리시스템의 기대효과
   ㉠ 운수 종사자(버스 운전자) : 운행정보 인지로 정시운행, 앞뒤차 간의 간격인지로 차간 간격 조정 운행, 운행상태 완전 노출로 운행질서 확립
   ㉡ 버스회사 : 서비스 개선에 따른 승객 증가로 수지개선, 과속 및 난폭운전에 대한 통제로 교통사고율 감소 및 보험료 절감, 정확한 배차관리와 운행 간격 유지 등으로 경영합리화 가능
   ㉢ 정부 및 지자체 : 자가용 이용자의 대중교통 흡수 활성화, 대중교통 정책 수립의 효율화, 버스운행관리 감독의 과학화로 경제성 및 정확성 및 객관성 확보

03 버스전용차로 및 대중교통 전용 지구

(1) 버스 전용차로의 개념

버스전용차로는 일반차로와 구별되게 버스가 전용으로 신속하게 통행할 수 있도록 설정된 차로를 말한다.

(2) 전용차로 유형별 특징

① 가로변 버스전용차로 : 가로변 버스전용차로는 일방통행로 또는 양방향 통행로에서 가로변 차로를 버스가 전용으로 통행할 수 있도록 제공하는 것을 말한다.

tip 가로변 버스전용차로의 장단점	
장점	단점
시행이 간편하다.	시행효과가 바로 나타나지 않는다.
적은 비용으로 운영이 가능하다.	가로변 상업 활동과 상충된다.
기존의 가로망 체계에 미치는 영향이 적다.	전용차로 위반차량이 많이 발생한다.
시행 후 문제점 발생에 따른 보완 및 원상복귀가 용이하다.	우회전하는 차량과 충돌할 위험이 존재한다.

② 역류버스전용차로 : 역류버스전용차로는 일방통행로에서 차량이 진행하는 반대방향으로 1~2개 차로를 버스전용차로로 제공하는 것을 말한다. 이는 일방통행로에서 양방향으로 대중교통 서비스를 유지하기 위한 방법이다.

tip 역류버스전용차로의 장단점	
장점	단점
대중교통 서비스를 제공하면서 가로변에 설치된 일방통행의 장점을 유지할 수 있다.	일방통행로에서는 보행자가 버스전용차로의 진행방향만 확인하는 경향으로 인해 보행자 사고가 증가할 수 있다.
대중교통의 정시성이 제고된다.	잘못 진입한 차량으로 인해 교통혼잡이 발생할 수 있다.

③ 중앙버스전용차로 : 중앙버스전용차로는 도로 중앙에 버스만 이용할 수 있는 전용차로를 지정함으로써 버스를 다른 차량과 분리하여 운영하는 방식을 말한다.

tip 중앙버스전용차로의 장단점

장점	단점
일반 차량과의 마찰을 최소화 한다.	도로 중앙에 설치된 버스정류소로 인해 무단횡단 등 안전문제가 발생한다.
교통정체가 심한 구간에서 더욱 효과적이다.	여러 가지 안전시설 등의 설치 및 유지로 인한 비용이 많이 든다.
대중교통의 통행속도 제고 및 정시성 확보가 유리하다.	전용차로에서 우회전하는 버스와 일반차로에서 좌회전하는 차량에 대한 체계적인 관리가 필요하다.
대중교통 이용자의 증가를 도모할 수 있다.	일반 차로의 통행량이 다른 전용차로에 비해 많이 감소할 수 있다.
가로변 상업 활동이 보장된다.	승차 및 하차 정류소에 대한 보행자의 접근거리가 길어진다.

(3) 대중교통 전용지구

① 개념 : 도시의 교통수요를 감안해 승용차 등 일반 차량의 통행을 제한할 수 있는 지역 및 제도를 말한다.

② 목적 : 도심상업지구의 활성화, 쾌적한 보행자 공간의 확보, 대중교통의 원활한 운행 확보, 도심교통환경 개선

---

06 교통카드시스템

(1) 교통카드시스템의 개요

① 개념 : 교통카드는 대중교통수단의 운임이나 유료도로의 통행료를 지불할 때 주로 사용되는 일종의 전자화폐이다.

② 교통카드시스템의 도입 효과

이용자 측면	• 현금소지의 불편 해소 • 소지의 편리성, 요금 지불 및 징수의 신속성 • 하나의 카드로 다수의 교통수단 이용 가능 • 요금할인 등으로 교통비 절감
운영자 측면	• 운송수입금 관리가 용이 • 요금집계업무의 전산화를 통한 경영합리화 • 대중교통 이용률 증가에 따른 운송수익의 증대 • 정확한 전산실적자료에 근거한 운행 효율화 • 다양한 요금체계에 대응(거리비례제, 구간요금제 등)
정부 측면	• 대중교통 이용률 제고로 교통환경 개선 • 첨단교통체계 기반 마련 • 교통정책 수립 및 교통요금 결정의 기초자료 확보

실전 연습문제

1 다음의 버스운영체제 유형은?

> 정부가 버스노선의 계획에서부터 버스차량의 소유·공급, 노선의 조정, 버스의 운행에 따른 수입금 관리 등 버스 운영체계의 전반을 책임지는 방식

① 공영제　　　　② 민영제
③ 준공영제　　　④ 공공제

● **Advice** 버스운영체제의 유형
  ㉠ **공영제**: 정부가 버스노선의 계획에서부터 버스차량의 소유·공급, 노선의 조정, 버스의 운행에 따른 수입금 관리 등 버스 운영체계의 전반을 책임지는 방식
  ㉡ **민영제**: 민간이 버스노선의 결정, 버스운행 및 서비스의 공급 주체가 되고, 정부규제는 최소화하는 방식
  ㉢ **버스준공영제**: 노선버스 운영에 공공개념을 도입한 형태로 운영은 민간, 관리는 공공영역에서 담당하게 하는 운영체제

2 다음 중 공영제의 장점이 아닌 것은?

① 종합적 도시교통계획 차원에서 운행서비스 공급 가능
② 연계·환승시스템, 정기권 도입 등 효율적 운영체계의 시행 용이
③ 책임의식 증가와 생산성 향상
④ 비수익노선에 대한 양질의 서비스 제공 용이

● **Advice** ③ 공영제는 책임의식 결여로 생산성이 저하된다는 단점이 있다.

3 다음 중 민영제의 단점이 아닌 것은?

① 노선의 사유화로 노선의 합리적 개편이 적시적소에 이루어지기 어려움
② 노선의 독점적 운영으로 업체 간 수입격차가 극심하여 서비스 개선이 곤란
③ 비수익노선의 운행서비스 공급 애로
④ 공급비용의 최대화

● **Advice** ④ 민영제는 민간이 버스노선 결정 및 운행서비스를 공급함으로 공급비용을 최소화하는 장점이 있다.

4 민간이 버스노선의 결정, 버스운행 및 서비스의 공급 주체가 되는 것은?

① 버스준공영제
② 공영제
③ 민영제
④ 자동차준공영제

● **Advice** 민영제는 민간이 버스노선의 결정, 버스운행 및 서비스의 공급 주체가 되고, 정부규제는 최소화하는 방식을 말한다.

정답 ▶ 1.① 2.③ 3.④ 4.③

5 이용거리가 증가함에 따라 단위 당 운임이 낮아지는 요금체계는?

① 단일운임제
② 구역운임제
③ 거리운임요율제
④ 거리체감제

> **Advice** ④ 거리체감제는 이용거리가 증가함에 따라 단위당 운임이 낮아지는 요금체계이다.

6 다음 빈칸에 들어갈 내용이 바르게 짝지어진 것은?

> 국내 버스준공영제의 일반적인 형태는 (   ) 공동관리제를 바탕으로 표준운송원가 대비 운송수입금 부족분을 지원하는 (   ) 지원형이다.

① 노선 - 직접
② 수입금 - 직접
③ 자동차 - 간접
④ 수입금 - 간접

> **Advice** 국내 버스준공영제의 일반적인 형태는 <u>수입금</u> 공동관리제를 바탕으로 표준운송원가 대비 운송수입금 부족분을 지원하는 <u>직접</u> 지원형이다.

7 형태에 따른 버스준공영제의 유형이 아닌 것은?

① 노선 공동관리형
② 수입금 공동관리형
③ 자동차 공동관리형
④ 직접 및 간접 지원형

> **Advice** ④ 직접 지원형 또는 간접 지원형은 버스업체 지원형태에 의한 분류이다.

8 다음 중 공영제의 단점이 아닌 것은?

① 책임의식 결여로 생산성 저하
② 과도한 버스 운임의 상승
③ 운전자 등 근로자들이 공무원화 될 경우 인건비 증가 우려
④ 노선 신설, 정류소 설치, 인사 청탁 등 외부 간섭의 증가로 비효율성 증대

> **Advice** ② 민영제의 단점에 대한 내용이다.

9 이용거리와 관계없이 일정하게 설정된 요금을 부과하는 요금체계는?

① 단일운임제
② 구역운임제
③ 거리운임요율제
④ 거리체감제

> **Advice** ① 이용거리와 관계없이 일정하게 설정된 요금을 부과하는 요금체계는 단일(균일)운임제이다.

10 업종별 요금체계에 대한 설명으로 잘못된 것은?

① 시외버스 : 거리운임요율제, 거리체감제
② 고속버스 : 거리체감제
③ 마을버스 : 자율요금
④ 전세버스 : 자율요금

> **Advice** ③ 마을버스 : 단일운임제

정답 5.④ 6.② 7.④ 8.② 9.① 10.③

11 도심과 외곽을 잇는 주요 간선도로에 버스전용차로를 설치하여 급행버스를 운행하게 하는 대중교통시스템은?

① 중앙쾌속버스체계
② 간선급행버스체계
③ 간선쾌속버스체계
④ 간선고속버스체계

> ● Advice 간선급행버스체계(BRT : Bus Rapid Transit) ⋯ 도심과 외곽을 잇는 주요 간선도로에 버스전용차로를 설치하여 급행버스를 운행하게 하는 대중교통시스템으로 요금정보시스템과 승강장, 환승정류소, 환승터미널, 정보체계 등 도시철도시스템을 버스운행에 적용한 것으로 '땅 위의 지하철'로도 불린다.

12 간선급행버스체계의 도입 배경으로 옳지 않은 것은?

① 도로와 교통시설 증가의 둔화
② 대중교통 이용률 상승
③ 교통체증의 지속
④ 도로 및 교통시설에 대한 투자비의 급격한 증가

> ● Advice ② 대중교통 이용률 하락

13 간선급행버스체계의 특성으로 틀린 것은?

① 중앙버스차로와 같은 분리된 버스전용차로 제공
② 효율적인 사후 요금징수 시스템 채택
③ 신속한 승ㆍ하차 가능
④ 정류소 및 승차대의 쾌적성 향상

> ● Advice ② 효율적인 사전 요금징수 시스템 채택

14 버스와 정류소에 무선 송수신기를 설치하여 버스의 위치를 실시간으로 파악하고, 이를 이용해 이용자에게 정류소에서 해당 노선버스의 도착예정시간을 안내하고 이와 동시에 인터넷 등을 통하여 운행정보를 제공하는 시스템은?

① 버스정보시스템
② 버스운행관리시스템
③ 간선급행버스스시템
④ 버스전용차로시스템

> ● Advice 버스정보시스템(BIS : Bus Information System) ⋯ 버스와 정류소에 무선 송수신기를 설치하여 버스의 위치를 실시간으로 파악하고, 이를 이용해 이용자에게 정류소에서 해당 노선버스의 도착예정시간을 안내하고 이와 동시에 인터넷 등을 통하여 운행정보를 제공하는 시스템

15 차내장치를 설치한 버스와 종합사령실을 유ㆍ무선 네트워크로 연결해 버스의 위치나 사고 정보 등을 버스회사, 운전자에게 실시간으로 보내주는 시스템은?

① 버스정보시스템
② 버스운행관리시스템
③ 간선급행버스스시템
④ 버스전용차로시스템

> ● Advice 버스운행관리시스템(BMS : Bus Management System) ⋯ 차내장치를 설치한 버스와 종합사령실을 유ㆍ무선 네트워크로 연결해 버스의 위치나 사고 정보 등을 버스회사, 운전자에게 실시간으로 보내주는 시스템

정답 11.② 12.② 13.② 14.① 15.②

16 다음 중 노선버스 운영에 공공개념을 도입한 형태는?

① 민영제
② 지선버스급행제
③ 버스준공영제
④ 간선버스급행제

● Advice 버스준공영제는 노선버스 운영에 공공개념을 도입한 형태로 운영은 민간, 관리는 공공영역에서 담당하게 하는 운영체제를 말한다.

17 다음 중 간선급행버스체계 운영을 위한 구성요소에 해당하지 않는 것은?

① 통행권 확보
② 자동차 개선
③ 운전자 개선
④ 운행관리시스템

● Advice 간선급행버스체계 운영을 위한 구성요소
  ㉠ 통행권 확보
  ㉡ 교차로 시설 개선
  ㉢ 자동차 개선
  ㉣ 환승시설 개선
  ㉤ 운행관리시스템

18 다음은 버스운행관리시스템(BMS)의 어떤 기능에 해당하는가?

> • 버스운행의 실시간 관제
> • 정류소별 도착시간 관제
> • 배차간격 미준수 버스 관제

① 실시간 운행상태 파악
② 전자지도 이용 실시간 관계
③ 버스운행 및 통계관리
④ 버스도착 정보제공

● Advice 버스운행관리시스템의 주요기능
  ㉠ 실시간 운행상태 파악
   • 버스운행의 실시간 관제
   • 정류소별 도착시간 관제
   • 배차간격 미준수 버스 관제
  ㉡ 전자지도 이용 실시간 관계
   • 노선 임의변경 관제
   • 버스위치표시 및 관리
   • 실제 주행여부 관제
  ㉢ 버스운행 및 통계관리
   • 누적 운행시간 및 횟수 통계관리
   • 기간별 운행통계관리
   • 버스, 노선, 정류소별 통계관리

19 버스정보시스템의 기대효과로 가장 적절하지 않은 것은?

① 버스운행정보 제공으로 만족도 향상
② 과속 및 난폭운전으로 인한 불안감 해소
③ 불필요한 대기시간 증가
④ 불규칙한 배차, 결행 및 무정차 통과에 의한 불편해소

● Advice ③ 버스 도착 예정 시간 사전확인으로 불필요한 대기시간이 감소한다.

정답 16.③ 17.③ 18.① 19.③

20 버스운행관리스시템으로 정부·지자체가 기대할 수 있는 효과는?

① 운행정보 인지로 정시 운행
② 운행상태 완전노출로 운행질서 확립
③ 서비스 개선에 따른 승객 증가로 수지개선
④ 대중교통정책 수립의 효율화

●Advice ①② 운수종사자(버스 운전자)의 기대효과
③ 버스회사의 기대효과

21 다음 중 버스운행관리시스템으로 버스회사가 기대할 수 있는 효과가 아닌 것은?

① 서비스 개선에 따른 승객 증가로 수지개선
② 과속 및 난폭운전에 대한 통제로 교통사고율 감소 및 보험료 절감
③ 정확한 배차관리, 운행간격 유지 등으로 경영합리화 가능
④ 버스운행 관리감독의 과학화로 경제성, 정확성, 객관성 확보

●Advice ④는 정부 및 지자체가 기대할 수 있는 효과이다.

22 버스전용차로를 설치하기 적절한 구간으로 가장 바람직하지 않은 곳은?

① 전용차로를 설치하고자 하는 구간의 교통정체가 심한 곳
② 버스 통행량이 일정수준 이상인 곳
③ 승차인원이 다수인 승용차의 비중이 높은 구간
④ 편도 3차로 이상 등 도로 기하구조가 전용차로를 설치하기 적당한 구간

●Advice ③ 버스전용차로는 승차인원이 한 명인 승용차의 비중이 높은 구간에 설치하는 것이 바람직하다.

23 다음 중 현행 민영체제 하에서 버스운영의 한계로 옳지 않은 것은?

① 노사 대립으로 인한 사회적 갈등
② 버스노선의 사유화로 효율적 운영
③ 오랫동안 버스서비스를 민간 사업자에게 맡김으로 인해 노선이 사유화되고 이로 인해 적지 않은 문제점이 내재하고 있음
④ 버스업체의 자발적 경영개선의 한계

●Advice 현행 민영체제 하에서 버스운영의 한계는 다음과 같다.
• 오랫동안 버스서비스를 민간 사업자에게 맡김으로 인해 노선이 사유화되고 이로 인해 적지 않은 문제점이 내재하고 있음
• 버스노선의 사유화로 비효율적 운영
• 버스업체의 자발적 경영개선의 한계
• 노사 대립으로 인한 사회적 갈등

24 일방통행로 또는 양방향 통행로에서 가로변 차로를 버스가 전용으로 통행할 수 있도록 제공한 전용차로는?

① 가로변버스전용차로
② 역류버스전용차로
③ 중앙버스전용차로
④ 고속버스전용차로

●Advice 가로변버스전용차로 … 일방통행로 또는 양방향 통행로에서 가로변 차로를 버스가 전용으로 통행할 수 있도록 제공한 전용차로로, 종일 또는 출·퇴근 시간대 등을 지정하여 운영할 수 있다.

정답 20.④ 21.④ 22.③ 23.② 24.①

25 가로변버스전용차로의 장점이 아닌 것은?

① 시행효과가 확실하다.
② 적은 비용으로 운행이 가능하다.
③ 기존의 가로망 체계에 미치는 영향이 적다.
④ 시행 후 문제점 발생에 따른 보완 및 원상복귀가 용이하다.

• Advice ① 가로변버스전용차로는 시행이 간편하다는 장점이 있지만 시행효과가 미비하다.

26 일방통행로에서 차량이 진행하는 반대방향으로 1~2개 차로를 버스가 전용으로 통행할 수 있도록 제공한 전용차로는?

① 가로변버스전용차로
② 역류버스전용차로
③ 중앙버스전용차로
④ 고속버스전용차로

• Advice **역류버스전용차로** … 일방통행로에서 차량이 진행하는 반대방향으로 1~2개 차로를 버스가 전용으로 통행할 수 있도록 제공한 전용차로이다. 일반 차량과 반대방향으로 운영하기 때문에 차로분리시설과 안내시설 등의 설치가 필요하며 가로변버스전용차로에 비해 시행비용이 많이 든다.

27 중앙버스전용차로의 단점이 아닌 것은?

① 도로 중앙에 설치된 버스정류소로 인해 무단횡단 등 안전문제가 발생한다.
② 여러 가지 안전시설 등의 설치 및 유지로 인한 비용이 많이 든다.
③ 대중교통 이용자가 감소한다.
④ 승·하차 정류소에 대한 보행자의 접근거리가 길어진다.

• Advice ③ 중앙버스전용차로는 대중교통 이용자의 증가를 도모할 수 있다는 장점이 있다.
※ **중앙버스전용차로의 단점**
　㉠ 도로 중앙에 설치된 버스정류소로 인해 무단횡단 등 안전문제가 발생한다.
　㉡ 여러 가지 안전시설 등의 설치 및 유지로 인한 비용이 많이 든다.
　㉢ 전용차로에서 우회전하는 버스와 일반차로에서 좌회전하는 차량에 대한 체계적인 관리가 필요하다.
　㉣ 일반 차로의 통행량이 다른 전용차로에 비해 많이 감소할 수 있다.
　㉤ 승·하차 정류소에 대한 보행자의 접근거리가 길어진다.

28 시내버스 운임의 기준·요율 결정은 누가 하는가?

① 국토교통부장관
② 시장
③ 군수
④ 시도지사

• Advice 시내버스의 운임의 기준·요율 결정은 시도지사가 한다.

정답 25.① 26.② 27.③ 28.④

29 9인승 승용자동차가 고속도로 버스전용차로를 통행하기 위해서는 승차인원이 몇 명 이상이어야 하는가?

① 5인
② 6인
③ 7인
④ 8인

●Advice ② 승용차동차 또는 12인승 이하의 승합자동차는 6인 이상이 승차한 경우에 한해 고속도로 버스전용차로 통행이 가능하다.

30 마을버스 운임의 기준·요율 결정은 누가 하는가?

① 구청장
② 시도지사
③ 국토교통부장관
④ 시장·군수

●Advice 마을버스 운임의 기준·요율 결정은 시장·군수가 한다.

31 대중교통 전용지구의 운영에 대한 설명으로 틀린 것은?

① 버스 및 16인승 승합차, 긴급자동차만 통행 가능하다.
② 심야시간에 한해 택시의 통행이 가능하다.
③ 승용차 및 일반 승합차는 24시간 진입불가하다.
④ 보행자의 보호를 위해 대중교통 전용지구 내 50km/h로 속도가 제한된다.

●Advice ④ 보행자의 보호를 위해 대중교통 전용지구 내 30km/h로 속도가 제한된다.

32 교통카드시스템 도입으로 이용자가 얻을 수 있는 효과가 아닌 것은?

① 현금소지의 불편 해소
② 하나의 카드로 다수의 교통수단 이용 가능
③ 요금할인 등으로 교통비 절감
④ 첨단교통체계 기반 마련

●Advice ④는 교통카드시스템 도입으로 정부가 얻을 수 있는 효과이다.

33 자기인식방식으로 간단한 정보 기록이 가능하고 정보를 저장하는 매체인 자성체가 손상될 위험이 높고, 위·변조가 용이해 보안에 취약한 교통카드의 종류는?

① MS 방식
② 접촉식 IC 방식
③ 비접촉식 IC 방식
④ 하이브리드 IC 방식

●Advice 카드방식에 따른 교통카드의 분류
　㉠ MS(Magnetic Strip) 방식 교통카드 : 자기인식방식으로 간단한 정보 기록이 가능하고 정보를 저장하는 매체인 자성체가 손상될 위험이 높고, 위·변조가 용이해 보안에 취약하다.
　㉡ IC 방식(스마트카드) : 반도체 칩을 이용해 정보를 기록하는 방식으로 자기카드에 비해 수백 배 이상의 정보 저장이 가능하고, 카드에 기록된 정보를 암호화할 수 있어 자기카드에 비해 보안성이 높다.

정답 ▶ 29.② 30.④ 31.④ 32.④ 33.①

34 다음 중 대중교통 전용지구의 목적으로 잘못된 것은?

① 도심교통환경 개선
② 부도심상업지구의 활성화
③ 대중교통의 원활한 운행 확보
④ 쾌적한 보행자 공간의 확보

● Advice 대중교통 전용지구의 목적
  ㉠ 도심상업지구의 활성화
  ㉡ 쾌적한 보행자 공간의 확보
  ㉢ 대중교통의 원활한 운행 확보
  ㉣ 도심교통환경 개선

35 교통카드시스템에 대한 설명으로 잘못된 것은?

① 단말기 : 교통카드를 판독하여 이용요금을 차감하고 잔액을 기록한다.
② 집계시스템 : 단말기와 충전시스템을 연결하는 기능을 한다.
③ 충전시스템 : 금액이 소진된 교통카드에 금액을 재충전하는 기능을 한다.
④ 정산시스템 : 각종 단말기 및 충전기와 네트워크로 연결하여 사용·거래기록을 수집, 정산 및 처리하고 정산결과를 해당 은행으로 전송한다.

● Advice ② 집계시스템은 단말기와 정산시스템을 연결하는 기능을 한다.

04 운수종사자가 알아야 할 응급처치방법 등

(1) 교통관련 용어 정의

① 교통사고조사규칙에 따른 교통사고의 용어
  ㉠ **충돌사고** : 차가 반대방향 또는 측방에서 진입하여 그 차의 정면으로 다른 차의 정면 또는 측면을 충격한 것을 말한다.
  ㉡ **추돌사고** : 2대 이상의 차가 동일방향으로 주행 중 뒤차가 앞차의 후면을 충격한 것을 말한다.
  ㉢ **접촉사고** : 차가 추월, 교행 등을 하려다가 차의 좌우측면을 서로 스친 것을 말한다.
  ㉣ **전도사고** : 차가 주행 중 도로 또는 도로 이외의 장소에 차체의 측면이 지면에 접하고 있는 상태를 말한다.
  ㉤ **전복사고** : 차가 주행 중 도로 또는 도로 이외의 장소에 뒤집혀 넘어진 것을 말한다.
  ㉥ **추락사고** : 자동차가 도로의 절벽 등 높은 곳에서 떨어진 사고

② 버스 운전석의 위치나 승차정원에 따른 종류
  ㉠ **보닛버스**(Cab-behind-Engine Bus) : 운전석이 엔진 뒤쪽에 있는 버스
  ㉡ **캡오버버스**(Cab-over-Engine Bus) : 운전석이 엔진 위에 있는 버스
  ㉢ **코치버스**(Coach Bus) : 3~6인 정도의 승객이 승차 가능하며 화물실이 밀폐되어 있는 버스
  ㉣ **마이크로버스**(Micro Bus) : 승차정원이 15인 이하의 소형버스

(2) 교통사고 현장에서의 상황별 안전조치

① 교통사고 상황파악
  ㉠ 짧은 시간 안에 사고 정보를 수집하여 침착하고 신속하게 상황을 파악한다.
  ㉡ 피해자와 구조자 등에게 위험이 계속 발생하는지 파악한다.
  ㉢ 생명이 위독한 환자가 누구인지 파악한다.
  ㉣ 구조를 도와줄 사람이 주변에 있는지 파악한다.
  ㉤ 전문가의 도움이 필요한지 파악한다.

(3) 버스승객의 주요 불만사항

① 버스가 정해진 시간에 오지 않는다.
② 정체로 시간이 많이 소요되고, 목적지에 도착할 시간을 알 수 없다.
③ 난폭, 과속운전을 한다.
④ 버스기사가 불친절하다.
⑤ 차내가 혼잡하다.
⑥ 안내방송이 미흡하다.(시내버스, 농어촌버스)
⑦ 차량의 청소, 정비상태가 불량하다.
⑧ 정류소에 정차하지 않고 무정차 운행한다.(시내버스, 농어촌버스)

02 응급처치방법

(1) 부상자 의식 상태 확인

① 말을 걸거나 팔을 꼬집어 눈동자를 확인한 후 의식이 있으면 말로 안심시킨다.

② 의식이 없다면 기도를 확보한다. 머리를 뒤로 충분히 젖힌 뒤, 입안에 있는 피나 토한 음식물 등을 긁어내어 막힌 기도를 확보한다.

③ 의식이 없거나 구토할 때는 목이 오물로 막혀 질식하지 않도록 옆으로 눕힌다.

④ 목뼈 손상의 가능성이 있는 경우에는 목 뒤쪽을 한 손으로 받쳐준다.

⑤ 환자의 몸을 심하게 흔드는 것은 금지한다.

(2) 출혈 또는 골절

① 출혈이 심하다면 출혈 부위보다 심장에 가까운 부위를 헝겊 또는 손수건 등으로 지혈될 때까지 꽉 잡아맨다.

② 출혈이 적을 때에는 거즈나 깨끗한 손수건으로 상처를 꽉 누른다.

③ 가슴이나 배를 강하게 부딪쳐 내출혈이 발생하였을 때에는 얼굴이 창백해지며 핏기가 없어지고 식은땀을 흘리며 호흡이 얕고 빨라지는 쇼크증상이 발생한다.

④ 골절 부상자는 잘못 다루면 오히려 더 위험해질 수 있으므로 구급차가 올 때까지 가급적 기다리는 것이 바람직하다.

03 응급상황 대처요령

(1) 교통사고 발생 시 운전자의 조치사항

① 부상자가 발생하여 인명구조를 해야 될 경우의 유의사항

㉠ 승객이나 동승자가 있는 경우 적절한 유도로 승객의 혼란방지에 노력해야 한다.

㉡ 인명구출 시 부상자, 노인, 어린아이 및 부녀자 등 노약자를 우선적으로 구조한다.

㉢ 정차위치가 차도, 노견 등과 같이 위험한 장소일 때에는 신속히 도로 밖의 안전장소로 유도하고 2차 피해가 일어나지 않도록 한다.

㉣ 부상자가 있을 때에는 우선 응급조치를 한다.

㉤ 야간에는 주변의 안전에 특히 주의를 하고 냉정하고 기민하게 구출유도를 해야 한다.

② 차량 고장이 발생할 경우의 조치사항

㉠ 정차 차량의 결함이 심할 때는 비상등을 점멸시키면서 길 어깨(갓길)에 바짝 차를 대서 정차한다.

㉡ 차에서 내릴 때에는 옆 차로의 차량 주행상황을 살핀 후 내린다.

㉢ 야간에는 밝은 색 옷이나 야광이 되는 옷을 착용하는 것이 좋다.

㉣ 비상전화를 하기 전에 차의 후방에 경고 반사판을 설치해야 하며 특히 야간에는 주의를 기울인다.

㉤ 비상주차대에 정차할 때는 타 차량의 주행에 지장이 없도록 정차해야 한다.

실전 연습문제

1 다음 중 「여객자동차 운수사업법」에 따른 중대한 교통사고로 틀린 것은?

① 전복사고

② 화재가 발생한 사고

③ 사망자 1명 이상 발생한 사고

④ 중상자 6명 이상이 발생한 사고

● Advice 「여객자동차 운수사업법」에 따른 중대한 교통사고

㉠ 전복사고

㉡ 화재가 발생한 사고

㉢ 사망자 2명 이상 발생한 사고

㉣ 사망자 1명과 중상자 3명 이상이 발생한 사고

㉤ 중상자 6명 이상이 발생한 사고

2 차가 추월, 교행 등을 하려다가 차의 좌우측면을 서로 스친 사고는?

① 충돌사고

② 추돌사고

③ 접촉사고

④ 전도사고

● Advice ① **충돌사고**: 차가 반대방향 또는 측방에서 진입하여 그 차의 정면으로 다른 차의 정면 또는 측면을 충격한 것

② **추돌사고**: 2대 이상의 차가 동일방향으로 주행 중 뒤차가 앞차의 후면을 충격한 것

④ **전도사고**: 차가 주행 중 도로 또는 도로 이외의 장소에 차체의 측면이 지면에 접하고 있는 상태

3 자동차에 사람이 승차하지 아니하고 물품을 적재하지 아니한 상태로서 연료·냉각수 및 윤활유를 만재하고 예비타이어를 설치하여 운행할 수 있는 상태는?

① 공차상태

② 적차상태

③ 빈차상태

④ 만차상태.

● Advice **공차상태와 적차상태**

㉠ **공차상태**: 자동차에 사람이 승차하지 아니하고 물품을 적재하지 아니한 상태로서 연료·냉각수 및 윤활유를 만재하고 예비타이어를 설치하여 운행할 수 있는 상태

㉡ **적차상태**: 공차상태의 자동차에 승차정원의 인원이 승차하고 최대적재량의 물품이 적재된 상태

4 버스승객의 주요 불만사항으로 볼 수 없는 것은?

① 난폭·과속운전을 한다.

② 버스기사가 불친절하다

③ 차외가 혼잡하다.

④ 안내방송이 미흡하다.

● Advice ③ 차내가 혼잡하다는 불만사항이 있을 수 있다.

정답 ▶ 1.③ 2.③ 3.① 4.③

5 다음 교통사고 현장에서의 상황별 안전조치 내용 중 교통사고 상황파악에 대한 것으로 옳지 않은 것은?

① 피해자를 위험으로부터 보호하거나 피신시킨다.
② 전문가의 도움이 필요한지 파악한다.
③ 생명이 위독한 환자가 누구인지 파악한다.
④ 구조를 도와줄 사람이 주변에 있는지 파악한다.

●Advice ① 교통사고 현장에서의 상황별 안정조치 중 사고현장의 안전관리에 대한 내용이다.

6 다음 용어에 대한 설명 중 옳지 않은 것은?

① 전복사고는 자동차가 도로의 절벽 등 높은 곳에서 떨어진 사고를 말한다.
② 접촉사고는 차가 추월, 교행 등을 하려다가 차의 좌우측면을 서로 스친 것을 말한다.
③ 충돌사고는 차가 반대방향 또는 측방에서 진입하여 그 차의 정면으로 다른 차의 정면 또는 측면을 충격한 것을 말한다.
④ 추돌사고는 2대 이상의 차가 동일방향으로 주행 중 뒤차가 앞차의 후면을 충격한 것을 말한다.

●Advice 전복사고는 차가 주행 중 도로 또는 도로 이외의 장소에 뒤집혀 넘어진 것을 말한다.

7 3~6인 정도의 승객이 승차 가능하며 화물실이 밀폐되어 있는 버스는?

① 보닛버스
② 캡오버버스
③ 마이크로버스
④ 코치버스

●Advice ① 보닛버스 : 운전석이 엔진 뒤쪽에 있는 버스
② 캡오버버스 : 운전석이 엔진 위에 있는 버스
③ 마이크로버스 : 승차정원이 15인 이하의 소형버스

8 부상자 의식 상태 확인에 대한 설명으로 잘못된 것은?

① 말을 걸거나 팔을 꼬집어 눈동자를 확인한 후 의식이 있으면 말로 안심시킨다.
② 의식이 없거나 구토를 할 때는 목이 오물로 막혀 질식하지 않도록 옆으로 눕힌다.
③ 목뼈 손상의 가능성이 있는 경우에는 목 뒤쪽을 한 손으로 받쳐준다.
④ 환자의 몸을 심하게 흔들어 의식 상태를 확인한다.

●Advice ④ 환자의 몸을 심하게 흔드는 것은 금지한다.

정답 5.① 6.① 7.④ 8.④

9 차멀미 승객에 대한 배려로 잘못된 것은?

① 차멀미 승객의 경우 통풍이 잘 되고 비교적 흔들림이 적은 중간 쪽으로 앉도록 한다.
② 심한 경우에는 휴게소 내지는 안전하게 정차할 수 있는 곳에 정차하여 차에서 내려 시원한 공기를 마시도록 한다.
③ 차멀미 승객이 구토할 경우를 대비해 위생봉지를 준비한다.
④ 차멀미 승객이 구토한 경우에는 주변 승객이 불쾌하지 않도록 신속히 처리한다.

> **Advice** ① 차멀미 승객의 경우 통풍이 잘 되고 비교적 흔들림이 적은 <u>양쪽으로</u> 앉도록 한다.

10 다음 용어에 대한 설명 중 옳지 않은 것은?

① 차량총중량이란 적차상태의 자동차의 중량을 말한다.
② 승차정원이란 자동차에 승차할 수 있도록 허용된 최대인원(운전자를 포함한다)을 말한다.
③ 차량중량이란 적차상태의 자동차 중량을 말한다.
④ 공차상태란 자동차에 사람이 승차하지 아니하고 물품을 적재하지 아니한 상태로서 연료 · 냉각수 및 윤활유를 만재하고 예비타이어를 설치하여 운행할 수 있는 상태를 말한다.

> **Advice** 차량중량은 공차상태의 자동차 중량을 말한다.

11 일반적으로 바퀴와 접지된 지면에서 차체의 가장 높은 부분 사이의 높이를 무엇이라고 하는가?

① 전고
② 저고
③ 상면지상고
④ 하면지상고

> **Advice** 전고는 차체의 전체 높이로서 일반적으로 바퀴와 접지된 지면에서 차체의 가장 높은 부분 사이의 높이를 말한다.

12 성인을 대상으로 가슴압박 방법을 실시할 때 양쪽 어깨 힘을 이용하여 분당 100~120회 정도의 속도로 5cm 이상 깊이로 강하고 빠르게 몇 회 눌러주어야 하는가?

① 10회
② 20회
③ 30회
④ 40회

> **Advice** 성인을 대상으로 가슴압박 방법을 실시할 때 양쪽 어깨 힘을 이용하여 분당 100~120회 정도의 속도로 5cm 이상 깊이로 강하고 빠르게 30회 눌러준다.

정답 ▶ 9.① 10.③ 11.① 12.③

13 심폐소생술에 관한 설명 중 성인의 가슴압박 방법으로 옳지 않은 것은?

① 가슴의 중앙인 흉골의 위쪽 절반부위에 손바닥을 위치시킨다.
② 양손을 깍지 낀 상태로 손바닥의 아래 부위만을 환자의 흉골부위에 접촉시킨다.
③ 시술자의 어깨는 환자의 흉골이 맞닿는 부위와 수직이 되게 위치시킨다.
④ 양쪽 어깨 힘을 이용하여 분당 100~120회 정도의 속도로 5cm 이상 깊이로 강하고 빠르게 30회 눌러준다.

● Advice 가슴의 중앙인 흉골의 아래쪽 절반부위에 손바닥을 위치시킨다.

14 기도개방 및 인공호흡 방법에서 성인의 경우 가슴 상승이 눈으로 확인될 정도로 1초 동안 인공호흡을 몇 회 실시하는가?

① 1회
② 2회
③ 3회
④ 4회

● Advice 기도개방 및 인공호흡 방법에서 성인의 경우 가슴 상승이 눈으로 확인될 정도로 1초 동안 인공호흡을 2회 실시한다.

정답 13.① 14.②

PART

05 실전
모의고사

정답_ 210p

제1과목 교통 · 운수 관련 법규 및 교통사고 유형

1 「여객자동차 운수사업법」의 목적이 아닌 것은?

① 여객자동차 운수사업에 관한 질서 확립
② 여객의 원활한 운송
③ 여객자동차 운수사업의 종합적인 발달을 도모
④ 운수사업자의 이익 증진

2 자동차를 정기적으로 운행하려는 구간을 정하여 여객을 운송하는 사업은?

① 노선 여객자동차운송사업
② 구역 여객자동차운송사업
③ 수요응답형 여객자동차운송사업
④ 특수 여객자동차운송사업

3 다음 빈칸에 들어갈 내용이 바르게 연결된 것은?

> 버스운전업무에 종사하기 위해서는 (   )세 이상으로서 운전경력이 (   )년 이상이어야 한다.

① 19 － 1   ② 19 － 2
③ 20 － 1   ④ 20 － 2

4 다음 중 교통안전체험 교육에서 실기교육에 해당하지 않는 것은?

① 소양교육
② 미끄럼 주행
③ 차량점검 및 기초주행
④ 인지반응 및 위험 회피

5 다음 운송사업자(전세 버스)가 차내에 운전자격증명을 항상 게시하지 않은 경우의 과징금은?

① 3만 원
② 7만 원
③ 10만 원
④ 14만 원

6 자전거 외에 보행자도 통행할 수 있도록 분리대, 경계석, 그 밖에 이와 유사한 시설물에 의하여 차도와 구분하거나 별도로 설치된 자전거도로는?

① 자전거전용도로
② 자전거보행자겸용도로
③ 자전거전용차로
④ 자전거우선도로

7 버스신호등에 대한 설명으로 틀린 것은?

① 녹색의 등화 : 버스전용차로에 차마는 직진할 수 있다.

② 황색의 등화 : 버스전용차로에 있는 차마는 정지선이 있거나 횡단보도가 있을 때에는 그 직전이나 교차로의 직전에 정지하여야 한다.

③ 적색의 등화 : 버스전용차로에 있는 차마는 정지선이나 횡단보도가 있을 때에는 그 직전이나 교차로의 직전에 일시정지한 후 다른 교통에 주의하면서 진행할 수 있다.

④ 황색등화의 점멸 : 버스전용차로에 있는 차마는 다른 교통 또는 안전표지의 표시에 주의하면서 진행할 수 있다.

8 버스운전자격시험의 과목으로 적절하지 않은 것은?

① 자격시험은 필기시험으로 한다.

② 자동차 관리 요령은 필기시험에 해당한다.

③ 운송서비스는 버스운전자의 예절에 관한 사항을 포함한다.

④ 총점의 3할 이상을 얻은 사람을 합격자로 한다.

9 모든 운전자의 준수사항에 대한 설명 중 적절하지 않은 것은?

① 물이 고인 곳을 운행하는 때에는 고인 물을 튀게 하여 다른 사람에게 피해를 주는 일이 없도록 해야 한다.

② 지하도나 육교 등 도로 횡단시설을 이용할 수 없는 지체장애인이나 노인 등이 도로를 횡단하고 있는 경우 일시정지 해야 한다.

③ 자동차 등의 운전 중에는 지리안내 영상 또는 교통정보안내 영상을 수신하거나 재생하는 장치를 통하여 운전자가 운전 중에 볼 수 있는 위치에 영상이 표시되지 아니하도록 해야 한다.

④ 운전자는 안전을 확인하지 아니하고 차의 문을 열거나 내려서는 아니 되며, 동승자가 교통의 위험을 일으키지 아니하도록 필요한 조치를 해야 한다.

10 고속도로 또는 자동차전용도로에서 차를 정차 또는 주차시킬 수 있는 경우로 가장 적절하지 않은 것은?

① 법령의 규정 또는 경찰공무원의 지시에 따르거나 위험을 방지하기 위하여 일시정차 또는 주차시키는 경우

② 정차 또는 주차할 수 있도록 안전표지를 설치한 곳이나 정류장에서 정차 또는 주차시키는 경우

③ 차내의 쓰레기를 버리기 위해 길가장자리구역에 정차 또는 주차시키는 경우

④ 통행료를 내기 위하여 통행료를 받는 곳에서 정차하는 경우

11 다음의 내용을 읽고 괄호 안에 들어갈 말로 가장 적절한 것을 고르면?

> 운송사업자는 그의 운수종사자에 대한 교육계획의 수립, 교육의 시행 및 일상의 교육 훈련업무를 위하여 종업원 중에서 교육훈련 담당자를 선임하여야 한다. 다만, 자동차 면허 대수가 (   )인 운송사업자의 경우에는 교육훈련 담당자를 선임하지 아니할 수 있다.

① 10대 미만
② 20대 미만
③ 30대 미만
④ 40대 미만

12 다음 중 운전면허를 받을 수 있는 사람은?

① 재발성 우울장애 진단을 받은 A씨
② 척추 장애로 앉아 있을 수 없는 B씨
③ 한쪽 팔을 전혀 쓸 수 없는 C씨
④ 알코올 중독자 진단을 받은 D씨

13 다음 중 자동차 운전에 필요한 적성의 기준에 미달하는 사람은?

① 두 눈을 동시에 뜨고 잰 시력이 0.8이고, 두 눈의 시력이 각각 0.5인 甲
② 적녹색맹인 乙
③ 보청기를 사용하여 40데시벨의 소리를 들을 수 있는 丙
④ 55데시벨의 소리를 들을 수 있는 丁

14 운송사업자가 국토교통부장관이 정하여 고시하는 심야 시간대에 여객의 요청에 따라 탄력적으로 여객을 운송하는 구역 여객자동차운송사업을 경영하려는 경우 승차정원이 몇 인승 이상의 승합자동차를 이용하여야 하는가?

① 4인승
② 6인승
③ 8인승
④ 11인승

15 운전업무와 관련하여 버스운전자격증을 타인에게 대여한 경우의 처분기준은?

① 자격정지 5일
② 자격정지 40일
③ 자격정지 60일
④ 자격취소

16 끼어들기 금지를 위반했을 경우 승합자동차 기준 범칙금액은?

① 5만 원
② 4만 원
③ 3만 원
④ 2만 원

17 다음은 어떤 안전표지인가?

① 주의표지
② 규제표지
③ 지시표지
④ 보조표지

18 다음 지시표지가 알리는 내용은?

① 회전교차로
② 좌우회전
③ 양측방통행
④ 우회로

19 버스전용차로표시 및 다인승차량 전용차선표시에 사용되는 색깔은?

① 노란색
② 파란색
③ 빨간색
④ 흰색

20 다음 중 교통사고로 처리되는 경우는?

① 명백한 자살이라고 인정되는 경우
② 건조물 등이 떨어져 운전자 또는 동승자가 사상한 경우
③ 버스의 브레이크 고장으로 정류소에 있던 사람을 친 경우
④ 축대 등이 무너져 도로를 진행 중인 차량이 손괴되는 경우

21 다음은 어린이 통학버스에 관한 내용이다. 괄호 안에 들어갈 말을 순서대로 바르게 배열한 것은?

승하차 시에만 돌출되도록 작동하는 보조발판은 위에서 보아 두 모서리가 만나는 꼭짓점 부분의 곡률반경이 (㉠) 이상이고, 나머지 각 모서리 부분은 곡률반경이 (㉡) 이상이 되도록 둥글게 처리하고 고무 등의 부드러운 재료로 마감할 것

① ㉠ 30mm, ㉡ 2.5mm
② ㉠ 20mm, ㉡ 2.5mm
③ ㉠ 2.5mm, ㉡ 30mm
④ ㉠ 2.5mm, ㉡ 20mm

22 다음 중 도주(뺑소니) 사고인 경우는?

① 사고운전자가 심한 부상을 입어 타인에게 의뢰하여 피해자를 후송 조치한 경우
② 사고 장소가 혼잡하여 불가피하게 일부 진행 후 정지하고 되돌아와 조치한 경우
③ 사고운전자가 자기 차량 사고에 대한 조치 없이 가버린 경우
④ 사고운전자를 바꿔치기 하여 신고한 경우

23 다음 중 중앙선침범을 적용하기 가장 어려운 경우는?

① 커브 길에서 과속으로 인한 중앙선침범의 경우
② 위험을 회피하기 위해 중앙선을 침범한 경우
③ 졸다가 뒤늦은 제동으로 중앙선을 침범한 경우
④ 차내 잡담 또는 휴대폰 통화 등의 부주의로 중앙선을 침범한 경우

24 다음은 운수종사자의 교육에 관한 내용이다. 괄호 안에 들어갈 말로 가장 적절한 것은?

> 교육실시기관은 매년 11월 말까지 조합과 협의하여 다음 해의 교육계획을 수립하여 시·도지사 및 조합에 보고하거나 통보하여야 하며, 그 해의 교육결과를 다음 해 (   )까지 시·도지사 및 조합에 보고하거나 통보하여야 한다.

① 1월 말
② 2월 말
③ 3월 말
④ 4월 말

25 고의나 인식할 수 있는 과실로 타인에게 현저한 위해를 초래하는 운전을 하는 경우를 이르는 용어는?

① 난폭운전
② 보복운전
③ 위해운전
④ 전투운전

제2과목 자동차관리 요령

1 자동차를 운행하는 사람이 매일 자동차를 운행하기 전에 점검하는 것을 이르는 용어는?

① 일상점검
② 정기점검
③ 특별점검
④ 수시점검

2 다음 중 자동차 외관점검으로 점검하기 어려운 사항은?

① 유리는 깨끗하며 깨진 곳은 없는가?
② 차체가 기울지는 않았는가?
③ 엔진오일의 양은 적당하며 불순물은 없는가?
④ 휠 너트의 조임 상태는 양호한가?

3 다음은 운행 전 안전수칙에 관한 설명이다. 이 중 일상점검의 생활화 내용으로 바르지 않은 것은?

① 타이어와 노면과의 접지상태를 확인한다.
② 자동차 하부의 누유, 누수 등을 점검한다.
③ 예비타이어는 예비로 준비하는 것이므로 공기압은 수시로 점검할 필요가 없다.
④ 자동차 주위에 사람이나 물건 등이 없는지 확인한다.

4 운행 시 브레이크 조작 요령에 대한 설명으로 잘못된 것은?

① 브레이크를 밟을 때 2~3회에 나누어 밟게 되면 안정된 성능을 얻을 수 있다.
② 내리막길에서 계속 풋 브레이크를 작동시키면 브레이크 파열의 우려가 있다.
③ 주행 중에 제동할 때에는 핸들을 붙잡고 기어가 들어가 있는 상태에서 제동한다.
④ 내리막길에서 운행할 때 기어를 중립에 두고 탄력 운행을 한다.

5 ABS 조작에 대한 설명으로 틀린 것은?

① 급제동할 때 ABS가 정상적으로 작동하기 위해서는 브레이크 페달을 힘껏 밟고 버스가 완전히 정지할 때까지 계속 밟고 있어야 한다.
② ABS 차량은 급제동할 때 핸들조향이 불가능하다.
③ ABS 차량이라도 옆으로 미끄러지는 위험은 방지할 수 없다.
④ 자갈길이나 평평하지 않은 도로 등 접지면이 부족한 경우에는 일반 브레이크 차량보다 제동거리가 더 길어질 수도 있다.

6 다음은 운행 후 안전수칙에 관한 내용이다. 이 중 주차할 때의 주의사항으로 적절하지 않은 것은?

① 오르막길에서는 R(후진), 내리막길에서는 1단으로 놓고 바퀴에 고임목을 설치한다.
② 급경사 길에는 가급적 주차하지 않는다.
③ 습기가 많고 통풍이 잘 되지 않는 차고에는 주차하지 않는다.
④ 주차할 때는 반드시 주차 브레이크를 작동시킨다.

7 다음은 무엇을 나타내는 표시인가?

① 연료잔량 경고등
② 자동 정속 주행 표시등
③ 엔진 예열작동 표시등
④ 사이드미러 열선작동 표시등

8 다음 중 야간운행에 관한 설명으로 가장 옳지 않은 것은?

① 야간 운행 시에는 주간보다 시계가 불량하므로 특히 유의하여 운행하여야 한다.
② 차량흐름, 지형판단이 둔해지고 차량 속도감이 빨리 느껴지므로 주의 운행해야 한다.
③ 고속도로 운행 시 라이트 현혹으로 앞 식별이 되지 않으므로 주의해야 하며 파란 색의 사람 및 후방주시를 철저히 해야 한다.
④ 비가 내리면 전조등의 불빛이 노면에 흡수되거나 젖은 장애물에 반사되어 더욱 보이지 않으므로 주의해야 한다.

9 앞차륜 정렬(휠 얼라인먼트)이 흐트러졌다든가 바퀴 자체의 휠 밸런스가 맞지 않을 때 주로 나타나는 고장은 어떠한 부분인가?

① 완충장치 부분
② 조향장치 부분
③ 엔진 부분
④ 브레이크 부분

10 다음 중 겨울철 운행에 대한 내용으로 적절하지 않은 것은?

① 배터리와 케이블 상태를 점검한다. 날씨가 추우면 배터리 용량이 상승되어 시동이 잘 걸리게 된다.

② 차의 하체 부위에 있는 얼음 덩어리를 운행 전에 제거한다.

③ 후륜구동 자동차는 뒷바퀴에 타이어체인을 장착하여야 한다.

④ 엔진의 시동을 작동하고 각종 페달이 정상적으로 작동되는지 확인한다.

11 스노타이어에 대한 설명으로 틀린 것은?

① 눈길에서 미끄러짐이 적게 주행할 수 있도록 제작된 타이어로 바퀴가 고정되면 제동거리가 길어진다.

② 스핀을 일으키면 견인력이 감소하므로 출발을 천천히 해야 한다.

③ 구동 바퀴에 걸리는 하중을 작게 해야 한다.

④ 트레드 부가 50% 이상 마멸되면 제 기능을 발휘하지 못한다.

12 눈길 운행에 관한 사항 중 가장 옳지 않은 것은?

① 눈길에서는 차로변경, 급제동, 급핸들 조작을 하여서는 안 된다.

② 뒤 바퀴보다 앞바퀴가 큰 저항을 받기 때문에 저속기어로 기어변속을 하지 않고 운행한다.

③ 교량 및 응달진 곳은 눈이 녹지 않고 빙판길이 될 수 있으니 주의해야 한다.

④ 오르막 운행 시 내리막길의 상황을 사전에 예측하여 감속운행하고 오르막길에 사용한 저속기어를 내리막에서도 변속하지 말고 운행하여야 한다.

13 엔진 내 피스톤 운동을 억제시키는 브레이크로 일부 피스톤 내부의 연료 분사를 차단하고 강제로 배기밸브를 개방하여 작동이 줄어든 피스톤 운동량만큼 엔진의 출력이 저하되어 제동력을 발생시키는 브레이크는?

① 엔진 브레이크

② 제이크 브레이크

③ 배기 브레이크

④ 리타터 브레이크

14 다음 빙판길 운행방법으로 가장 바르지 않은 사항은?

① 장거리 운전자는 항상 기상정보, 도로상황 등 교통정보를 이용하여 교통흐름을 파악한 후 운행한다.

② 사각지점 통과 시 차량이 정체되어 있다는 생각으로 최악의 상태를 예상하여야 한다.

③ 미끄러운 빙판길에서는 기술이 통하지 않으므로 멀리 보고 예측운행을 하여야 한다.

④ 최대한의 시야를 확보한 후 운행하며, 구동력을 크게 작용하며 타이어가 잘 미끄러지므로 3단 출발 운행하여야 한다.

15 구조의 안정성을 위하여 트레드 고무층 바로 밑에 원주방향에 가까운 각도로 코드를 배치한 벨트로 단단히 조여져 있는 타이어는?

① 레디얼 타이어

② 바이어스 타이어

③ 스노 타이어

④ 튜브 리스 타이어

1 아래의 내용은 시야와 관련한 사항이다. 괄호 안에 들어갈 말을 순서대로 바르게 나열한 것을 고르면?

> 시야는 움직이는 상태에 있을 때는 움직이는 속도에 따라 축소되는 특성을 갖는다. 운전 중인 운전자의 시야는 시속 40km로 주행 중일 때는 약 (㉠) 정도로 축소되며, 시속 100km로 주행 중인 때는 약 (㉡) 정도로 축소된다.

① ㉠ 100°, ㉡ 40°
② ㉠ 50°, ㉡ 70°
③ ㉠ 40°, ㉡ 100°
④ ㉠ 60°, ㉡ 30°

2 인간이 전방의 어떤 사물을 주시할 때, 그 사물을 분명하게 볼 수 있게 하는 눈의 영역은?

① 중심시   ② 주변시
③ 중앙시   ④ 중시

3 깊이지각에 대한 설명으로 틀린 것은?

① 양안 또는 단안 단서를 이용하여 물체의 거리를 효과적으로 판단하는 능력이다.
② 깊이를 지각하는 능력을 흔히 입체시라고도 부른다.
③ 입체시 능력이 떨어지면 주·정차 시의 사고율이 높아진다.
④ 고속운전에서 영향이 크다.

4 피로가 운전에 미치는 영향으로 잘못된 것은?

① 주의가 산만해진다.
② 사소한 일에도 필요 이상의 신경질적인 반응을 보인다.
③ 자발적인 행동이 증가한다.
④ 빛에 민감하고 작은 소음에도 과민반응을 보인다.

5 졸음운전의 징후로 보기 어려운 것은?

① 머리를 똑바로 유지하기가 힘들어 진다.
② 이 생각 저 생각이 나면서 생각이 단절된다.
③ 차선을 제대로 유지한다.
④ 앞차에 바싹 붙는다거나 교통신호를 놓친다.

6 음주운전이 위험한 이유로 틀린 것은?

① 발견지연으로 인한 사고 위험 증가
② 소극적인 조작으로 인한 사고 증가
③ 시력저하와 졸음 등으로 인한 사고의 증가
④ 사고의 대형화와 2차 사고 유발

7 일정 거리에서 일정한 시표를 보고 모양을 확인할 수 있는지를 가지고 측정하는 시력은?

① 정지시력
② 지각시력
③ 동체시력
④ 깊이지각

8 워터 페이드 현상에 대한 설명으로 옳은 것은?

① 비가 자주오거나 습도가 높은 날 또는 오랜 시간 주차한 후에는 브레이크 드럼에 미세한 녹이 발생하게 되는 현상을 말한다.

② 워터 페이드 현상이 발생하여도 브레이크가 전혀 작동하지 않는 것은 아니다.

③ 워터 페이드 현상이 발생하면 마찰열에 의해 브레이크가 회복되도록 브레이크 페달을 반복해 밟으면서 천천히 주행한다.

④ 워터 페이드 현상이 발생하였을 때 평소의 감각대로 브레이크를 밟게 되면 급제동이 되어 사고가 발생할 수 있다.

9 다음 그림에 나타나는 현상은?

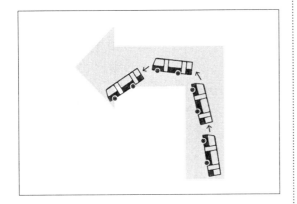

① 언더 스티어
② 오버 스티어
③ 보텀 스티어
④ 톱 스티어

10 다음 중 운행기록 분석시스템의 분석항목으로 가장 옳지 않은 것은?

① 자동차의 운행 및 사고발생 상황의 확인
② 자동차의 운행경로에 대한 궤적의 표기
③ 지역별 차량정비소 위치
④ 운전자별·시간대별 운행속도 및 주행거리의 비교

11 타이어 마모에 영향을 주는 요소에 대한 설명으로 틀린 것은?

① 고속주행 중에 급제동한 경우는 저속주행 중에 급제동한 경우보다 타이어 마모가 작다.

② 타이어의 공기압이 낮으면 승차감은 좋아지나 타이어 수명이 짧아지게 된다.

③ 커브의 구부러진 상태나 커브구간이 반복될수록 타이어 마모는 촉진된다.

④ 콘크리트 포장도로는 아스팔트 포장도로보다 타이어 마모가 더 발생한다.

12 가변차로에 대한 설명으로 틀린 것은?

① 가변차로는 차량의 운행속도를 향상시켜 구간 통행시간을 줄여준다.

② 가변차로는 차량의 지체를 감소시켜 에너지 소비량 감소 효과를 기대할 수 있다.

③ 가변차로를 시행할 때에는 가로변 주·정차 금지, 좌회전 통행 제한 등의 조치가 필요하다.

④ 경부고속도로에서는 24시간 원활한 교통소통을 위해 길어깨를 활용한 가변차로제를 시행하고 있다.

13 고속 주행하는 자동차가 감속하여 다른 도로로 유입할 경우 또는 저속의 자동차가 고속주행하고 있는 자동차들 사이로 유입할 경우 본선의 다른 고속 자동차의 주행을 방해하지 않고 안전하게 감속 또는 가속하도록 설치하는 차로는?

① 가변차로
② 양보차로
③ 앞지르기차로
④ 변속차로

14 다음 중 운행기록 분석결과의 활용으로 적절하지 않은 것은?

① 운전자에 대한 교육·훈련
② 교통수단 및 운행체계의 개선
③ 국토교통부 제출 서류 구비
④ 운송사업자의 교통안전관리 개선

15 혈중알코올농도(맥주 캔 기준)에 따른 행동적 증후에서 혈중알코올농도가 0.11~0.15(%)인 경우의 취한 상태에 해당하지 않는 것은?

① 상당히 큰소리를 냄
② 화를 자주 냄
③ 말할 때 갈피를 잡지 못함
④ 마음이 관대해짐

16 회전교차로에 대한 설명 중 틀린 것은?

① 회전교차로에서는 회전자동차에게 통행우선권이 있으며 진입자동차는 양보해야 한다.
② 회전교차로의 진입부에서는 고속으로 진입한다.
③ 회전교차로의 회전부에서는 고속 운행이 불가하다.
④ 회전교차로에는 감속 또는 방향분리를 위해 분리교통섬을 필수적으로 설치해야 한다.

17 다음 중 시야 고정이 많은 운전자의 특성으로 틀린 것은?

① 더러운 창이나 안개에 개의치 않는다.
② 자기 차를 앞지르려는 차량의 접근 사실을 미리 확인하지 못한다.
③ 회전하기 전에 뒤를 확인한다.
④ 정지선 등에서 정지 후, 다시 출발할 때 좌우를 확인하지 않는다.

18 어린이 보호구역에서의 최고 속력은?

① 30km/h　　② 40km/h
③ 50km/h　　④ 60km/h

19 시가지 이면도로에서의 방어운전에 대한 설명으로 적절하지 않은 것은?

① 차량의 속도를 줄인다.
② 자동차와 어린이가 갑자기 출현할 수 있다는 생각을 가지고 운전한다.
③ 언제라도 곧 가속할 수 있는 마음의 준비를 갖춘다.
④ 돌출된 간판 등과 충돌하지 않도록 주의한다.

20 다음 중 포장된 길어깨(갓길)의 장점이 아닌 것은?

① 물의 흐름으로 인한 노면 패임을 방지한다.

② 일반자동차의 주행을 원활하게 한다.

③ 차도 끝의 처짐이나 이탈을 방지한다.

④ 보도가 없는 도로에서는 보행의 편의를 제공한다.

21 고속도로 진출입부에서의 방어운전에 대한 설명으로 옳지 않은 것은?

① 진입부에서는 본선 진입의도를 다른 차량에게 방향지시등으로 알린다.

② 진입부에서는 진입을 위한 가속차로 끝부분에서 감속한다.

③ 진출부 진입 전에 본선 차량에게 영향을 주지 않도록 주의한다.

④ 본선 차로에서 천천히 진출부로 진입하여 출구로 이동한다.

22 앞지르기를 할 수 있는 경우는?

① 앞차가 좌측으로 진로를 바꾸려고 하거나 다른 차를 앞지르려고 할 때

② 마주 오는 차의 진행을 방해하게 될 염려가 있을 때

③ 앞차가 속도를 낮추고 있을 때

④ 어린이통학버스가 어린이 또는 유아를 태우고 있다는 표시를 하고 도로를 통행할 때

23 야간의 안전운전 방법으로 틀린 것은?

① 주간보다 시야가 제한되므로 속도를 줄여 운행한다.

② 승합자동차는 야간에 운행할 때에 실내조명등을 켜고 운행한다.

③ 선글라스를 착용하고 운전하지 않는다.

④ 앞차의 미등만 보고 주행한다.

24 고속도로 안전운전 방법에 대한 설명으로 틀린 것은?

① 운전자는 앞차의 뒷부분만 봐서는 안 되며 앞차의 전방까지 시야를 두면서 운전한다.

② 고속도로에 진입한 후에는 빠른 속도로 가속해서 교통흐름에 방해가 되지 않도록 한다.

③ 느린 속도의 앞차를 추월할 경우 앞지르기 차로를 이용하며 추월이 끝나면 주행차로로 복귀한다.

④ 운전석과 조수석은 안전띠 착용이 의무사용이지만 뒷좌석은 해당되지 않는다.

25 불안, 불면, 통증, 경련 등의 증세를 완화시키거나 고혈압 치료 등의 목적으로 복용하는 약물은?

① 흥분제

② 환각제

③ 소화제

④ 진정제

1 서비스의 특징으로 옳지 않은 것은?

① 유형성　　　　② 동시성
③ 인적 의존성　　④ 소멸성

2 승객 앞에 섰을 때 하는 보통 인사의 인사 각도는?

① 15°　　　　② 30°
③ 45°　　　　④ 90°

3 승객을 대하는 바른 시선처리가 아닌 것은?

① 자연스럽고 부드러운 시선으로 상대를 본다.
② 눈동자는 항상 중앙에 위치하도록 한다.
③ 가급적 승객의 눈높이와 맞춘다.
④ 승객을 위·아래로 훑어본다.

4 근무복에 대한 운수회사 입장이 아닌 것은?

① 시각적인 안정감과 편안함을 승객에게 전달할 수 있다.
② 종사자의 소속감 및 애사심 등 심리적인 효과를 유발시킬 수 있다.
③ 효율적이고 능동적인 업무처리에 도움을 줄 수 있다.
④ 사복에 대한 경제적 부담이 완화될 수 있다.

5 직업의 사회적 의미에 해당하는 것은?

① 직업을 통해 안정된 삶을 영위해 나갈 수 있어 중요한 의미를 가진다.
② 일의 대가로 임금을 받아 본인과 가족의 경제생활을 영위한다.
③ 직업은 사회적으로 유용한 것이어야 하며, 사회발전 및 유지에 도움이 되어야 한다.
④ 인간의 잠재적 능력, 타고난 소질과 적성 등이 직업을 통해 계발되고 발전된다.

6 다음 중 단정한 용모와 복장의 중요성으로 옳지 않은 사항은?

① 승객이 받는 첫인상을 결정한다.
② 하는 일의 성과에 영향을 미친다.
③ 회사의 이미지를 좌우하는 요인을 제공하지 못한다.
④ 활기찬 직장 분위기 조성에 영향을 준다.

7 이용거리가 증가함에 따라 단위당 운임이 낮아지는 요금체계를 무엇이라고 하는가?

① 거리운임요율제
② 거리체감제
③ 단일운임제
④ 구역운임제

8 직접 또는 간접으로 사회구성원으로서 마땅히 해야 할 본분을 다해야 하는 직업윤리는?

① 책임의식 ② 직분의식
③ 소명의식 ④ 봉사정신

9 운전자가 가져야 할 기본자세로 옳지 않은 것은?

① 여유 있는 양보운전
② 심신상태 안정
③ 운전기술 과신
④ 추측운전 금지

10 다음 중 승객에게 불쾌감을 주는 몸가짐에 관한 내용으로 잘못된 것은?

① 깔끔한 손톱
② 충혈되어 있는 눈
③ 정리되지 않은 덥수룩한 수염
④ 길게 자란 코털

11 다음 (   ) 안에 들어갈 말로 가장 적절한 것은?

> (   )는 정부가 버스노선의 계획에서부터 버스차량의 소유·공급, 노선의 조정, 버스의 운행에 따른 수입금 관리 등 버스 운영체계의 전반을 책임지는 방식이다.

① 민영제
② 급행제
③ 공영제
④ 완행제

12 버스요금체계에 대한 설명으로 틀린 것은?

① 단일운임제 : 이용거리와 관계없이 일정하게 설정된 요금을 부과하는 요금체계이다.
② 구역운임제 : 운행구간을 몇 개의 구역으로 나누어 구역별로 요금을 설정하고, 동일 구역 내에서는 균일하게 요금을 부과하는 요금체계이다.
③ 거리운임요율제 : 거리운임요율에 운행거리를 곱해 요금을 산정하는 요금체계이다.
④ 거리체감제 : 이용거리가 증가함에 따라 단위당 운임이 높아지는 요금체계이다.

13 중앙버스전용차로의 장점에 해당하는 것은?

① 대중교통 이용자의 감소를 가져온다.
② 교통정체가 심한 구간에서 효과가 적다.
③ 일반 차량과의 마찰이 심하다.
④ 가로변 상업 활동이 보장된다.

14 최일선에서 승객을 만족시켜야 하는 운전자의 자세로써 가장 적절하지 않은 것은?

① 매사에 성실하고 성의를 다한다.
② 승객이 쓰는 일상적 말씨를 그대로 사용한다.
③ 직무에 책임을 다한다.
④ 시간을 엄수한다.

15 버스운행관리시스템의 버스회사 입장에서의 기대 효과로 바르지 않은 것은?

① 과속 및 난폭운전에 대한 통제로 교통사고율 감소 및 보험료의 절감

② 운행상태의 완전노출로 운행질서 확립

③ 정확한 배차관리, 운행간격 유지 등으로 경영합리화 가능

④ 서비스 개선에 따른 승객 증가로 인한 수지 개선

정답_ 219p

제1과목 교통 · 운수 관련 법규 및 교통사고 유형

1 주로 특별시 · 광역시 · 특별자치시 또는 시의 단일 행정구역에서 운행계통을 정하고 국토교통부령으로 정하는 자동차를 사용하여 여객을 운송하는 사업은?

① 시내버스운송사업
② 농어촌버스운송사업
③ 마을버스운송사업
④ 시외버스운송사업

2 다음 중 국토교통부령으로 정하는 시외버스운송사업 자동차에 대한 설명으로 옳지 않은 것은?

① 시외버스운송사업 자동차는 중형 또는 대형승합자동차이어야 한다.
② 시외우등고속버스는 원동기 출력이 자동차 총중량 1톤당 20마력 이상이고, 승차정원이 20인승 이하인 대형승합자동차이어야 한다.
③ 시외고속버스는 원동기 출력이 자동차 총 중량 1톤당 20마력 이상이고, 승차정원이 30인 이상인 대형승합자동차이어야 한다.
④ 시외직행 및 시외일반버스는 직행형과 일반형에 사용되는 중형 이상의 승합자동차이어야 한다.

3 다음 중 광역급행형 운행형태에 대한 설명으로 옳지 않은 것은?

① 직행좌석형, 좌석형 및 일반형과 함께 시내버스운송사업 및 농어촌버스운송사업의 운행형태이다.
② 시내좌석버스를 사용하고 주로 고속국도, 도시고속도로 또는 주간선도로를 이용한다.
③ 기점 및 종점으로부터 5km 이내의 지점에 위치한 각각 4개 이내의 정류소에 정차하고, 그 외의 지점에서는 정차하지 아니하면서 운행한다.
④ 관할관청이 도로상황 등 지역의 특수성과 주민 편의를 고려하여 필요하다고 인정하는 경우, 기점 및 종점으로부터 5km 이내에 위치한 각각 10개 이내의 정류소에 정차할 수 있다.

4 다음 중 대통령령으로 정하는 노선에 대한 설명 중 옳지 않은 것은?

① 개선명령을 받지 않은 노선
② 수익성이 없는 노선 중 지역주민의 교통불편과 결손액의 정도를 고려해 시도지사가 정한 노선
③ 수요응답형 여객자동차운송사업의 노선 중 수익성이 없는 노선
④ 노선의 연장 또는 변경의 명령을 받고 버스를 운행함으로써 결손이 발생한 노선

5 운송사업자(시외버스)가 차내에 운전자격증명을 항상 게시하지 않은 경우의 과징금은?

① 5만 원

② 10만 원

③ 15만 원

④ 20만 원

6 다음 중 운송사업자가 사업용 자동차에 의해 중대한 교통사고가 발생한 경우 지체 없이 국토교통부장관 또는 시·도지사에게 보고하여야 하는 경우가 아닌 것은?

① 전복 사고

② 화재가 발생한 사고

③ 중상자가 6명인 사고

④ 사망자가 1명인 사고

7 안전표지나 이와 비슷한 인공구조물로 표시한 도로의 부분은?

① 중앙선

② 안전지대

③ 신호기

④ 횡단보도

8 운수종사자의 교육에 관한 내용 중 무사고·무벌점 기간이 5년 이상 10년 미만인 운수종사자의 교육시간은?

① 4시간 ② 8시간

③ 10시간 ④ 16시간

9 다음에 설명하고 있는 것은?

> 보도와 차도가 구분되지 아니한 도로에서 보행자의 안전을 확보하기 위하여 안전표지 등으로 경계를 표시한 도로의 가장자리 부분

① 안전지대

② 자전거횡단도

③ 길가장자리구역

④ 교차로

10 다음 설명 중 틀린 것을 모두 고른 것은?

> ㉠ 주차 : 운전자가 승객을 기다리거나 화물을 싣거나 차가 고장 나거나 그 밖의 사유로 차를 계속 정지 상태에 두는 것. 또는 운전자가 차에서 떠나서 즉시 그 차를 운전할 수 없는 상태에 두는 것
>
> ㉡ 정차 : 운전자가 10분을 초과하지 아니하고 차를 정지시키는 것으로서 주차 외의 정지 상태
>
> ㉢ 운전 : 도로에서 차마를 그 본래의 사용방법에 따라 사용하는 것(조종은 제외)
>
> ㉣ 서행 : 운전자가 차를 즉시 정지시킬 수 있는 정도의 느린 속도로 진행하는 것
>
> ㉤ 앞지르기 : 차의 운전자가 앞서가는 다른 차의 옆을 지나서 그 차의 앞으로 나가는 것

① ㉠, ㉡

② ㉠, ㉢

③ ㉡, ㉢

④ ㉣, ㉤

11 차량신호등 원형등화에서 '황색등화의 점멸'이 의미하는 것은?

① 비보호좌회전표지 또는 비보호좌회전표시가 있는 곳에서는 좌회전할 수 있다.
② 차마는 정지선, 횡단보도 및 교차로의 직전에서 정지하여야 한다.
③ 차마는 다른 교통 또는 안전표지의 표시에 주의하면서 진행할 수 있다.
④ 차마는 정지선이나 횡단보도가 있을 때에는 그 직전이나 교차로의 직전에 일시정지한 후 다른 교통에 주의하면서 진행할 수 있다.

12 다음에 설명하고 있는 안전표지는?

주의표지 · 규제표지 또는 지시표지의 주기능을 보충하여 도로사용자에게 알리는 표지

① 주의표지　　　② 규제표지
③ 지시표지　　　④ 보조표지

13 교통사고와 관련하여 거짓이나 그 밖의 부정한 방법으로 보험금을 청구하여 금고 이상의 형을 선고받고 그 형이 확정된 경우의 처분기준은?

① 자격정지 5일　　② 자격정지 10일
③ 자격정지 30일　　④ 자격취소

14 자동차전용도로의 최저속도는?

① 매시 30km　　② 매시 60km
③ 매시 90km　　④ 매시 120km

15 다음 중 일시정지 해야 하는 장소는?

① 교통정리를 하고 있지 아니하는 교차로
② 도로가 구부러진 부근
③ 비탈길의 고갯마루 부근
④ 교통정리를 하고 있지 아니하고 좌우를 확인할 수 없는 교차로

16 다음은 주차금지 장소이다. 옳지 않은 것은?

① 터널 안
② 다리 위
③ 소방용 방화 물통으로부터 10m 이내인 곳
④ 도로공사를 하고 있는 경우에는 그 공사 구역의 양쪽 가장자리로부터 5m 이내인 곳

17 운전이 금지되는 자동차 운전석 좌우 옆면 창유리 가시광선 투과율의 기준은?

① 30% 미만
② 40% 미만
③ 50% 미만
④ 60% 미만

18 교통사고가 발생한 차의 운전자가 국가경찰관서에 사고 신고를 할 때 알려야 하는 사항이 아닌 것은?

① 사고의 책임이 있는 사람
② 사고가 일어난 곳
③ 사상자 수 및 부상 정도
④ 손괴한 물건 및 손괴 정도

19 법규위반 또는 교통사고로 인한 벌점은 당해 위반 또는 사고가 있었던 날을 기준으로 과거 몇년 간의 모든 벌점을 누산해 관리하는가?

① 1년
② 2년
③ 3년
④ 4년

20 다음은 보행자의 도로횡단에 관한 내용이다. 괄호 안에 들어갈 말로 가장 적절한 것은?

> 시·도경찰청장은 도로를 횡단하는 보행자의 안전을 위하여 (   ) 정하는 기준에 따라 횡단보도를 설치할 수 있다.

① 국토교통부령
② 대통령령
③ 행정안전부령
④ 국무총리령

21 다음은 정지처분 대상자의 임시운전증명서에 관한 내용이다. 괄호 안에 들어갈 말로 가장 적절한 것은?

> 경찰서장은 본인이 희망하는 기간을 참작하여 (   ) 이내의 유효기간을 정하여 임시운전증명서를 발급한다.

① 70일
② 60일
③ 50일
④ 40일

22 다음 중 도주(뺑소니) 사고인 경우는?

① 피해자가 부상사실이 없거나 극히 경미하여 구호조치가 필요하지 않아 연락처를 제공하고 떠난 경우
② 사고운전자가 심한 부상을 입어 타인에게 의뢰하여 피해자를 후송 조치한 경우
③ 사고운전자가 급한 용무로 인해 동료에게 사고처리를 위임하고 가버린 후 동료가 사고 처리한 경우
④ 피해자가 이미 사망하였다고 사체 안치 후송 등의 조치 없이 가버린 경우

23 아래의 글은 갓길 통행금지에 관한 내용이다. 괄호 안에 들어갈 말로 적절한 것을 고르면?

> 자동차의 운전자는 고속도로에서 다른 차를 앞지르려면 방향지시기, 등화 또는 경음기를 사용하여 (   )으로 정하는 차로로 안전하게 통행하여야 한다.

① 행정안전부령
② 국무총리령
③ 대통령령
④ 국토교통부령

24 다음 중 보행자 보호의무위반 사고의 성립요건에서 운전자 과실의 예외사항인 것은?

① 횡단보도를 건너고 있는 보행자를 충돌한 경우
② 횡단보도 전에 정지한 차량을 추돌하여 추돌된 차량이 밀려나가 보행자를 충돌한 경우
③ 녹색등화가 점멸되고 있는 횡단보도를 진입하여 건너고 있는 보행자를 적색등화에 충돌한 경우
④ 보행신호가 녹색등화일 때 횡단보도를 진입하여 건너고 있는 보행자를 보행신호가 녹색등화의 점멸 또는 적색등화로 변경된 상태에서 충돌한 경우

25 다음에 설명하고 있는 개념은?

> 운전자가 위험을 느끼고 브레이크를 밟았을 때 자동차가 제동되기 전까지 주행한 거리

① 안전거리
② 정지거리
③ 공주거리
④ 제동거리

제2과목 **자동차관리 요령**

1 일상점검 주의사항에 대한 설명으로 틀린 것은?

① 경사가 없는 평탄한 장소에서 점검한다.
② 엔진 시동 상태에서 점검해야 할 사항이 아니면 엔진 시동을 끄고한다.
③ 바람이 통하지 않는 장소에서 실시한다.
④ 연료장치나 배터리 부근에서는 불꽃을 멀리한다.

2 운행 전 안전수칙에 대한 설명이다. 옳지 않은 것은?

① 안전벨트는 꼬이지 않도록 하여 착용한다.
② 바닥 매트는 제거의 편의를 위해 고정되지 않는 제품을 사용한다.
③ 손목이 핸들의 가장 먼 곳에 닿아야 한다.
④ 후사경을 조정하여 충분한 시계를 확보한다.

3 운행 출발 전의 확인사항으로 옳지 않은 것은?

① 클러치 작동과 기어접속은 이상이 없는가?
② 제동장치는 잘 작동되며, 한쪽으로 쏠리지는 않는가?
③ 공기 압력은 충분하며 잘 충전되고 있는가?
④ 시동 시에 잡음이 없고 잘 시동 되는가?

4 험한 도로 주행 방법으로 잘못된 것은?

① 요철이 심한 도로에서는 감속 주행하여 차체의 아래 부분이 충격을 받지 않도록 주의한다.

② 비포장도로, 눈길, 빙판길, 진흙탕 길을 주행할 때에는 속도를 높이고 제동거리를 충분히 확보한다.

③ 제동할 때에는 자동차가 멈출 때까지 브레이크 페달을 펌프질 하듯이 가볍게 위아래로 밟아 준다.

④ 비포장도로와 같은 험한 도로를 주행할 때에는 저단기어로 가속페달을 일정하게 밟고 기어변속이나 가속은 피한다.

5 연료 주입구 개폐 시 주의사항으로 옳지 않은 것은?

① 연료 캡을 열 때에는 연료에 압력이 가해져 있을 수 있으므로 빠르게 분리한다.

② 연료 캡에서 연료가 새거나 바람 빠지는 소리가 들리면 연료 캡을 완전히 분리하기 전에 이런 상황이 멈출 때까지 대기한다.

③ 연료를 충전할 때에는 항상 엔진을 정지시킨다.

④ 연료 주입구 근처에 불꽃이나 화염을 가까이 하지 않는다.

6 다음은 공사구간 운행방법에 관한 사항이다. 이 중 옳지 않은 내용을 고르면?

① 공사구간은 병목현상으로 차량정체를 대비하여 주의 운행하여야 한다.

② 공사구간은 중간구간이 위험하다.

③ 사전에 공사구간 표시판이 있으면 감속해야 한다.

④ 갓길이 없으며 급커브 길이다.

7 다음 중 비상경고 표시등은?

①
②
③
④

8 다음 중 교량통과 방법으로 옳지 않은 것은?

① 교량 위에는 지열을 많이 받아 빙판현상이 거의 발생되지 않으므로 브레이크 조작 및 가속페달 조작에 유의하지 않아도 된다.

② 전방주시 철저, 안전거리 확보, 급제동 및 핸들조작에 유의하여야 한다.

③ 바람이 심하게 불며 강풍, 돌풍 등을 예상하여 운행한다.

④ 교량 위에서는 온도차이가 10도~25도 차이가 나므로 안전운행 하여야 한다.

9 배터리가 방전되어 있을 때에 대한 설명으로 옳지 않은 것은?

① 주차 브레이크를 작동시켜 차량이 움직이지 않도록 한다.

② 점프 케이블의 양극과 음극이 서로 닿는 경우에는 불꽃이 발생하여 위험하므로 서로 닿지 않도록 하다.

③ 일단 시동이 걸린 후에는 바로 시동을 끈다.

④ 방전된 배터리가 얼었거나 배터리액이 부족한 경우에는 점프 도중에 배터리의 파열 및 폭발이 발생할 수 있다.

10 다음이 의미하는 표시등은? (단, 자동차에 따라 다를 수 있음)

① 사이드미러 열선작동 표시등
② 자동 그리스 작동 표시등
③ 배기 브레이크 표시등
④ 엔진 예열작동 표시등

11 자동변속기의 특징이 아닌 것은?

① 기어변속이 자동으로 이루어져 운전이 편리하다.
② 수동변속기에 비해 승차감이 떨어진다.
③ 조작 미숙으로 인한 시동 꺼짐이 없다.
④ 구조가 복잡하고 가격이 비싸다.

12 다음 중 수막현상을 방지하기 위한 주의로 가장 바르지 않은 것은?

① 공기압을 많이 낮게 한다.
② 배수효과가 좋은 타이어를 사용한다. (리브형)
③ 마모된 타이어를 사용하지 않는다.
④ 저속 주행

13 엔진 안에서 다량의 엔진오일이 실린더 위로 올라와 연소되는 경우로 고장 관련 가스의 색은?

① 백색
② 초록색
③ 노란색
④ 검은색

14 다음 중 휠 얼라인먼트가 필요한 시기가 아닌 것은?

① 타이어의 편마모가 발생한 경우
② 타이어를 교환한 경우
③ 핸들이나 자동차의 떨림이 발생하지 않은 경우
④ 핸들의 중심이 어긋난 경우

15 다음 중 감속 브레이크의 장점으로 가장 거리가 먼 것은?

① 브레이크가 작동할 때 이상 소음을 내지 않으므로 승객에게 불쾌감을 주지 않는다.
② 클러치 사용횟수가 늘게 됨에 따라 클러치 관련 부품의 마모가 감소한다.
③ 브레이크 슈, 드럼 혹은 타이어의 마모를 줄일 수 있다.
④ 눈, 비 등으로 인한 타이어 미끄럼을 줄일 수 있다.

1 다음 중 안전공간을 확보하기 위해 뒤차가 바짝 붙어 오는 상황을 피하는 방법으로 적절하지 않은 것은?

① 가능하면 뒤차가 지나갈 수 없게 차로를 변경하지 않는다.

② 가능하면 속도를 약간 내서 뒤차와의 거리를 늘린다.

③ 브레이크 페달을 가볍게 밟아서 제동등이 들어오게 하여 속도를 줄이려는 의도를 뒤차가 알 수 있게 한다.

④ 정지할 공간을 확보할 수 있게 점진적으로 속도를 줄인다. 이렇게 하여 뒤차가 추월할 수 있게 만든다.

2 다음 빈칸에 들어갈 내용은?

> 우리나라 제2종 운전면허를 취득하는 데 필요한 시력기준은 두 눈을 동시에 뜨고 잰 시력이 0.5 이상이어야 한다. 다만, 한쪽 눈을 보지 못하는 사람은 다른 쪽 눈의 시력이 (   ) 이상이어야 한다.

① 1.0

② 0.8

③ 0.7

④ 0.6

3 다음 빈칸에 들어갈 내용은?

> 정지된 상태에서 어느 한 점만을 주시하여 판단하는 정지시력은 동일한 거리에 있는 움직이는 모든 물체를 판별할 수 있는 능력과는 차이가 있다. (   )이란 움직이는 물체 또는 움직이면서 다른 자동차나 사람 등의 물체를 보는 시력을 말한다.

① 정지시력

② 동체시력

③ 시야

④ 야간시력

4 움직이는 물체 또는 움직이면서 다른 자동차나 사람 등의 물체를 보는 시력을 무엇이라고 하는가?

① 순간시력

② 동체시력

③ 정지시력

④ 지각시력

5 운전 중의 스트레스와 흥분을 최소화하는 방법으로 옳지 않은 것은?

① 사전에 주행 계획을 세우고 여유 있게 출발한다.

② 타운전자가 실수하지 않을 것이라고 예상한다.

③ 자신이 의기소침하거나 화가 난 것을 인정한다.

④ 기분이 나쁘거나 우울한 상태에서는 운전을 피한다.

6 운전 중 피로를 푸는 법으로 적절하지 않은 것은?

① 차 안에는 항상 신선한 공기가 충분히 유입되도록 한다.
② 가급적 선글라스는 착용하지 않는다.
③ 정기적으로 차를 멈추어 차에서 나와, 몇 분 동안 산책을 하거나 가벼운 체조를 한다.
④ 지루하게 느껴지거나 졸음이 올 때는 라디오를 틀거나 노래 부르기, 휘파람 불기 등의 방법을 사용한다.

7 알코올이 운전에 미치는 영향으로 옳지 않은 것은?

① 심리-운동 협응능력 저하
② 시력의 지각능력 저하
③ 주의 집중능력 증가
④ 차선을 지키는 능력 감소

8 횡단하는 보행자 보호의 주요 주의사항으로 옳지 않은 것은?

① 시야가 차단된 상황에서 나타나는 보행자를 특히 조심한다.
② 신호에 따라 횡단하는 보행자의 앞뒤에서 그들을 압박하거나 재촉한다.
③ 회전할 때는 언제나 회전 방향의 도로를 건너는 보행자가 있을 수 있음을 유의한다.
④ 주거지역 내에서는 어린이의 존재 여부를 주의 깊게 관찰한다.

9 혈중알코올농도(맥주 캔 기준)에 따른 행동적 증후에서 혈중알코올농도가 0.02~0.04(%)인 경우의 취한 상태에 해당하지 않는 것은?

① 판단력이 조금 흐려짐
② 흔들어도 일어나지 않음
③ 피부가 빨갛게 됨
④ 기분이 상쾌해짐

10 대형 버스나 트럭 운전에 대한 설명으로 잘못된 것은?

① 크면 클수록 운전자들이 볼 수 없는 곳이 늘어난다.
② 크면 클수록 정지하는 데 더 적은 시간이 걸린다.
③ 크면 클수록 움직이는 데 점유하는 공간이 늘어난다.
④ 크면 클수록 다른 차를 앞지르는 데 걸리는 시간이 길어진다.

11 다음 중 타이어 마모에 영향을 주는 요소가 아닌 것은?

① 브레이크
② 노면
③ 차의 하중
④ 와이퍼

12 C에 들어갈 알맞은 내용은?

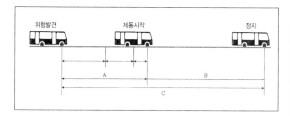

① 제동거리
② 공주거리
③ 주행거리
④ 정지거리

13 양방향 2차로 앞지르기 금지구간에서 자동차의 원활한 소통을 도모하고, 도로 안전성을 제고하기 위해 길어깨(갓길) 쪽으로 설치하는 저속 자동차의 주행차로는?

① 가변차로
② 양보차로
③ 회전차로
④ 변속차로

14 길어깨(갓길) 또는 중앙분리대의 일부분으로 포장 끝부분 보호, 측방의 여유 확보, 운전자의 시선을 유도하는 기능을 갖는 것은?

① 측대
② 주·정차대
③ 편경사
④ 도류화

15 회전교차로와 로터리의 차이점으로 틀린 것은?

	구분	회전교차로	로터리 또는 교통서클
①	진입방식	진입자동차가 양보	회전자동차가 양보
②	진입부	저속 진입	고속 진입
③	회전부	소규모 회전반지름 위주	대규모 회전반지름 위주
④	분리 교통섬	선택 설치	감속 또는 방향분리를 위해 필수 설치

16 다음 중 고속도로를 주행하고 있을 시 안개지역을 통과할 때 활용할 수 있는 내용으로 옳지 않은 것은?

① 도로 갓길에 설치된 노면요철포장의 소음 또는 진동을 통해 도로이탈을 확인하고 원래 차로로 신속히 복귀하여 평균 주행속도보다 감속하여 운행한다.
② 중앙분리대 또는 갓길에 설치된 반사체인 시선유도표지를 통해 전방의 도로선형을 확인한다.
③ 갓길에 설치된 안개시정표지를 통해 공주거리 및 뒤차와의 거리를 확인한다.
④ 도로전광판, 교통안전표지 등을 통해 안개 발생구간을 확인한다.

17 교량 위에서 자동차가 차도로부터 교량 바깥, 보도 등으로 벗어나는 것을 방지하기 위해서 설치하는 방호울타리는?

① 노측용 방호울타리
② 중앙분리대용 방호울타리
③ 보도용 방호울타리
④ 교량용 방호울타리

18 다음 중 빗길 운전의 위험성에 관한 내용으로 바르지 않은 것은?

① 타이어와 노면 사이의 마찰력이 증가하여 정지거리가 길어진다.
② 비로 인해 운전시야 확보가 곤란하다.
③ 젖은 노면에 토사가 흘러내려 진흙이 깔려 있는 곳은 다른 곳보다 더욱 미끄럽다.
④ 수막현상 등으로 인해 조향조작 및 브레이크 기능이 저하될 수 있다.

19 중추신경계의 활동을 활발하게 하는 약물은?

① 소화제

② 흥분제

③ 환각제

④ 진정제

20 다음 중 빗길 안전운전에 대한 내용으로 적절하지 않은 것은 무엇인가?

① 보행자 옆을 통과할 때에는 속도를 줄여 흙탕물이 튀기지 않도록 주의한다.

② 물이 고인 길을 벗어난 경우에는 브레이크를 여러 번 나누어 밟아 마찰열로 브레이크 패드나 라이닝의 물기를 제거한다.

③ 비가 내려 노면이 젖어있는 경우에는 최고속도의 20%를 줄인 속도로 운행한다.

④ 폭우로 가시거리가 100m 이내인 경우에는 최고속도의 30%를 줄인 속도로 운행한다.

21 해롤드 스미스가 제안한 안전운전의 5가지 기본 기술로 잘못된 것은?

① 운전 중에 전방 가까이 본다.

② 전체적으로 살펴본다.

③ 눈을 계속해서 움직인다.

④ 차가 빠져나갈 공간을 확보한다.

22 철길 건널목에서의 방어운전에 대한 설명으로 옳지 않은 것은?

① 철길 건널목에 접근할 때에는 속도를 올려 접근한다.

② 일시정지 후에는 철도 좌·우의 안전을 확인한다.

③ 건널목을 통과할 때에는 기어를 변속하지 않는다.

④ 건널목 건너편 여유 공간을 확인한 후에 통과한다.

23 야간의 안전운전에 대한 설명으로 옳지 않은 것은?

① 주간보다 시야가 제한되므로 속도를 줄여 운전한다.

② 승합자동차는 야간에 운행할 때에 실내조명등을 끄고 운행한다.

③ 선글라스를 착용하고 운전하지 않는다.

④ 대향차의 전조등을 직접 바라보지 않는다.

24 경제운전의 기본적인 방법이 아닌 것은?

① 가·감속을 부드럽게 한다.

② 불필요한 공회전을 피한다.

③ 급회전을 피한다.

④ 차량속도를 자주 바꾼다.

25 다음 중 경제운전에 영향을 미치는 요인에 해당하지 않는 것은?

① 교통상황　　　② 도로조건

③ 운전자의 경제력　④ 기상조건

제4과목 운송서비스

1 올바른 서비스 제공을 위한 5요소가 아닌 것은?

① 수려한 용모　　② 밝은 표정
③ 공손한 인사　　④ 따뜻한 응대

2 서비스의 특징이 아닌 것은?

① 무형성　　　　② 동시성
③ 인적 의존성　　④ 영구성

3 운송서비스에 특징에 대한 설명으로 잘못된 것은?

① 운송서비스는 운전자에 의해 생산되기 때문에 인적 의존성이 높다.
② 승객이 승차요금 또는 사용요금으로 지급하고 목적지에 도착 또는 사용 종료가 되었을 때에는 구매대가로 지급받은 유형재가 존재하지 않는다.
③ 운송서비스 수준은 버스의 운행횟수, 운행시간, 차종, 목적지 도착시간 등에 영향을 받는다.
④ 승객 욕구의 다양함과 감정의 변화, 서비스 제공자에 상관없이 절대적이며 승객의 평가 역시 객관적이다.

4 올바른 인사로 보기 어려운 것은?

① 고개 : 반듯하게 들되, 턱을 내민다.
② 머리와 상체 : 일직선이 되도록 하며 천천히 숙인다.
③ 입 : 미소를 짓는다.
④ 음성 : 적당한 크기와 속도로 자연스럽게 말한다.

5 다음 중 담배꽁초를 처리하는 경우에 주의해야 할 사항으로 바르지 않은 것은?

① 화장실 변기에 버리지 않는다.
② 차 창 밖으로 버린다.
③ 반드시 재떨이에 버린다.
④ 꽁초를 손가락으로 튕겨 버리지 않는다.

6 승객에 대한 호칭과 지칭에 대한 설명으로 옳지 않은 것은?

① '고객'보다는 '차를 타는 손님'이라는 뜻이 담긴 '승객'이나 '손님'을 사용하는 것이 좋다.
② 할아버지, 할머니 등 나이가 드신 분들은 '노인'으로 호칭하거나 지칭한다.
③ '아줌마', '아저씨'는 상대방을 높이는 느낌이 들지 않으므로 호칭이나 지칭으로 사용하지 않는다.
④ 중·고등학생은 ○○○승객이나 손님으로 성인에 준하여 호칭하거나 지칭한다.

7 다음 중 직업의 사회적 의미에 대한 내용이 아닌 것은?

① 직업은 사회적으로 유용한 것이어야 하며, 사회발전 및 유지에 도움이 되어야 한다.
② 사람은 누구나 직업을 통해 타인의 삶에 도움을 주기도 하고, 사회에 공헌하며 사회발전에 기여하게 된다.
③ 직업은 인간 개개인에게 일할 기회를 제공한다.
④ 직업을 통해 원만한 사회생활, 인간관계 및 봉사를 하게 되며, 자신이 맡은 역할을 수행하며 능력을 인정받는 것이다.

8 시외버스운송사업자가 운임을 받을 때 발행해야 하는 승차권 양식에 포함되는 내용이 아닌 것은?

① 사업자의 명칭
② 운수종사자의 성명
③ 사용구간
④ 반환에 관한 사항

9 다음 중 직업의 심리적 의미로 바르지 않은 것은?

① 인간은 직업을 통해 자신의 이상을 실현한다.
② 직업은 인간 개개인의 자아실현의 매개인 동시에 장이 되는 것이다.
③ 인간의 잠재적 능력, 타고난 소질과 적성 등이 직업을 통해 계발되고 발전된다.
④ 직업을 통해 안정된 삶을 영위해 나갈 수 있어 중요한 의미를 가진다.

10 운전자가 지켜야 하는 행동에 대한 설명으로 옳지 않은 것은?

① 신호등이 없는 횡단보도를 통행하고 있는 보행자가 있으면 일시정지하여 보행자를 보호한다.
② 야간에 커브 길을 진입하기 전에는 상향등을 깜박거려 반대차로를 주행하고 있는 차에게 자신의 진입을 알린다.
③ 차로변경의 도움을 받았을 때에는 경적을 2~3회 울려 양보에 대한 고마움을 표현한다.
④ 앞 신호에 따라 진행하고 있는 차가 있는 경우에는 안전하게 통과하는 것을 확인하고 출발한다.

11 다음 중 이용자 입장에서의 버스정보시스템 기대효과가 아닌 것은?

① 과속 및 난폭운전으로 인한 불안감 증가
② 불규칙한 배차, 결행 및 무정차 통과에 의한 불편해소
③ 버스운행정보 제공으로 만족도 향상
④ 버스도착 예정시간 사전확인으로 불필요한 대기시간의 감소

12 BIS와 BMS의 비교로 잘못된 것은?

	구분	BIS	BMS
①	정의	버스 운행상황 관제	이용자에게 버스 운행상황 정보제공
②	제공매체	정류소 설치 안내기, 인터넷, 모바일	버스회사 단말기, 상황판, 차량단말기
③	제공대상	버스이용승객	버스운전자, 버스회사, 시·군
④	기대효과	버스 이용승객에게 편의 제공	배차관리, 안전운행, 정시성 확보

13 중앙버스전용차로의 특징이 아닌 것은?

① 도로 중앙에 설치된 버스정류소로 인해 무단 횡단 등 안전문제가 발생한다.
② 여러 가지 안전시설 등의 설치 및 유지로 인한 비용이 많이 든다.
③ 대중교통 이용자의 증가를 도모할 수 있다.
④ 승·하차 정류소에 대한 보행자의 접근거리가 짧아진다.

14 직업을 통해 안정된 삶을 영위해 나갈 수 있어 중요한 의미를 가지는 것은 직업의 어떠한 의미인가?

① 사회적 의미
② 정치적 의미
③ 경제적 의미
④ 문화적 의미

15 다음 중 대중교통 전용지구의 목적으로 바르지 않은 것은?

① 쾌적한 운전자 공간의 확보
② 도심교통환경의 개선
③ 도심상업지구의 활성화
④ 대중교통의 원활한 운행 확보

제1과목 교통 · 운수 관련 법규 및 교통사고 유형

1 ④

「여객자동차 운수사업법」의 목적〈여객자동차 운수사업법 제1조〉… 이 법은 여객자동차 운수사업에 관한 질서를 확립하고 여객의 원활한 운송과 여객자동차 운수사업의 종합적인 발달을 도모하여 공공복리를 증진하는 것을 목적으로 한다.

2 ①

노선 여객자동차운송사업은 자동차를 정기적으로 운행하려는 구간을 정하여 여객을 운송하는 사업으로 시내버스운송사업, 농어촌버스운송사업, 마을버스운송사업, 시외버스운송사업 등이 있다.

3 ③

버스운전업무에 종사하기 위해서는 <u>20세</u> 이상으로서 운전경력이 <u>1년</u> 이상이어야 한다〈여객자동차 운수사업법 시행규칙 제49조〉.

4 ①

① 이론교육에 해당하는 내용이다.

5 ③

운송사업자(전세 버스)가 차내에 운전자격증명을 항상 게시하지 않은 경우의 과징금은 10만 원이다.

6 ②

① **자전거전용도로** : 자전거만 통행할 수 있도록 분리대, 경계석, 그 밖에 이와 유사한 시설물에 의하여 차도 및 보도와 구분하여 설치된 자전거도로
③ **자전거전용차로** : 차도의 일정부분을 자전거만 통행하도록 차선 및 안전표지나 노면표시로 다른 차가 통행하는 차로와 구분한 차로

7 ③

③은 적색등화가 점멸할 때의 의미이다. 버스신호등의 적색 등화 시에는 버스전용차로에 있는 차마는 정지선, 횡단보도 및 교차로의 직전에서 정지하여야 한다.

8 ④

버스운전자격시험은 총점의 6할 이상을 얻은 사람을 합격자로 한다.

9 ③

③ 자동차 등의 운전 중에는 방송 등 영상물을 수신하거나 재생하는 장치를 통하여 운전자가 운전 중 볼 수 있는 위치에 영상이 표시되지 아니하도록 해야 한다. 단 자동차 등이 정지하고 있는 경우나 지리안내 영상 또는 교통정보안내 영상, 국가비상사태 · 재난상황 등 긴급한 상황을 안내하는 영상, 운전을 할 때 자동차 등의 좌우 또는 전후방을 볼 수 있도록 도움을 주는 영상 등이 표시되는 경우에는 그러지 아니한다〈도로교통법 제49조〉.

10 ③

③ 고장이나 그 밖의 부득이한 사유로 길가장자리 구역(갓길을 포함한다)에 정차 또는 주차시키는 경우에만 가능하다〈도로교통법 제64조〉.

11 ②

② 운송사업자는 그의 운수종사자에 대한 교육계획의 수립, 교육의 시행 및 일상의 교육 훈련업무를 위하여 종업원 중에서 교육훈련 담당자를 선임하여야 한다. 다만, 자동차 면허 대수가 20대 미만인 운송사업자의 경우에는 교육훈련 담당자를 선임하지 아니할 수 있다.

12 ③

③ 양쪽 팔의 팔꿈치관절 이상을 잃은 사람이나 양쪽 팔을 전혀 쓸 수 없는 사람은 운전면허를 받을 수 없다. 다만 본인의 신체장애 정도에 적합하게 제작된 자동차를 이용하여 정상적인 운전을 할 수 있는 경우에는 그러하지 아니한다〈도로교통법 제82조〉.

13 ②

자동차 등의 운전에 필요한 적성의 기준〈도로교통법 시행령 제45조 제1항〉

자동차 등의 운전에 필요한 적성의 검사(이하 "적성검사"라 한다)는 다음의 기준을 갖추었는지에 대하여 실시한다. 다만, ⓒ의 기준은 적성검사의 경우에는 적용하지 아니하고, ⓒ의 기준은 제1종 운전면허 중 대형면허 또는 특수면허를 취득하려는 경우에만 적용한다.

ⓐ 다음 각 목의 구분에 따른 시력(교정시력을 포함한다)을 갖출 것
- 제1종 운전면허 : 두 눈을 동시에 뜨고 잰 시력이 0.8 이상이고, 두 눈의 시력이 각각 0.5 이상일 것. 다만, 한쪽 눈을 보지 못하는 사람이 보통면허를 취득하려는 경우에는 다른 쪽 눈의 시력이 0.8 이상이고, 수평시야가 120도 이상이며, 수직시야가 20도 이상이고, 중심시야 20도 내 암점(暗點) 또는 반맹(半盲)이 없어야 한다.
- 제2종 운전면허 : 두 눈을 동시에 뜨고 잰 시력이 0.5 이상일 것. 다만, 한쪽 눈을 보지 못하는 사람은 다른 쪽 눈의 시력이 0.6 이상이어야 한다.

ⓑ 붉은색·녹색 및 노란색을 구별할 수 있을 것

ⓒ 55데시벨(보청기를 사용하는 사람은 40데시벨)의 소리를 들을 수 있을 것

ⓓ 조향장치나 그 밖의 장치를 뜻대로 조작할 수 없는 등 정상적인 운전을 할 수 없다고 인정되는 신체상 또는 정신상의 장애가 없을 것. 다만, 보조수단이나 신체장애 정도에 적합하게 제작·승인된 자동차를 사용하여 정상적인 운전을 할 수 있다고 인정되는 경우에는 그러하지 아니하다.

14 ④

운송사업자가 국토교통부장관이 정하여 고시하는 심야 시간대에 승차정원이 11인승 이상의 승합자동차를 이용하여 여객의 요청에 따라 탄력적으로 여객을 운송하는 구역 여객자동차운송사업을 경영하려는 경우이다. (여객자동차 운수사업법 시행규칙 제17조)

15 ④

④ 운전업무와 관련하여 버스운전자격증을 타인에게 대여한 경우의 처분기준은 자격취소이다.

16 ③

③ 끼어들기 금지 위반의 범칙금은 3만 원이다.

17 ①

① 좌합류도로에 주의하라는 주의표지이다.

18 ③

③ 양측방통행을 지시하는 지시표지이다.

19 ②

노면표시의 색채 기준〈도로교통법 시행규칙 별표6〉
ㄱ 노란색 : 중앙선표시, 주차금지표시, 정차 · 주차
금지표시, 정차금지지대표시, 보호구역 기점 ·
종점 표시의 테두리와 어린이보호구역 횡단보도
및 안전지대 중 양방향 교통을 분리하는 표시
ㄴ 파란색 : 전용차로표시 및 노면전차전용로표시
ㄷ 빨간색 또는 흰색 : 법에 따라 설치하는 소방시
설 주변 정차 · 주차금지표시 및 보호구역(어린
이 · 노인 · 장애인) 또는 주거지역 안에 설치하
는 속도제한표시의 테두리선
ㄹ 분홍색, 연한녹색 또는 녹색 : 노면색깔유도선표시
ㅁ 흰색 : 그 밖의 표시
ㅂ 노면표시의 색채에 관한 세부기준은 경찰청장
이 정한다.

20 ③

교통사고로 처리되지 않는 경우
ㄱ 명백한 자살이라고 인정되는 경우
ㄴ 확정적인 고의 범죄에 의해 타인을 사상하거나
물건을 손괴한 경우
ㄷ 건조물 등이 떨어져 운전자 또는 동승자가 사
상한 경우
ㄹ 축대 등이 무너져 도로를 진행 중인 차량이 손
괴되는 경우
ㅁ 사람이 건물, 육교 등에서 추락하여 운행 중인
차량과 충돌 또는 접촉하여 사상한 경우
ㅂ 기타 안전사고로 인정되는 경우

21 ②

② 승하차 시에만 돌출되도록 작동하는 보조발판은
위에서 보아 두 모서리가 만나는 꼭짓점 부분의 곡

률반경이 20mm 이상이고, 나머지 각 모서리 부분
은 곡률반경이 2.5mm 이상이 되도록 둥글게 처리
하고 고무 등의 부드러운 재료로 마감할 것

22 ④

도주(뺑소니) 사고
ㄱ 도주인 경우
• 피해자 사상 사실을 인식하거나 예견됨에도 가
버린 경우
• 피해자를 사고현장에 방치한 채 가버린 경우
• 현장에 도착한 경찰관에게 거짓으로 진술한 경우
• 사고운전자를 바꿔치기 하여 신고한 경우
• 사고운전자가 연락처를 거짓으로 알려준 경우
• 피해자가 이미 사망하였다고 사체 안치 후송 등
의 조치 없이 가버린 경우
• 피해자를 병원까지만 후송하고 계속 치료를 받
을 수 있는 조치 없이 가버린 경우
• 쌍방 업무상 과실이 있는 경우에 발생한 사고로
과실이 적은 차량이 도주한 경우
• 자신의 의사를 제대로 표시하지 못하는 나이 어
린 피해자가 '괜찮다'라고 하여 조치 없이 가버
린 경우
ㄴ 도주가 아닌 경우
• 피해자가 부상사실이 없거나 극히 경미하여 구
호조치가 필요하지 않아 연락처를 제공하고 떠
난 경우
• 사고운전자가 심한 부상을 입어 타인에게 의뢰
하여 피해자를 후송 조치한 경우
• 사고 장소가 혼잡하여 불가피하게 일부 진행 후
정지하고 되돌아와 조치한 경우
• 사고운전자가 급한 용무로 인해 동료에게 사고
처리를 위임하고 가버린 후 동료가 사고 처리한
경우
• 피해자 일행의 구타 · 폭언 · 폭행이 두려워 현장
을 이탈한 경우
• 사고운전자가 자기 차량 사고에 대한 조치 없이
가버린 경우

23 ②

①③④의 경우 현저한 부주의로 중앙선침범을 한 경우로 중앙선침범을 적용하는 반면, ②의 경우 부득이하게 중앙선침범을 한 경우로 중앙선침범 적용을 할 수 없다.

24 ①

① 교육실시기관은 매년 11월 말까지 조합과 협의하여 다음 해의 교육계획을 수립하여 시·도지사 및 조합에 보고하거나 통보하여야 하며, 그 해의 교육결과를 다음 해 1월 말까지 시·도지사 및 조합에 보고하거나 통보하여야 한다.

25 ①

난폭운전

㉠ 고의나 인식할 수 있는 과실로 타인에게 현저한 위해를 초래하는 운전을 하는 경우

㉡ 타인의 통행을 현저히 방해하는 운전을 하는 경우

㉢ 난폭운전 사례 : 급차로 변경, 지그재그 운전, 좌·우로 핸들을 급조작하는 운전, 지선도로에서 간선도로로 진입할 때 일시정지 없이 급진입하는 운전 등

제2과목 자동차관리 요령

1 ①

일상점검이란 자동차를 운행하는 사람이 매일 자동차를 운행하기 전에 점검하는 것으로 엔진룸 내부, 운전석 등을 점검한다.

2 ③

③은 엔진 점검에 대한 점검사항이다.

3 ③

③ 예비타이어의 공기압도 수시로 점검한다.

4 ④

④ 내리막길에서 운행할 때 기어를 중립에 두고 탄력 운행을 하지 않는다. 엔진 및 배기 브레이크의 효과가 나타나지 않으며 제동공기압의 감소로 제동력이 저하될 수 있다.

5 ②

② ABS 차량은 급제동할 때에도 핸들조향이 가능하다.

6 ①

① 오르막길에서는 1단, 내리막길에서는 R(후진)로 놓고 바퀴에 고임목을 설치한다.

7 ②

제시된 표시는 자동 정속 주행 표시등으로 자동 정속 주행 장치를 사용하게 되면 표시등이 점등되어 작동 중임을 표시한다.

8 ③

③ 일반도로 운행 시 라이트 현혹으로 앞 식별이 되지 않으므로 주의해야 하며 검은 색의 사람 및 전방주시를 철저히 해야 한다.

9 ②

조향장치 부분에 대한 설명이다. 핸들이 어느 속도에 이르면 극단적으로 흔들리는데 특히 일정한 속도에서 핸들에 진동이 일어나면 앞바퀴 불량이 원인일 때가 많다. 앞차륜 정렬(휠 얼라인먼트)이 흐트러졌다든가 바퀴 자체의 휠 밸런스가 맞지 않을 때 주로 일어난다.

10 ①

① 배터리와 케이블 상태를 점검한다. 날씨가 추우면 배터리 용량이 저하되어 시동이 잘 걸리지 않을 수 있다.

11 ③

③ 구동 바퀴에 걸리는 하중을 크게 해야 한다.

12 ②

② 앞바퀴보다 뒤 바퀴가 큰 저항을 받기 때문에 저속기어로 기어변속을 하지 않고 운행한다.

13 ②

① 엔진 브레이크 : 엔진의 회전 저항을 이용한 것으로 언덕길을 내려갈 때 가속 페달을 놓거나 저속기어를 사용하면 회전저항에 의한 제동력이 발생한다.

③ 배기 브레이크 : 배기관 내에 설치된 밸브를 통해 배기가스 또는 공기를 압축한 후 배기 파이프 내의 압력이 배기 밸브 스프링 장력과 평형이 될 때까지 높게 하여 제동력을 얻는다.

④ 리타터 브레이크 : 별도의 오일을 사용하고 기어 자체에 작은 터빈 또는 별도의 리타터용 터빈이 장착되어 유압을 이용하여 동력이 전달되는 회전방향과 반대로 터빈을 작동시켜 제동력을 발생시키는 브레이크이다.

14 ④

④ 최대한의 시야를 확보한 후 운행하며, 구동력이 크게 작용하며 타이어가 잘 미끄러지므로 2단 출발 운행하여야 한다.

15 ①

레디얼 타이어는 카커스를 구성하는 코드가 타이어의 원주 방향에 대해 직각으로 즉 타이어의 측면에서 보면 원의 중심에서 방사상으로 비드에서 비드를 직각으로 배열한 상태이고 구조의 안정성을 위하여 트레드 고무층 바로 밑에 원주 방향에 가까운 각도로 코드를 배치한 벨트로 단단히 조여져 있다.

1 ①

① 무형성 : 시야는 움직이는 상태에 있을 때는 움직이는 속도에 따라 축소되는 특성을 갖는다. 운전 중인 운전자의 시야는 시속 40km로 주행 중일 때는 약 100° 정도로 축소되며, 시속 100km로 주행 중인 때는 약 40° 정도로 축소된다. 따라서 주행 중에는 좌우를 살피기 위해서 자주 좌우로 눈을 움직일 필요가 있다.

2 ①

인간이 전방의 어떤 사물을 주시할 때, 그 사물을 분명하게 볼 수 있게 하는 눈의 영역을 중심시라고 하며, 그 좌우로 움직이는 물체 등을 인식할 수 있게 하는 눈의 영역을 주변시라고 한다.

3 ④

④ 입체시는 낮은 속도하의 운전에서는 중요한 것일지 모르지만, 고속운전에서는 그 영향이 잘 알려져 있지 않다.

4 ③

③ 피로하면 자발적인 행동이 감소하여 당연히 해야 할 일을 태만하게 된다. 한 예로 방향지시등을 작동하지 않고 회전하는 것 등을 들 수 있다.

5 ③

③ 졸음이 오게 되면 차선을 제대로 유지하지 못하고 차가 좌우로 조금씩 왔다 갔다 하는 것을 느낀다.

6 ②

② 음주운전 상태에서는 자제력 상실과 과다한 자신감을 유발하여 위험을 감수하는 경향을 높인다. 또한 운전대를 과조작하거나 급제동·급출발 등 충동적이고 공격적인 운전행동을 일으킨다.

7 ①

흔히 정지시력은 일정 거리에서 일정한 시표를 보고 모양을 확인할 수 있는지를 가지고 측정하는 시력을 말한다.

8 ③

①④ 모닝 록 현상에 대한 설명이다.
② 브레이크가 전혀 작동되지 않을 수도 있다.

9 ②

오버 스티어(over steer) … 코너링 시 운전자가 핸들을 꺾었을 때 그 꺾은 범위보다 차량 앞쪽이 진행 방향의 안쪽으로 더 돌아가려고 하는 현상이다.

10 ③

운행기록 분석시스템의 분석항목
㉠ 자동차의 운행경로에 대한 궤적의 표기
㉡ 운전자별·시간대별 운행속도 및 주행거리의 비교
㉢ 진로변경 횟수와 사고위험도 측정, 과속·급가속·급감속·급출발·급정지 등 위험운전 행동 분석
㉣ 그 밖에 자동차의 운행 및 사고발생 상황의 확인

11 ①

① 고속주행 중에 급제동한 경우는 저속주행 중에 급제동한 경우보다 타이어 마모가 크다.

12 ④

④ 경부고속도로에서는 <u>출·퇴근 시간대</u>의 원활한 교통소통을 위해 길어깨를 활용한 가변차로제를 시행하고 있다.

13 ④

변속차로 … 고속 주행하는 자동차가 감속하여 다른 도로로 유입할 경우 또는 저속의 자동차가 고속주행하고 있는 자동차들 사이로 유입할 경우 본선의 다른 고속 자동차의 주행을 방해하지 않고 안전하게 감속 또는 가속하도록 설치하는 차로이며, 전자를 감속차로 후자를 가속차로라 한다.

14 ③

운행기록 분석결과의 활용
㉠ 자동차의 운행관리
㉡ 운전자에 대한 교육·훈련
㉢ 운전자의 운전습관 교정
㉣ 운송사업자의 교통안전관리 개선
㉤ 교통수단 및 운행체계의 개선
㉥ 교통행정기관의 운행계통 및 운행경로 개선
㉦ 그 밖에 사업용 자동차의 교통사고 예방을 위한 교통안전정책의 수립

15 ③

③은 혈중알코올농도 0.31~0.40(%)에 해당하는 경우이다.

16 ②

② 회전교차로의 진입부에서는 저속으로 진입한다.

17 ③

③ 회전하기 전에 뒤를 확인하지 않는다.

18 ①

어린이 보호구역에서는 시속 30km/h 이하로 운전해야 한다.

19 ③

③ 언제라도 곧 정지할 수 있는 마음의 준비를 갖춘다.

20 ②

② 긴급자동차의 주행을 원활하게 한다.

21 ②

② 진입부에서는 진입을 위한 가속차로 끝부분에서 감속하지 않도록 주의한다.

22 ③

앞지르기를 해서는 안 되는 경우
㉠ 앞차가 좌측으로 진로를 바꾸려고 하거나 다른 차를 앞지르려고 할 때
㉡ 앞차의 좌측에 다른 차가 나란히 가고 있을 때
㉢ 뒤차가 자기 차를 앞지르려고 할 때
㉣ 마주 오는 차의 진행을 방해하게 될 염려가 있을 때
㉤ 앞차가 교차로나 철길건널목 등에서 정지 또는 서행하고 있을 때
㉥ 앞차가 경찰공무원 등의 지시에 따르거나 위험방지를 위하여 정지 또는 서행하고 있을 때
㉦ 어린이통학버스가 어린이 또는 유아를 태우고 있다는 표시를 하고 도로를 통행할 때

23 ④

④ 앞차의 미등만 보고 주행하게 되면 도로변에 정지하고 있는 자동차까지도 진행하고 있는 것으로 착각하게 되어 위험을 초래하게 된다.

24 ④

④ 교통사고로 인한 인명피해를 예방하기 위해 전 좌석 안전띠를 착용해야 하며 고속도로 및 자동차 전용도로는 전 좌석 안전띠 착용이 의무사항이다.

25 ④

진정제는 중추신경이 비정상적으로 흥분한 상태를 진정시키는 데 쓰이는 의약품으로 불안, 불면, 통증, 경련 등의 증세를 완화시키거나 고혈압 치료 등의 목적으로 복용하는 약물을 말한다.

제4과목 운송서비스

1 ①

① 무형성 : 서비스는 형태가 없는 무형의 상품으로서 제품과 같이 누구나 볼 수 있는 형태로 제시되지 않으며, 서비스를 측정하기는 어렵지만 누구나 느낄 수는 있다.

2 ②

올바른 인사

구분	인사 각도	인사 의미	인사말
가벼운 인사(목례)	15°	기본적인 예의 표현	• 안녕하십니까. • 네, 알겠습니다.
보통 인사 (보통례)	30°	승객 앞에 섰을 때	• 처음 뵙겠습니다. • 감사합니다.
정중한 인사 (정중례)	45°	정중한 인사 표현	• 죄송합니다. • 미안합니다.

3 ④

승객이 싫어하는 시선
㉠ 위로 치켜뜨는 눈
㉡ 곁눈질 · 한 곳만 응시하는 눈
㉢ 위 · 아래로 훑어보는 눈

4 ④

④ 종사자의 입장이다.

5 ③

①② 경제적 의미
④ 심리적 의미

6 ③

③ 회사의 이미지를 좌우하는 요인을 제공한다.

7 ②

거리체감제는 이용거리가 증가함에 따라 단위당 운임이 낮아지는 요금체계를 말한다.

8 ②

직분의식은 사람은 각자의 직업을 통해서 사회의 각 종 기능을 수행하고, 직접 또는 간접으로 사회구성 원으로서 마땅히 해야 할 본분을 다해야 한다는 것을 말한다.

9 ③

③ 운전이란 혼자 하는 것이 아니라 도로이용자인 다른 운전자, 보행자 등과 도로에서 상충될 수 있 다. 따라서 아무리 유능하고 자신 있는 운전자라 하더라도 자신의 판단 착오 등으로 사고가 발생할 수 있으므로 운전기술을 과신하는 것은 금물이다.

10 ①

① 지저분한 손톱이다.

11 ③

공영제는 정부가 버스노선의 계획에서부터 버스차 량의 소유 · 공급, 노선의 조정, 버스의 운행에 따 른 수입금 관리 등 버스 운영체계의 전반을 책임 지는 방식을 말한다.

12 ④

④ 거리체감제 : 이용거리가 증가함에 따라 단위당 운임이 <u>낮아지는</u> 요금체계이다.

13 ④

① 중앙버스전용차로는 대중교통 이용자의 증가를 도모할 수 있다.
② 중앙버스전용차로는 교통정체가 심한 구간에서 더욱 효과적이다.
③ 중앙버스전용차로는 일반 차량과의 마찰을 최 소화한다.

14 ②

승객을 만족시켜야 하는 운전자는 예의 바른 말씨 를 사용해야 한다.

15 ②

버스운행관리시스템의 버스회사 입장에서의 기대 효과는 다음과 같다.
• 서비스 개선에 따른 승객 증가로 수지개선
• 과속 및 난폭운전에 대한 통제로 교통사고율 감 소 및 보험료의 절감
• 정확한 배차관리, 운행간격 유지 등으로 경영합 리화 가능

제1과목 교통 · 운수 관련 법규 및 교통사고 유형

1 ①

제시된 설명은 노선 여객자동차운송사업 중 하나인 시내버스운송사업에 대한 설명이다.

② 농어촌버스운송사업 : 주로 군(광역시의 군 제외)의 단일 행정구역에서 운행계통을 정하고 국토교통부령으로 정하는 자동차를 사용하여 여객을 운송하는 사업

③ 마을버스운송사업 : 주로 시 · 군 · 구의 단일 행정구역에서 기점 · 종점의 특수성이나 사용되는 자동차의 특수성 등으로 인하여 다른 노선 여객자동차운송사업자가 운행하기 어려운 구간을 대상으로 국토교통부령으로 정하는 기준에 따라 운행계통을 정하고 국토교통부령으로 정하는 자동차를 사용하여 여객을 운송하는 사업

④ 시외버스운송사업 : 운행계통을 정하고 국토교통부령으로 정하는 자동차를 사용하여 여객을 운송하는 사업으로서 시내버스운송사업, 농어촌버스운송사업, 마을버스운송사업에 속하지 아니하는 사업

2 ②

시외버스운송사업에 사용되는 자동차의 종류〈여객자동차 운송사업법령 시행규칙 별표1〉
시외버스운송사업에 사용되는 자동차는 중형 또는 대형승합자동차에 해당한다.

㉠ 시외우등고속버스 : 고속형에 사용되는 것으로서 원동기 출력이 자동차 총 중량 1톤당 20마력 이상이고 승차정원이 29인승 이하인 대형승합자동차

㉡ 시외고속버스 : 고속형에 사용되는 것으로서 원동기 출력이 자동차 총 중량 1톤당 20마력 이상이고 승차정원이 30인승 이상인 대형승합자동차

㉢ 시외우등직행버스 : 직행형에 사용되는 것으로서 원동기 출력이 자동차 총 중량 1톤당 20마력 이상이고 승차정원이 29인승 이하인 대형승합자동차

㉣ 시외직행버스 : 직행형에 사용되는 중형 이상의 승합자동차

㉤ 시외우등일반버스 : 일반형에 사용되는 것으로서 원동기 출력이 자동차 총 중량 1톤당 20마력 이상이고 승차정원이 29인승 이하인 대형승합자동차

㉥ 시외일반버스 : 일반형에 사용되는 중형 이상의 승합자동차

3 ④

④ 관할관청이 도로상황 등 지역의 특수성과 주민 편의를 고려하여 필요하다고 인정하는 경우, 기점 및 종점으로부터 7.5km 이내에 위치한 각각 6개 이내의 정류소에 정차할 수 있다.

4 ①

개선명령을 받은 노선이다.

5 ②

② 운송사업자(시외버스)가 차내에 운전자격증명을 항상 게시하지 않은 경우의 과징금은 10만 원이다.

6 ④

중대한 교통사고

㉠ 전복 사고

㉡ 화재가 발생한 사고

㉢ 사망자 2명 이상, 사망자 1명과 중상자 3명 이상, 중상자 6명 이상의 사람이 죽거나 다친 사고

7 ②

안전지대는 도로를 횡단하는 보행자, 통행하는 차마의 안전을 위해 안전표지나 이와 비슷한 인공구조물로 표시한 도로의 부분을 말한다.

8 ①

①은 보수교육에 속하며 무사고·무벌점 기간이 5년 이상 10년 미만인 운수종사자의 교육시간은 4시간이다.

9 ③

① 안전지대 : 도로를 횡단하는 보행자나 통행하는 차마의 안전을 위하여 안전표지나 이와 비슷한 인공구조물로 표시한 도로의 부분

② 자전거횡단도 : 자전거가 일반도로를 횡단할 수 있도록 안전표지로 표시한 도로의 부분

④ 교차로 : +자로, T자로나 그 밖에 둘 이상의 도로(보도와 차도가 구분되어 있는 도로에서는 차도)가 교차하는 부분

10 ③

㉡ 정차 : 운전자가 5분을 초과하지 아니하고 차를 정지시키는 것으로서 주차 외의 정지 상태

㉢ 운전 : 도로에서 차마를 그 본래의 사용방법에 따라 사용하는 것(조종을 포함)

11 ③

① 녹색의 등화

② 적색의 등화

④ 적색등화의 점멸

12 ④

안전표지〈도로교통법 시행규칙 제8조 제1항〉

㉠ 주의표지 : 도로상태가 위험하거나 도로 또는 그 부근에 위험물이 있는 경우에 필요한 안전조치를 할 수 있도록 이를 도로사용자에게 알리는 표지

㉡ 규제표지 : 도로교통의 안전을 위하여 각종 제한·금지 등의 규제를 하는 경우에 이를 도로사용자에게 알리는 표지

㉢ 지시표지 : 도로의 통행방법·통행구분 등 도로교통의 안전을 위하여 필요한 지시를 하는 경우에 도로사용자가 이에 따르도록 알리는 표지

㉣ 보조표지 : 주의표지·규제표지 또는 지시표지의 주기능을 보충하여 도로사용자에게 알리는 표지

㉤ 노면표시 : 도로교통의 안전을 위하여 각종 주의·규제·지시 등의 내용을 노면에 기호·문자 또는 선으로 도로사용자에게 알리는 표지

13 ④

④ 교통사고와 관련하여 거짓이나 그 밖의 부정한 방법으로 보험금을 청구하여 금고 이상의 형을 선고받고 그 형이 확정된 경우의 처분기준은 자격취소이다.

14 ①

① 자동차전용도로의 최고속도는 매시 90km이며, 최저속도는 30km이다.

15 ④

①②③은 서행하여야 하는 장소이다.

※ 서행 또는 일시정지할 장소〈도로교통법 제31조〉

ㄱ 모든 차의 운전자는 다음의 어느 하나에 해당하는 곳에서는 서행하여야 한다.
- 교통정리를 하고 있지 아니하는 교차로
- 도로가 구부러진 부근
- 비탈길의 고갯마루 부근
- 가파른 비탈길의 내리막
- 지방경찰청장이 도로에서의 위험을 방지하고 교통의 안전과 원활한 소통을 확보하기 위하여 필요하다고 인정하여 안전표지로 지정한 곳

ㄴ 모든 차의 운전자는 다음의 어느 하나에 해당하는 곳에서는 일시정지하여야 한다.
- 교통정리를 하고 있지 아니하고 좌우를 확인할 수 없거나 교통이 빈번한 교차로
- 시·도경찰청장이 도로에서의 위험을 방지하고 교통의 안전과 원활한 소통을 확보하기 위하여 필요하다고 인정하여 안전표지로 지정한 곳

16 ③

주차금지의 장소〈도로교통법 제33조〉

ㄱ 터널 안 및 다리 위

ㄴ 다음의 곳으로부터 5미터 이내인 곳
- 도로공사를 하고 있는 경우에는 그 공사 구역의 양쪽 가장자리
- 「다중이용업소의 안전관리에 관한 특별법」에 따른 다중이용업소의 영업장이 속한 건축물로 소방본부장의 요청에 의하여 시·도경찰청장이 지정한 곳

ㄷ 시·도경찰청장이 도로에서의 위험을 방지하고 교통의 안전과 원활한 소통을 확보하기 위하여 필요하다고 인정하여 지정한 곳

17 ②

자동차 창유리 가시광선 투과율의 기준〈도로교통법 시행령 제28조〉

ㄱ 앞면 창유리 : 70퍼센트 미만

ㄴ 운전석 좌우 옆면 창유리 : 40퍼센트 미만

18 ①

차의 운전 등 교통으로 인하여 사람을 사상하거나 물건을 손괴한 경우(교통사고)에는 그 차의 운전자나 그 밖의 승무원(운전자등)은 경찰공무원이 현장에 있을 때에는 그 경찰공무원에게, 경찰공무원이 현장에 없을 때에는 가장 가까운 국가경찰관서(지구대, 파출소 및 출장소를 포함)에 다음의 사항을 지체 없이 신고하여야 한다. 다만, 운행 중인 차만 손괴된 것이 분명하고 도로에서의 위험방지와 원활한 소통을 위하여 필요한 조치를 한 경우에는 그러하지 아니하다〈도로교통법 제54조〉.

ㄱ 사고가 일어난 곳

ㄴ 사상자 수 및 부상 정도

ㄷ 손괴한 물건 및 손괴 정도

ㄹ 그 밖의 조치사항 등

19 ③

법규위반 또는 교통사고로 인한 벌점은 당해 위반 또는 사고가 있었던 날을 기준으로 과거 3년간의 모든 벌점을 누산해 관리한다.

20 ③

③ 시·도경찰청장은 도로를 횡단하는 보행자의 안전을 위하여 행정안전부령으로 정하는 기준에 따라 횡단보도를 설치할 수 있다.

21 ④

경찰서장은 본인이 희망하는 기간을 참작하여 40일 이내의 유효기간을 정하여 임시운전증명서를 발급한다.

22 ④

도주(뺑소니) 사고
㉠ 피해자 사상 사실을 인식하거나 예견됨에도 가버린 경우
㉡ 피해자를 사고현장에 방치한 채 가버린 경우
㉢ 현장에 도착한 경찰관에게 거짓으로 진술한 경우
㉣ 사고운전자를 바꿔치기 하여 신고한 경우
㉤ 사고운전자가 연락처를 거짓으로 알려준 경우
㉥ 피해자가 이미 사망하였다고 사체 안치 후송 등의 조치 없이 가버린 경우
㉦ 피해자가 병원까지만 후송하고 계속 치료를 받을 수 있는 조치 없이 가버린 경우
㉧ 쌍방 업무상 과실이 있는 경우에 발생한 사고로 과실이 적은 차량이 도주한 경우
㉨ 자신의 의사를 제대로 표시하지 못하는 나이 어린 피해자가 '괜찮다'라고 하여 조치 없이 가버린 경우

23 ①

① 자동차의 운전자는 고속도로에서 다른 차를 앞지르려면 방향지시기, 등화 또는 경음기를 사용하여 행정안전부령으로 정하는 차로로 안전하게 통행하여야 한다. 〈도로교통법 제60조〉

24 ③

보행자 보호의무위반 사고 성립요건 중 운전자과실 예외사항
㉠ 적색등화에 횡단보도를 진입하여 건너고 있는 보행자를 충돌한 경우
㉡ 횡단보도를 건너다가 신호가 변경되어 중앙선에 서 있는 보행자를 충돌한 경우
㉢ 횡단보도를 건너고 있을 때 보행신호가 적색등화로 변경되어 되돌아가고 있는 보행자를 충돌한 경우
㉣ 녹색등화가 점멸되고 있는 횡단보도를 진입하여 건너고 있는 보행자를 적색등화에 충돌한 경우

25 ③

① 안전거리 : 같은 방향으로 가고 있는 앞차가 갑자기 정지하게 되는 경우 그 앞차와의 추돌을 피할 수 있는 데 필요한 거리
② 정지거리 : 공주거리＋제동거리
④ 제동거리 : 제동되기 시작하여 정지될 때까지 주행한 거리

1 ③

③ 환기가 잘 되는 장소에서 실시한다.

2 ②

② 바닥 매트는 페달의 조작을 방해하지 않도록 바닥에 고정되는 제품을 사용한다.

3 ②

② 운행 중의 유의사항에 해당하는 내용이다.

4 ②

② 비포장도로, 눈길, 빙판길, 진흙탕 길을 주행할 때에는 속도를 낮추고 제동거리를 충분히 확보한다.

5 ①

① 연료 캡을 열 때에는 연료에 압력이 가해져 있을 수 있으므로 천천히 분리한다.

6 ②

② 공사구간은 시작과 끝의 구간이 위험하다.

7 ④

② 주행빔(상향등) 작동 표시등
③ 배터리 충전 경고등

8 ①

① 교량 위에는 지열을 받지 못하고 항시 결빙되어 빙판현상이 발생되므로 브레이크 조작 및 가속 페달 조작에 유의한다.

9 ③

③ 시동이 걸린 후 방전된 배터리가 충분히 충전되도록 일정시간 시동을 걸어 둔다.

10 ③

③ 배기 브레이크 표시등은 배기 브레이크 스위치를 작동시키면 배기 브레이크가 작동중임을 표시하는 표시등이다.

11 ②

② 발진과 가 · 감속이 원활하여 승차감이 좋다.

12 ①

① 공기압을 조금 높게 한다.

13 ①

엔진 안에서 다량의 엔진 오일이 실린더 위로 올라와 연소되는 경우로, 헤드 개스킷 파손, 밸브의 오일 씰 노후 또는 피스톤 링의 마모 등이 원인으로 이때 배출되는 가스의 색은 백색이다.

14 ③

③ 핸들이나 자동차의 떨림이 발생한 경우이다.

15 ②

② 클러치 사용횟수가 줄게 됨에 따라 클러치 관련 부품의 마모가 감소한다.

제3과목 안전운행 요령

1 ①

① 가능하면 뒤차가 지나갈 수 있게 차로를 변경한다.

2 ④

우리나라 제2종 운전면허를 취득하는 데 필요한 시력기준은 두 눈을 동시에 뜨고 잰 시력이 0.5 이상이어야 한다. 다만, 한쪽 눈을 보지 못하는 사람은 다른 쪽 눈의 시력이 0.6 이상이어야 한다.

3 ②

동체시력이란 움직이는 물체 또는 움직이면서 다른 자동차나 사람 등의 물체를 보는 시력을 말한다.

4 ②

동체시력은 움직이는 물체 또는 움직이면서 다른 자동차나 사람 등의 물체를 보는 시력을 말한다.

5 ②

② 타운전자의 실수를 예상하고 받아들일 필요가 있다.

6 ②

② 태양빛이 강하거나 눈의 반사가 심할 때는 선글라스를 착용한다.

7 ③

알코올이 운전에 미치는 영향
㉠ 심리-운동 협응능력 저하
㉡ 시력의 지각능력 저하
㉢ 주의 집중능력 감소
㉣ 정보 처리능력 둔화
㉤ 판단능력 감소
㉥ 차선을 지키는 능력 감소

8 ②

② 신호에 따라 횡단하는 보행자의 앞뒤에서 그들을 압박하거나 재촉해서는 안 된다.

9 ②

②는 혈중알코올농도 0.41~0.50(%)에 해당하는 경우이다.

10 ②

② 크면 클수록 정지하는 데 더 많은 시간이 걸린다.

11 ④

타이어 마모에 영향을 주는 요소
타이어 공기압, 차의 하중, 차의 속도, 커브(도로의 굽은 부분), 브레이크, 노면, 정비불량, 기온, 운전자의 운전습관

12 ④

13 ②

① **가변차로** : 방향별 교통량이 특정시간 대에 현저하게 차이가 발생하는 도로에서 교통량이 많은 쪽으로 차로수가 확대될 수 있도록 신호기에 의하여 차로의 진행방향을 지시하는 차로

③ **회전차로** : 교차로 등에서 자동차가 우회전·좌회전 또는 유턴을 할 수 있도록 직진차로와는 별도로 설치하는 차로

④ **변속차로** : 고속 주행하는 자동차가 감속하여 다른 도로로 유입할 경우 또는 저속의 자동차가 고속 주행하고 있는 자동차들 사이로 유입할 경우에 본선의 다른 고속 자동차의 주행을 방해하지 않고 안전하게 감속 또는 가속하도록 설치하는 차로

14 ①

② **주·정차대** : 자동차의 주차 또는 정차에 이용하기 위하여 차도에 설치하는 도로의 부분을 말한다.

③ **편경사** : 평면곡선부에서 자동차가 원심력에 저항할 수 있도록 하기 위하여 설치하는 횡단경사를 말한다.

④ **도류화** : 자동차와 보행자의 안전하고 질서 있게 이동시킬 목적으로 회전차로, 변속차로, 교통섬, 노면표시 등을 이용하여 상충하는 교통류를 분리시키거나 통제하여 명확한 통행경로를 지시해 주는 것을 말한다.

15 ④

④ 회전교차로의 경우 감속 또는 방향분리를 위해 분리교통섬을 필수적으로 설치해야 하는 반면 로터리 또는 교통서클은 선택 설치할 수 있다.

16 ③

③ 갓길에 설치된 안개시정표지를 통해 시정거리 및 앞차와의 거리를 확인한다.

17 ④

① **노측용 방호울타리** : 자동차가 도로 밖으로 이탈하는 것을 방지하기 위하여 도로의 길어깨(갓길) 측에 설치하는 방호울타리

② **중앙분리대용 방호울타리** : 왕복방향으로 통행하는 자동차들이 대향차도 쪽으로 이탈하는 것을 방지하기 위해 도로 중앙의 분리대 내에 설치하는 방호울타리

③ **보도용 방호울타리** : 자동차가 도로 밖으로 벗어나 보도를 침범하여 일어나는 교통사고로부터 보행자 등을 보호하기 위하여 설치하는 방호울타리

18 ①

① 타이어와 노면 사이의 마찰력이 감소하여 정지거리가 길어진다.

19 ②

흥분제는 중추신경계의 활동을 활발하게 하는 약물을 말한다.

20 ④

④ 폭우로 가시거리가 100m 이내인 경우에는 최고속도의 50%를 줄인 속도로 운행한다.

21 ①

안전운전의 5가지 기본 기술

㉠ 운전 중에 전방 멀리 본다.
㉡ 전체적으로 살펴본다.
㉢ 눈을 계속해서 움직인다.
㉣ 다른 사람들이 자신을 볼 수 있게 한다.
㉤ 차가 빠져나갈 공간을 확보한다.

22 ①

① 철길 건널목에 접근할 때에는 속도를 줄여 접근한다.

23 ②

② 승합자동차는 야간에 운행할 때에 실내조명등을 켜고 운행한다.

24 ④

④ 일정한 차량속도를 유지한다.

25 ③

경제운전에 영향을 미치는 요인
㉠ 교통상황
㉡ 도로조건
㉢ 기상조건
㉣ 차량의 타이어
㉤ 엔진
㉥ 공기역학

제4과목 **운송서비스**

1 ①

올바른 서비스 제공을 위한 5요소
㉠ 단정한 용모 및 복장
㉡ 밝은 표정
㉢ 공손한 인사
㉣ 친근한 말
㉤ 따뜻한 응대

2 ④

서비스의 특징
㉠ 무형성
㉡ 동시성
㉢ 인적 의존성
㉣ 소멸성
㉤ 무소유권
㉥ 변동성
㉦ 다양성

3 ④

④ 승객 욕구의 다양함과 감정의 변화, 서비스 제공자에 따라 상대적이며 승객의 평가 역시 주관적이다.

4 ①

① 고개 : 반듯하게 들되, 턱을 내밀지 않고 자연스럽게 당긴다.

5 ②

② 차 창 밖으로 버리지 않는다.

6 ②

② 할아버지, 할머니 등 나이가 드신 분들은 '어른신'으로 호칭하거나 지칭한다.

7 ③

③ 직업의 경제적 의미에 대한 내용이다.

8 ②

시외버스운송사업자(승차권의 판매를 위탁받은 자 포함)는 운임을 받을 때에는 사업자의 명칭, 사용구간, 사용기간, 운임액, 반환에 관한 사항을 적은 일정한 양식의 승차권을 발행해야 한다.

9 ④

④ 직업의 경제적 의미에 대한 내용이다.

10 ③

③ 차로변경의 도움을 받았을 때에는 비상등을 2~3회 작동시켜 양보에 대한 고마움을 표현한다.

11 ①

과속 및 난폭운전으로 인한 불안감의 해소이다.

12 ①

① BIS(버스정보시스템)는 이용자에게 버스 운행상황 정보제공 시스템이며, BMS(버스운행관리시스템)는 버스 운행상황 관제 시스템이다.

13 ④

④ 승·하차 정류소에 대한 보행자의 접근거리가 길어진다.

14 ③

직업을 통해 안정된 삶을 영위해 나갈 수 있어 중요한 의미를 가지는 것은 경제적 의미이다.

15 ①

대중교통 전용지구의 목적은 다음과 같다.
• 도심상업지구의 활성화
• 쾌적한 보행자 공간의 확보
• 대중교통의 원활한 운행 확보
• 도심교통환경의 개선

가볍게! 빠르게! 확인하는 용어사전 시리즈

시사용어사전 ㅣ 경제용어사전 ㅣ 부동산용어사전

시사용어사전 1228

매일 접하는 각종 기사와 정보! 공기업/언론사/기업체/공무원 채용을 준비하는 수험생과
현대인이 꼭 알아야 할 최신 시사상식을 쏙쏙 뽑아 이해하기 쉽도록 영역별로 정리

경제용어사전 1050

주요 경제용어는 거의 다 실었다! 금융권/공기업/언론사/기업체/공무원 채용을 준비하기 전에,
경제 공부를 시작하기 전에 읽어보면 경제가 쉬워지도록 사전식으로 구성

부동산용어사전 1310

부동산에 대한 이해를 높이고 부동산의 개발과 활용, 투자 및 부동산 용어 학습에도
적극적으로 이용할 수 있는 교재, 공인중개사 출제용어도 수록